全国测绘地理信息类职业教育“十四五”规划教材

“十四五”职业教育河南省规划教材

房产测绘

（第3版）

主　编　侯方国
副主编　李宏超　陈永贵　岳　颖

本书立体化资源

黄河水利出版社
·郑州·

内 容 提 要

本书为“十四五”职业教育河南省规划教材。本书共三个模块十四个项目。模块一为房产测绘基础知识，主要介绍了房产测绘认知、建筑施工图识图，以及建筑工程常用指标、术语及标准；模块二为房产测绘知识，按照房产测绘工作流程，主要介绍了房产调查、房产控制测量、房产要素测量、房产图测绘、房产面积测算、房产变更测量、房产测绘成果管理等内容；模块三为房产测绘实务，主要内容包括房产预售面积测绘、房产竣工测绘、房产现状测绘及房产工程验线等；附录为本书涉及的各种房屋附属结构的名称。

本书可供测绘地理信息行业技术人员、国土资源管理不动产登记技术人员参考，亦可作为大、中专职业院校测绘地理信息类相关专业教材使用。

图书在版编目(CIP)数据

房产测绘/侯方国主编. —3 版. —郑州：黄河水利出版社，2024. 9

ISBN 978-7-5509-3827-4

Ⅰ. 房…　Ⅱ. ①侯…　Ⅲ. ①房地产-建筑测量-高等职业教育-教材　Ⅳ. ①TU198

中国国家版本馆 CIP 数据核字(2024)第 040246 号

策划编辑：陶金志　电话：0371-66025273　E-mail：838739632@qq.com

责任编辑　冯俊娜　　责任校对　杨秀英

封面设计　黄瑞宁　　责任监制　常红昕

出版发行　黄河水利出版社

地址：河南省郑州市顺河路 49 号　邮政编码：450003

网址：www.yrcp.com　E-mail：hhslcbs@126.com

发行部电话：0371-66020550

承印单位　河南承创印务有限公司

开本：787 mm×1 092 mm　1/16

印张：16.75

字数：408 千字

版次：2024 年 9 月第 3 版　　印次：2024 年 9 月第 1 次印刷

定价：49.00 元

第 3 版前言

党的二十大报告对深入实施科教兴国和人才强国作出了战略部署,全面贯彻党的教育方针,落实立德树人的根本任务,培养德智体美劳全面发展的社会主义建设者和接班人,关键在育人。教材具有鲜明的意识形态属性和价值传承功能,是立德树人的核心载体,是育人的重要支撑。建设高质量教材体系,是办好高质量的教育、办好人民满意的教育的重要基础和保障。本书的编写是在各级党委的领导下,全面贯彻党的二十大精神,旗帜鲜明地体现党和国家意志,体现马克思主义中国化的最新成果,帮助学生牢固树立马克思主义信仰、中国共产党和中国特色社会主义的信念。

本书是在《房产测绘》第 2 版的基础上,结合最新的国家标准规范修编而成。同时结合国家职业标准《不动产测绘员》,岗课赛证融通,教材内容全面对接测量技能大赛和"1+X"证书考核,注重提高房产从业人员的职业技术水平;教材内容注重科学性和先进性,采用目前最典型的先进仪器设备、工作方式和方法;同时兼顾培训人员的文化水平和理解能力,突出实践操作能力。

本书以工作过程系统化为指导,在教材建设上以构建结构体系为依托,结合专业特点,在强调理论知识的同时,注重学生动手能力的培养,坚持从实际工作中来、到课堂中去,从实践中来、到理论中去,设计适合多元化教学的新型教学方案。本书依据最新的行业技术标准和规范,引入生产实例,并融入许多新技术和新方法,具有较强的实用性和指导性;同时本书设置思政小课堂环节,依据思政案例在思想政治方面对学生进行教育,满足了学生在适应社会、建立情感、克服困境方面的生存需要,在智力、思想政治、品德素质等方面的精神发展需要,同时向学生传承了热爱祖国、忠诚事业、艰苦奋斗、无私奉献的测绘精神。

本书重点突出、简明扼要、突出实用性,系统地介绍了房产测绘人员应掌握的基础知识、基本理论和基本技能。本书共三个模块十四个项目。模块一为房产测绘基础知识,主要介绍了房产测绘认知、建筑施工图识图,以及建筑工程常用指标、术语及标准;模块二为房产测绘知识,按照房产测绘工作流程,主要介绍了房产调查、房产控制测量、房产要素测量、房产图测绘、房产面积测算、房产变更测量、房产测绘成果管理等内容;模块三为房产测绘实务,主要内容包括房产预售面积测绘、房产竣工测绘、房产现状测绘及房产工程验线等;附录为本书涉及的各种房屋附属结构的名称。

本书由侯方国担任主编,由李宏超、陈永贵、岳颖担任副主编,由刘欣、杨盛宇(重庆市国土资源和房屋勘测规划院)参与编写。全书由侯方国统稿。在编写过程中,得到了深圳市规划和自然资源调查测绘中心、重庆市国土资源和房屋勘测规划院、成都成房测绘有限责任公司等单位的大力支持,并提供了第一手资料。编写过程中参阅了大量相关教材和最新研究成果,听取了许多专家和老师的宝贵意见,在此对给予指导的专家、一线技术人员及审稿人表示衷心感谢!对黄河水利出版社为本书顺利出版给予的大力支持表示感谢!

由于编者水平有限,书中难免会有错漏和不足之处,恳请广大读者提出宝贵的意见和建议,以便今后加以修订和完善。

编　者

2024年6月

目 录

模块三　房产测绘实务

模块一　房产测绘基础知识

项目一　房产测绘认知

【项目说明】

本项目是房产测绘基础知识的准备阶段，通过3个任务来完成关于房地产和房产测绘的认知，主要了解相关的概念、特性及工作流程，为后续的学习打下基础。

【项目目标】

1. 知识目标

- 掌握房地产的概念、分类和属性。
- 掌握房产测绘的概念和测绘的基本内容及作业过程。
- 了解房产测绘与一般测绘的区别及房产测绘的作用。
- 了解房产测绘的发展历史过程。

2. 能力目标

- 能够收集房地产及房产测绘的相关资料，并深入了解。

3. 素质目标

- 培养职业标准和规范意识、职业敬畏感。
- 养成查阅各项规范、论文、文献等参考资料的习惯。
- 养成后期自学、主动学习的能力。
- 培养学生责任意识和认真负责的敬业精神。

【项目任务】

任务一　房地产认知

任务二　房产测绘认知

任务三　房产测绘的发展过程

【项目成果】

房产测绘与一般测绘的区别总结。

任务一 房地产认知

【任务目标】

1. 掌握房地产的概念、类型。
2. 了解房地产的属性及作用。

【学习过程】

1. 观看短片。
2. 分析总结短片内容。
3. 讲师讲授。

【学习成果】

根据土地的使用情况判断房地产的分类。

活动一 房地产的概念

【资源与器材】

PPT、图片、相关视频。

【知识导航】

房地产业是指从事土地和房地产开发、经营、管理和服务的行业，在我国经济发展中有着重要地位，在国民经济中发挥着重要作用。房地产行业可带动相关产业持续发展，对国民经济发展具有重要拉动作用，同时可作为民生发展的牵头行业。因此，房地产经济也成为重要的研究方向，而房产测绘正是获取重要房地产信息的技术手段之一。

房地产(real property)是房产与地产的总称。具体来说，它包括土地、建筑物及固着于土地、建筑物上不可分离的部分，如绿植和水、电、卫生、通风设备等。由于固着于土地、建筑物上不可分离的部分，往往可以看作土地或建筑物的构成部分，因此房地产本质上包括土地和建筑物两大部分。

作为地产的土地并不仅指地面，它还包括从地面向上扩展到一定高度的地上空间及由此向下延伸的地下空间。但实际上在此空间中土地的使用受到多方制约，如政府对建筑高度和建筑密度的限制。另外，地下埋藏物如地下矿藏及地下文物等，其权属是否属于土地所有者或使用者，世界各国规定不一。我国及欧洲多数国家规定地下资源属于国家。相反，在美国，土地所有者享有地下的一切财富，可以自由开采地下资源，或将之出售给别人。从本质上讲，土地与地产不是同一个概念。土地是地球表面的一个特定区域。其涵义包括横向和纵向两方面，横向包括内陆水域、沿海滩涂和岛屿；纵向包括地面上下一定高度和深度的岩石、矿藏、土壤、水文、大气和植被等要素，以及人类活动参与影响而形成的自然-经济综合体。土地在投入了人类劳动后就具备了“双重性”，既是资源，又是资本。而地产是土地转化的形态，只有当土地作为产权和资产在商品经济活动中体现其全部价值时，才成为地产。因此，地产是指法律上认可的土地资产和产权的总称。地产既包括土地实物本身，又包括与之相关的各种权利。

地上的建筑物可分为两大类，即房屋和构筑物。房屋是指能供人们居住生活或生产的建筑物，一般由门窗、顶盖、墙体和承重物构成。构筑物则是除房屋外的建筑，人们一般不能直接在内进行生产或生活,但又时刻离不开它们,如桥梁、道路、大坝、水塔等。而房产则是指法律上认可的房屋及相关的各种权利。

房地产有时也称为不动产。通常房地产有广义和狭义之分,广义的房地产就是不动产;狭义的房地产是指房屋与土地的合称。我国法律对其还没有明确的规定,一般都将之看作房屋与土地的合称。不动产是指土地及其定着物。所谓定着物,是指依附于土地且不可分离的物体。从严格意义上讲,房地产不同于不动产,后者的范围更广,如机场、铁路、大坝等,一般情况下二者可通用。

活动二 房地产类型

【资源与器材】

PPT、图片、相关视频。

【知识导航】

房地产由土地及其上房屋结合而成,其不同的组合就构成了不同类型的房地产。根据土地利用方式的不同可将房地产分为以下几种类型。

一、工业房地产

工业房地产(industrial property)主要由用于工业生产的土地及其定着物组成。它由三部分组成,即土地、土地改良物和地上房屋及附属物。土地改良物为道路、管道、电路、供气等,它们决定了工业生产的潜力和效率,对工业房地产价格影响较大。地上房屋及附属物是指同房屋密切结合,不易分割的部分,而同房屋关系较松散的机器设备则不属于房地产的组成部分。

二、商业房地产

商业房地产(commercial property)主要由用于商业的土地及其定着物组成。商业房地产也由土地、土地改良物、地上房屋及附属物组成。其中土地改良物主要是道路和水、电、气管线等,但道路、区域位置起着更重要的作用;地上房屋则更注重建筑形式和外部装修,而直接用于商业活动的可分离的,如柜台等则不属于其组成部分。

三、住宅

住宅(residential property)由以人类居住为目的的土地和建筑物组成。住宅按其房屋式样又可分为别墅(villa)、一般住宅(house)、公寓(apartment)等。

四、特殊房地产

特殊房地产包括两种类型:一种是历史文化建筑和政府、宗教、监狱等所拥有的房地产;另一种是部队营房。我国法律规定,这些房地产是不允许进入市场的。

活动三 房地产属性

【资源与器材】

PPT、图片、相关视频。

【知识导航】

房地产是由土地和房屋组成的,也就具备二者的属性。同时,它处于广泛的社会生活关系中,是社会、经济、政治的交织点,因而具有以下属性。

一、房地产的商品属性

房地产同其他商品一样,也可以交易、占有、处分,通过价格机制实现交换。但是房地产又不同于一般商品,首先房地产具有不可移动性,固着于土地上,由此派生出房地产的个别性,即世界上没有两宗房地产是完全相同的。其次房地产具有保值、增值性。城市化水平的提高促使人口不断增加,城市空间的扩展导致土地紧缺,使房地产供不应求,所以房地产价格是不断上涨的。最后,房地产易受政策限制和经济、规划等的影响。政府基于公共利益的需要可对房地产做出诸如用途、容积率、建筑密度等的限制;同时,经济发展的速度、国内国际经济环境也对房地产产生影响,从而使房地产又具备高风险性。

二、房地产的财产属性

房地产的价值量大,在社会生活中占有举足轻重的地位。例如:美国3/4的财富是房地产,英国1/3的财富是房地产。正是由于其价值高,从而成为一些企业进行资本经营、融资的重要手段,也是政府征税的主要标的。

三、房地产的投资属性

由于房地产价值量大,又具有保值、增值性,所以房地产成为一种重要的投资品。但由于我国房地产市场还不完善,很多非经济因素影响产生价值偏离,包括政治形势、宏观经济形势、区域规划等。其投资属性具有一定的开发经营的风险性,必须在政府引导下,加强宏观调控,警惕房地产投机。

四、房地产的社会、政治属性

房地产在一定情况下,又是社会政治问题,关系到社会的稳定和经济的健康发展。在城市生活中,住房问题是社会普遍关心的问题,是衡量一个社会生活水平和社会保障状况的重要方面,因此如何妥善地解决好住房问题,关系到社会稳定。房地产可以带动相关产业,如建材、建筑、木材、化工等行业,还可以促进社会就业,解决下岗失业问题,成为拉动经济增长的亮点。

活动四　房地产业在国民经济中的地位和作用

【资源与器材】

PPT、图片、相关视频。

【知识导航】

一、房地产业是城市社会经济发展的物质基础

城市的四大基本功能和经济活动都离不开房屋和土地。工业、商业和其他各行业都需要房屋与开发好的可使用的土地来作为生产经营的活动场所。城市各部分的经济联系和社

会交往要依靠地上地下的交通道路、管道、电缆等城市基础设施。所以,没有房地产,城市的生产、生活就无法进行。

我国的房地产业为社会积累了巨大的财富。2009 年全国完成房地产开发投资 36 232 亿元,比上年增长 16.1%。其中,商品住宅完成投资 25 619 亿元,根据 2015 年住房和城乡建设部公布的《城镇房屋概况统计公报》数据,全国城镇房屋建筑面积达 164.51 亿 m^2,其中住宅建筑面积 107.69 亿 m^2,这是我国城镇的重要物质基础。

在许多发达国家和地区,房地产业的地位更突出,甚至成为国民经济的重要支柱。例如:日本 1973 年全部土地的市场价格累计为 206 万亿日元,相当于 1972 年国内生产总值的 3.22 倍。据联合国统计,各国用于建造房屋的投资所创造的固定资产,一般占同年固定资产总值的 50%以上。

二、房地产业的发展为国家财政收入开辟了重要来源

作为国民经济的重要支柱,房地产业一向是财政收入和建设资金的重要保障,商品经济发达的国家和地区,房地产业经营收入一般可占政府财政收入的 10%~40%。例如:美国房地产课税 1960 年达 120 亿美元,1971 年达 6 950 亿美元,1986 年房地产税已占地方政府税收的 14.3%;日本 1985 年房地产业净产值占国内总净产值的 8%,高于同期金融、保险业占 5%的水平。

我国房地产业起步较晚,近年随着土地使用制度和住房制度的改革,房地产业已开始为国家积累资金。以地产业为例,2018 年全国仅收取土地出让金就达 6.5 万亿元,国家收取的城镇土地使用税超过 30 亿元。随着有偿出让土地比例的不断上升、房地产市场的不断完善,房地产业将会给国家创造更多的财政收入。

三、房地产业能促进和带动相关产业的发展

房地产业能直接或间接地引导和影响相关产业的发展。据一些工业发达国家的统计,房地产业的产值每增加 1,就能使相关产业产值增加 1.5~2。在我国,每增加 1 亿元的住宅投资,其他相关产业就相应增加 1.48 亿元的投入,还不包括由于居住条件改善而引起的家具、装饰等行业的增加。

四、房地产业可以促进旧城区的改造,完善城市功能

目前,我国大部分城市旧城区都面临着人口稠密、交通拥挤、住房陈旧、基础设施不完善、环境质量较差等问题,亟待改造。但因资金不足,长期无法改造,现在房地产进入市场后,其潜在价值被开发出来,解决了资金不足的问题。同时,还可运用土地出让金进行改善城市基础设施,如拓宽道路、修建城市供电、供水、供热及排污网络,对城市的功能及布局都起到推进作用。

任务二　房产测绘认知

【任务目标】

1. 掌握房产测绘的概念、类型。

2. 了解房地产的属性及作用。

【学习过程】

1. 观看短片。

2. 分析总结短片内容。

3. 讲师讲授。

【学习成果】

根据土地的使用情况判断房地产的分类。

活动一　房产测绘的概念

【资源与器材】

PPT、图片、相关视频。

【知识导航】

房地产是人民生产生活的基本物质要素,是城市管理的重要基础。而房产测绘是获取房地产信息的重要技术手段,是研究房产测绘的基本理论、仪器和方法的应用技术。房产测绘与城市地形测量有相同之处,但由于服务对象不同,内容和要求又有所不同。

广义的测量学是研究地球的形状和大小,或者其他天体的形状与大小以及其他形态,或者微观物体的形态与大小的一门学科。狭义的测量学是研究如何测定地球表面点的位置和高程,用特定的仪器和手段,将地球表面上的地形和其他相关的信息单位测绘成图,以及确定地球全部及局部的形状与大小的学科。测量学可以分很多类别。按大类分:空间测量、陆地测量、海洋测量;按专业分:地籍测量、房产测量、矿山测量、地质测量、水文测量、城市工程测量等;按其他分比较复杂,举例说明,如按陆地测量分,则首先是大地测量,大地测量中分控制测量、水准测量、距离测量等,这不是本书的重点。按照上述分类,房产测绘应属于按专业分类的范畴,它是专业测绘中的一个很具有特点的分支。它测定的特定范围是房屋以及与房屋相关的土地,也就是说,房产测绘是指运用测绘仪器、测绘技术和测绘手段,来测定土地和房屋的位置、权属、界线、面积、质量及其他使用状况,采集和表述房屋及房屋用地的有关信息,为房产产权、产籍管理及房地产开发利用、交易、征收税费,以及为城镇规划建设提供数据和资料,为房地产权利人和管理部门提供信息服务的一项专业技术活动。房产测绘细分为房产基础测绘和房产项目测绘两种。

房产基础测绘是指在一个城市或一个地域内,大范围、整体地建立房地产的平面控制网,测绘房地产的基础图纸——房产分幅平面图。房产基础测绘,对测绘人员素质、仪器装备、单位测绘资质要求都比较高,必须是有较丰富经验的专业队伍才能胜任。相比较而言,从事房产项目测绘比较容易一些。根据目前我国的法律、法规规定,没有取得房产测绘资格的队伍不能从事房产测绘。在世界上的一些国家,只有官方机构经过审查和特别认可,并取得测量工程师执业资格的机构和个人才能从事这一神圣而具有法律效力的工作。

房产项目测绘,是指在房地产权属管理、经营管理、开发管理以及其他房地产管理过程中需要测绘房地产分丘平面图、房地产分层分户平面图,以相关的图、表、册、簿、数据等开展的测绘活动。房产项目测绘与房地产权属管理、交易、开发、拆迁等房地产活动紧密相关,工作量大。房产项目测绘中最大量、最具现实、最重要的是房屋、土地权属证件附图的测绘。

活动二 房产测绘的目的和任务

【资源与器材】

PPT、图片、相关视频。

【知识导航】

房屋是人们生产和生活的场所,房屋及其用地是社会生活的基本物质要素,这一要素信息的采集和表述,必须经过房产测绘,所以房产测绘是房地产管理工作的重要基础。准确而完整的房产测绘成果是审查确认房屋产权、产籍的重要依据,也是发展房地产行业,进行城市建设和管理的必不可少的基础资料。

房产测绘的目的和任务就是对房屋及房屋相关的建筑物、构筑物和房屋用地进行测量和调查工作,获取房地产的权属、位置、数量、质量、利用状况等信息,为房地产管理,尤其是为房屋产权、产籍管理提供准确而可靠的成果资料;同时为城市规划、城市建设(如基础设施、地下管网、通信线路、环境保护)等提供基础数据和资料。

活动三 房产测绘的基本内容和作业过程

【资源与器材】

PPT、图片、相关视频。

【知识导航】

一、房产测绘的基本内容

(一)房产平面控制测量

房产测量的第一步就是在测区建立一个高精度的、有一定密度的、可以长期使用的覆盖全区的平面控制网。这是保证房产测量成果质量的基础。平面控制点可以利用已有的符合《房产测量规范 第1单元:房产测量规定》(GB/T 17986.1—2000)精度要求的现有成果,必要时也可自行布设房产平面控制网,不论哪一种布设形式,均应按《房产测量规范 第1单元:房产测量规定》(GB/T 17986.1—2000)的规定和要求进行检核。

(二)房产调查

房产调查包括房屋调查和房屋用地调查,其目的是查清房屋及用地的位置、权属、界线、数量、用途以及地理名称和行政境界,按《房产测量规范 第1单元:房产测量规定》(GB/T 17986.1—2000)的要求,逐项调查落实,并现场记录,填写调查表,是进行产权登记的基本素材。

(三)房产要素测量

房产要素测量的目的是测定房屋和房屋用地及其相关要素的几何位置,包括坐标和边长。主要的要素有界址点和界址线、房角点和房屋轮廓线,以及房屋的附属设施和房屋围护物的几何位置或相关数据,还有铁路、公路、街道、水域及相关地物的位置测量,有时还要进行行政境界线的测量。

(四)房产图绘制

房产图是房产测绘的主要成果之一,使用频率较高,是城市管理中非常重要的基础数据资料。根据《房产测量规范 第1单元:房产测量规定》(GB/T 17986.1—2000)的规定和要求,本书重点讨论了房产图绘制的基本理论和作业方法。

(五)房产面积测算

房产面积测算是房产测绘的特点和重要内容之一。测算的对象包括房屋面积和房屋用地面积。后者多用界址点坐标计算面积,而前者通常用房产调查时实量的边长计算面积。在工序上,它通常是测图的后期工作,通过面积量算、注记、列表、整理等,提供精确房产信息数据,便于房地产管理的实施。

(六)房产变更测量

由于城市现状的不断变更,房屋和房屋用地的产权也会经常转移,因此从房产测量开始之日起,就可能产生变更测量。房产变更测量也是房产测绘部门的一项经常性的工作。通过对发生变更的房屋及房屋用地的属性及时地用最新的数据替换,保证房产信息数据的实时性、准确性和可靠性。

(七)房产成果资料的检查与验收

房产成果资料的检查与验收工作是房产测绘的最后一道工序,也是保证房产成果资料质量的最后一道关口。其目的是,使提交的成果资料符合规范、图式要求,能满足其他工序要求,便于控制成果的使用和保存,同时也为房产产权登记提供准确可靠的数据。

二、房产测绘的作业过程

房产测绘分为预售登记测绘(预测)、产权登记测绘(实测)、房产图测绘和分户图测绘,现简要说明一下这几个业务的作业流程。

(一)预售登记测绘(预测)

顾名思义,预售登记测绘就是在房子没建或是还未建成时,开发商为了回笼资金提前售房而进行的测绘工作,其主要目的是办理预售许可证。开发商依据测绘单位出具的房屋预售测绘成果报告在市住房和城乡建设委员会办理预售许可证,之后方可出售房屋。

(二)产权登记测绘(实测)

房屋竣工前,需要测绘单位出具符合规划许可的房屋建筑面积报告,房屋竣工后,开发商要交房以及业主要办理房屋产权证,这些都需要测绘单位对房屋现状进行现状测量,提供一个准确的面积数据,就是我们所说的实测。实测面积是业主补交房价款的依据,是交物业费和取暖费的依据,也是缴纳契税和印花税的依据,更是业主真正拥有房屋所有权面积的体现。

(三)房产图测绘

房产图绘是在产权登记测绘的基础上,进行的产权证图表的测绘工作,其成果是办理产权的最基本资料,与产权登记测绘同时备案,同时存档。绘制产权图时要严格按照房产图图式的标准绘制。

(四)分户图测绘

分户图测绘是在产权登记测绘及房产图测绘备案结束之后,进行的分户图测绘工作,包括房屋平面图和房屋登记表。

房产测绘作业流程见图1-1。

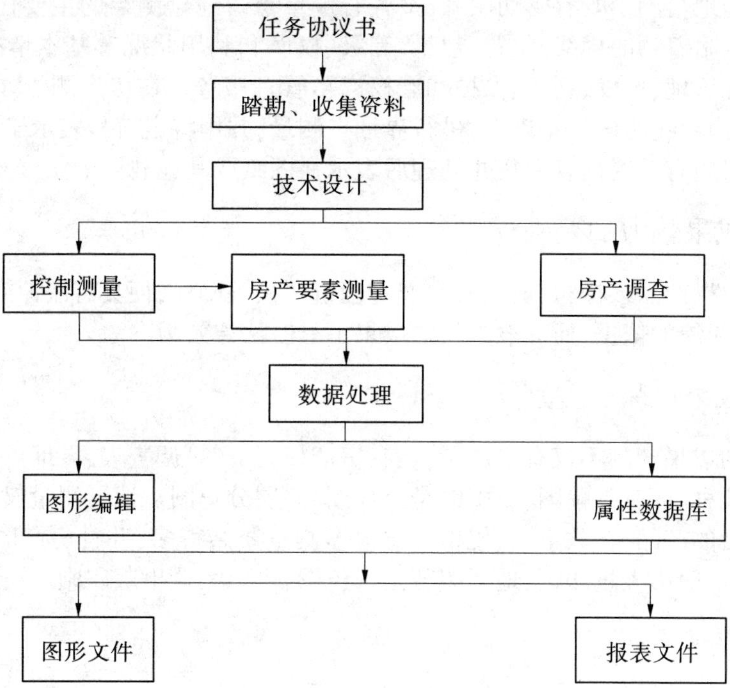

图 1-1 房产测绘作业流程

活动四 房产测绘的特点

【资源与器材】

PPT、图片、相关视频。

【知识导航】

房产测绘与普通的测量有较大的差别，与地形测量、工程测量区别更大。其主要表现在以下几项。

一、测图比例尺大

房产测绘一般在城市和城镇内进行，图上表示的内容较多，有关权属界线等房地产要素，都必须清晰准确地注记，因此房产分幅图的比例尺都比较大。作为我国最大比例尺系列的图纸一般都是 1∶500 或 1∶1 000，分丘图和分层分户平面图的比例尺更大，1∶50 有时也有，表示的内容更详细。

二、测绘内容与地形测量、地籍测绘的差别

地形测量的主要对象是地貌和地物，而房产测绘的主要对象是房屋和房屋用地的位置、权属、质量、数量、用途等状况，以及与房产权属有关的地形要素。房产测量对房屋及其用地必须测定位置（定位），调查其所有权或使用权的性质（定性），测定其范围和界线（定界），还要测算其面积（定量），调查测定评估其质量（定质）和价值（定价）。地形测量没有如此广的任务。房产图一般对高程不作要求，而地形测量不但要高程，而且要用等高线表示地貌。

房产测绘与地籍测绘既有密切联系,又各有侧重点。地籍测绘的主要任务是调查和测定土地及其地上附着物的界线、位置、数量、等级、权属和利用状况等基本情况的测绘工作,侧重于土地资源管理、开发、利用、保护和产权产籍管理服务。在房产测绘之前必须先进行地籍调查,在用地界线明确的基础上,进行界址点测量,并用特定符号表示于房产图上;而房产测绘是将与房屋有关的信息采集并处理后表示在图纸或其他载体上。

三、测绘成果效力的差别

房产测绘成果产品多样,其成果被房产管理行政机关确认,便具有法律效力。它是产权确认、处理产权纠纷的依据,而一般测量的成果不具备法律效力。

四、测绘成果产品的差别

房产测绘的成果产品不仅有房产图,还有房产权属、产籍调查表、界址点成果表、面积测算表。图也有几种,即有分幅图,更多的是分丘图、分层分户图。地形测量仅只有分幅图,所以房产测绘最后的产品,在数量上、规格上比地形测量繁杂得多,并且房产图在一般的情况下只是单色图,一般不大量印刷;地形图若是四色图,可以大量出版印刷。

五、精度要求不同

地形图上的要素成果,使用者一般可从图上索取或量取,其点位中误差在±(0.5~0.6) mm 以内,这个精度可以满足城市规划对地物精度的要求。但房产测绘不能按此要求,如界址点的坐标,房屋的建筑面积的量算精度要求比较高,不能直接从图上量取,而必须实测、实算。

六、修测、补测、变更测量及时

城市基本地形图的复测周期一般 5~10 年,而房产测绘的复测周期不能按几年来测算,城市的扩大要求及时对房屋、土地进行补测,对房屋和用地特别是权属发生变化时也应及时修测,对房屋和用地的非权属变化也要及时变更,以保持房产测绘成果的现势性、准确性,保持图、卡、表册与实地情况一致。所以,房产测绘成果要及时修测、补测,进行变更测量。

七、房产测绘人员既要懂测绘知识、也要了解房地产相关知识

房产测绘的另一大特点,就是从事这一工作的人员不仅要熟练掌握测绘技术、测绘业务,运用各种测绘方法得心应手,而更重要的是要掌握房地产的业务知识。作为一个称职的房产测绘工作者,应是房地产这一门学科的好手,应是房地产权属管理的帮手,应是房屋交易买卖中的鉴证者,必须熟悉房地产的相关法律、法规,正确测算房屋面积,保护双方的合法利益;否则,做不好房产测绘。这也是房产测绘区别于其他测绘的特点之一。

活动五　房产测绘的作用

【资源与器材】

PPT、图片、相关视频。

【知识导航】

房产测绘是随着我国房地产业的发展而兴盛起来的,主要是为房地产的各种管理服务

的,同样也为城市其他方面的管理服务。因此,房产测绘成果的作用归纳起来主要有以下几个方面。

一、为房地产开发、经营以及交易提供基本信息服务

房产测绘成果提供了房地产商品的量度依据,为房地产开发经营企业实施房地产开发经营决策、销售、核算提供了数量方面的参考依据,也为房地产消费者选择、购置房地产提供了必要的信息。当买卖双方以合同形式约定以产权登记面积作为销售面积且销售价格按单位面积售价来核定时,房地产面积就与房地产价值挂上了钩。

二、为房地产管理提供信息服务

(1)在制定相关政策时,房地产管理部门需要掌握区域内房地产的整体情况,如房屋总量,房屋地域分布、行业分布情况,房屋利用状况等基础资料。

(2)房地产权属登记发证需要掌握各个产权单位的具体位置、界址、占地范围和房屋面积等信息,这些信息需要通过测绘来完成。

三、为其他部门提供参考资料

房产测绘还可以为城市建设、司法机关案件审理、仲裁、税收、保险等部门提供基础资料和相关信息。测绘调查后的成果,经过统计整理之后,可以派生出很多不可多得的资料,例如:它可统计出一个城市与地区的房屋的总数量、总质量,人均建筑面积,人均使用面积,住宅的数量、质量、所有权、使用权情况,发展速度等。这些资料无疑会给城市的整体建设布局、住房制度的改革、老城区的改造、危旧房屋的改造等提供决策依据,也为城镇规划、市政工程、公用事业、环保、绿化、社会治安、文教卫生、水利、旅游、地下管网、通信、电、气等提供基础资料和有关信息。它的服务具有广泛性。

活动六　房产测绘成果

为适应建立房地产数据库和房地产信息系统的需求,把房产测绘成果按三大类加以归类和整理,即房产簿册、房产数据和房产图集。

(1)房产簿册,包括房屋调查表、房屋用地调查表、有关产权状况的调查资料和证明及协议文件。

(2)房产数据,包括房产平面控制点成果表、界址点成果表、房角点成果表、面积测算成果表。

(3)房产图集,包括房产分幅图、分丘图、分层分户图、房产证附图、房屋测量草图、房屋用地测量草图。

任务三　房产测绘的发展

【任务目标】

了解房产测绘发展过程中的重要时间节点及历史变革。

【学习过程】

1. 观看短片。

2. 分析总结短片内容。

3. 讲师讲授。

【学习成果】

活动一　房产测绘的发展历史

【资源与器材】

PPT、图片、相关视频。

【知识导航】

我国是一个有着5 000多年历史的文明古国。从奴隶制社会夏朝开始,土地测量和房屋测量就开始了。有个叫有巢氏的人,传说就是他发明了房屋。可以推断,房屋的大小,房屋的归属有了着落,这就是房地产测量的开始。历史发展到了奴隶制到封建社会的转换时期——商周时期,就有了井田制,而且建立了“九一而助”的管理制度。土地测量(也含计量)计算就有“六尺为一步,百步围成一亩,百亩为一夫,夫三为屋,屋三为井,井方一里,是为九夫,八家共之”。这就是房地产测量最原始的记录,前面含有土地测量,后面就与房屋与家庭有关了。到了战国时期,秦孝公启用一个叫商鞅的宰相进行土地改革,实行“废井田,开阡陌”,奴隶制解体,封建制逐步形成,奴隶主的井田被道路冲开,逐渐形成了私田制,各是各的田,各是各的家。丈量各个封建领主的田地,成了当时不可缺少的一件大事,那时朝廷中设立有专门管这项工作的官吏。

隋、唐时期,我国普遍实行“均田制”,对当时的赋税、人口、土地进行统一登记,建立户籍制度,户籍的建立即含有房产测绘,地籍含附于户籍册内。宋代时,对土地实行“方田法”“经界法”,进行统一清丈,逐户逐乡造地籍簿(当时叫“砧基簿”),按规定的格式记载户田数、质量及用途,土地的四至出现了,地块图出现了,起到了按图核地的目的。明代的“鱼鳞图”是中国比较标准的古代地籍图册。清代测制的《皇舆全览图》和《乾隆内府皇舆全图》则是具有一定水准的房地产图,它融建筑图、房产图、地籍图于一身,很有一些现代气派,而且它与清代乾隆八年颁布的“丈量规则”“铸铁标准弓(尺)”互为关系。把规划与图统一了起来。明确规定了1步×240步为一亩。清代的房地产测量在我国历史上的发展达到了相当高的程度。

中华民国时期,政府专门成立地籍测量部门,颁发了《土地测量实施规则》,统一全国的土地测量工作,在上海、南京、重庆、武汉等大城市,统一规格的地籍图已成规模。1932年,首次在我国江西省运用航空摄影测量方法施测地籍图,这些图纸在中华人民共和国成立后的若干年内都在发挥一定的作用。

20世纪50年代初,我国在全国主要城市范围内开展了大规模房地产土地登记工作,颁发了土地权状,这些土地权状就是房地产测绘的结果。几个大城市拥有了一定规模的房地产测量队伍,从事着房地产登记发证和房地产测绘统计调查工作。从那以后,由于种种原因,全国的房地产和地籍测量都没有得到足够的重视。除少数几个大城市外,房产测绘在我国范围内发展较慢。

1984年底,建设部决定在全国城镇范围内进行第一次房屋普查,经过近两年普查,一大批城市的房地产管理部门纷纷成立了自己的房地产测绘队伍,从事着房地产测绘工作。1987年,乘第一次全国城镇房屋普查的东风,又在全国范围内进行房地产登记发证工作。

房地产测绘已经成为房地产管理不可缺少的工作，日益发挥着巨大的作用。建设部房地产业司主管这一工作后，房地产测绘有了较快的发展，南京、西安、广州、北京、重庆、武汉、上海、深圳、郑州、珠海、牡丹江等大中城市纷纷组建房地产测绘机构。1991年，第一部《房产测量规范》(CH 5001—1991)(行业标准)正式出台，标志着全国房地产测绘标准的统一。1992年，全国房地产测绘的群众学术团体——中国房地产及住宅研究会房地产地籍测量委员会在珠海正式成立，全国房地产测绘行业有了自己的学术组织机构。在国家测绘局1991年5月发布的《房产测量规范》(CH 5001—1991)的基础上，结合科技的发展生产的需求并参照国内外有关标准和规定，2000年2月国家颁布了《房产测量规范 第1单元：房产测量规定》(GB/T 17986.1—2000)、《房产测量规范 第2单元：房产图图式》(GB/T 17986.2—2000)，房产测绘工作逐步走向规范化。

随着我国经济体制改革的深入、《城市房地产管理法》的实施，房产测绘管理工作蓬勃发展，作用日益增大，一大批房产测绘工程师和房产测绘管理人员成长起来，数字化成图、GNSS全球定位测量系统、电子平板测图系统，多种先进方法测制的房地产图在全国房地产系统得到应用。建立适合我国国情的房产测绘管理体系，规范房产测绘行为，培育和发展房产测绘市场，建立房产测绘市场的竞争机制将是我国房地产管理部门的一项重要工作。

思政课堂

我国房地产政策历程

房地产的发展深远地影响着社会的其他各行各业，强劲的带动力、高关联度的特点使得其在国民经济发展中占据着非常重要的地位。根据我国国民经济“八五”规划至“十四五”规划，国家对房地产行业的支持政策从“加快建设”“活跃房地产二级市场”到“保持平稳运行”“房住不炒”的变化，如图1-2所示。

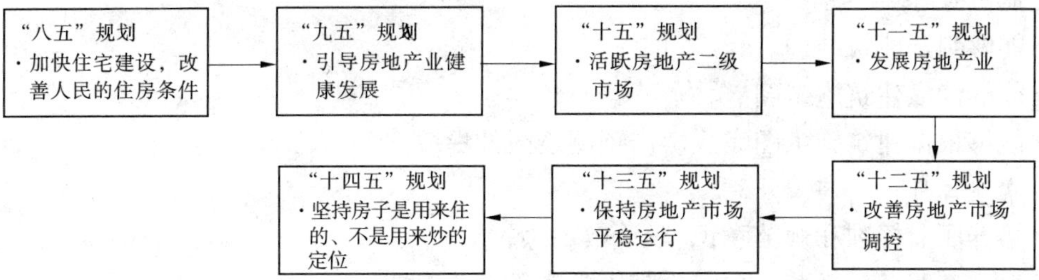

图1-2 “八五”规划至“十四五”规划期间房地产政策演变

“八五”规划至“十一五”规划时期，国家层面大力提倡发展、活跃房地产行业与市场，极大地促进了我国房地产行业的发展，同时也拉动了其他行业的快速发展；“十二五”规划至“十四五”规划时期，国家提出加强市场监管、规范房地产市场秩序、加大保障性住房供给及“房住不炒”的理念，促进房地产行业转型升级。

项目二　建筑施工图识图

【项目说明】

本项目是房产测绘预测绘的准备阶段,通过 3 个任务来完成关于建筑施工图的认知,主要了解建筑的分类、建筑施工图的分类和组成及图面要素判读,在建筑施工图基础上完成房产预测绘平面图的制作,为后续的房产预测绘打下基础。

【项目目标】

1. 知识目标

- 掌握建筑的分类。
- 熟悉建筑物的构造组成和作用。
- 掌握建筑施工图的分类和组成。
- 掌握建筑施工图图面要素的尺寸标注含义。
- 掌握建筑施工图索引图的含义。
- 掌握投影的基础知识,认识三视图。
- 掌握施工图的识图方法及步骤。
- 掌握建筑总平面图的识读。
- 掌握建筑平面图的组成及识读。
- 掌握建筑平面图中提取房产预测绘平面图。

2. 能力目标

- 能够判定建筑结构。
- 能够读懂建筑施工图。
- 能够根据建筑施工图完成房产预测绘图件提取。

3. 素质目标

- 培养职业标准和规范意识、职业敬畏感。
- 养成查阅各项规范、论文、文献等参考资料的习惯。
- 养成后期自学、主动学习的能力。
- 培养学生的责任意识和认真负责的敬业精神。

【项目任务】

任务一　建筑的认知

任务二　建筑施工图识图

任务三　建筑施工图实例解析

【项目成果】

房产预测绘平面图。

任务一　建筑的认知

【任务目标】

1. 掌握建筑的分类。

2. 熟悉建筑物的构造组成和作用。

【学习过程】

1. 观看短片。

2. 分析总结短片内容。

3. 讲师讲授。

【学习成果】

根据图片判断建筑结构的分类。

活动一　建筑的分类

【资源与器材】

PPT、相关图片。

【知识导航】

一、建筑的分类方法

建筑分类的方法很多,一般可按照以下几种情况进行分类。

(一)按使用功能分类

按使用功能的不同,可分为民用建筑、工业建筑、园林建筑和其他建筑(含构筑物)四类。

民用建筑是指供人们工作、学习、生活、居住用的建筑物,包括居住建筑和公共建筑。居住建筑是供人们生活起居用的建筑物,包括住宅、公寓、宿舍等。公共建筑按其性质的不同又可分为文教建筑、托幼建筑、医疗卫生建筑、观演性建筑、体育建筑、展览建筑、旅馆建筑、商业建筑、电信广播建筑、交通建筑、行政办公建筑、金融建筑、饮食建筑、纪念建筑以及同时具备上述两个或两个以上功能的综合性建筑等。

工业建筑是指为工业生产服务的生产车间和为生产服务的辅助车间、动力用房、仓储等建筑物。

(二)按建筑规模和数量分类

按建筑规模和数量的不同,可分为大量性建筑和大型性建筑。大量性建筑是指建筑规模不大,但修建的数量较多、相似性大,同时与人们生活关系密切的分布面广的建筑物,如住宅、中小学教学楼、医院、中小型影剧院、中小型工厂等,广泛分布在城市及村镇。

大型性建筑是指建筑数量少、单体面积大、个性强的建筑物,如鸟巢大型体育馆、大型剧院、航空港、博览馆、大型工厂等。这类建筑修建的数量是很有限的,它在一个地区甚至一个国家都是具有代表性的,同时对城市面貌的影响也很大。

(三)按层数或高度分类

住宅按照层数分类:低层住宅,层数为1~3层;多层住宅,层数为4~6层;中高层住宅,层数为7~9层;高层住宅,层数为10层及以上。

其他民用建筑按建筑高度分类如下(建筑高度是指自室外设计地面至建筑主体檐口顶部的垂直高度)。

普通建筑:建筑高度不超过24 m的民用建筑和建筑高度超过24 m的单层民用建筑。

高层建筑:建筑高度超过24 m的公共建筑和综合性建筑(不包括高度超过24 m的单层主体建筑)。

超高层建筑:建筑高度超过100 m的民用建筑。

(四)按建筑结构分类

建筑结构指建筑物和构筑物中由若干基本构件(如基础、墙、柱、梁、屋架、支撑、板等)组成,用以承受直接作用(如构件自重以及外部荷载,屋面和楼面活荷载、风荷载、雪荷载等)和间接作用(如地震作用、温度变化、基础沉降、混凝土的收缩和徐变等)的体系。它是建筑物的基本受力骨架,是建筑物存在的物质基础,对建筑物的坚固、安全、适用和耐久起着决定性的作用。结构必须具有足够的强度、刚度、稳定性、耐久性和耐火性能,以满足使用要求。建筑结构可以由一种材料构成,也可由两种或多种材料构成。房屋结构一般是指其建筑的承重结构和围护结构两个部分。建筑结构按采用材料的不同,可分为以下几类。

(1)钢结构(见图2-1):是指承重的主要构件是用钢材料建造的,包括悬索结构。主要用于厂房、车间等建筑。

图2-1　钢结构

(2)钢、钢筋混凝土结构(见图2-2):是指承重的主要构件是用钢、钢筋混凝土建造的。

图2-2　钢、钢筋混凝土结构

(3)钢筋混凝土结构(见图2-3):是指承重的主要构件是用钢筋混凝土建造的,包括薄壳结构、大模板现浇结构及使用滑模、升板等建造的钢筋混凝土结构的建筑物。

图2-3　钢筋混凝土结构

(4)混合结构(见图2-4):是指承重的主要构件是用钢筋混凝土和砖木建造的。如一幢房屋的梁是用钢筋混凝土制成的,以砖墙为承重墙,或者梁是用木材建造的,柱是用钢筋混凝土建造的。

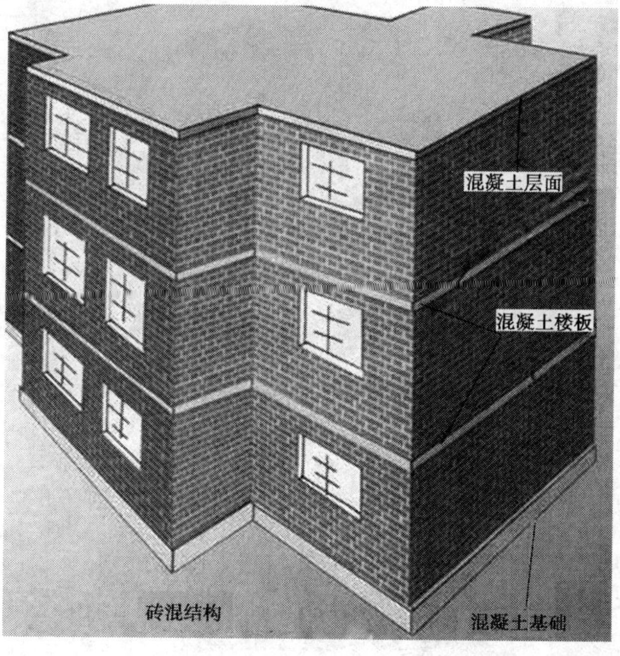

图2-4　混合结构

(5)砖木结构(见图2-5):是指承重的主要构件是用砖、木材建造的。如一幢房屋是由木制房架、砖墙、木柱建造的。

(6)其他结构(见图2-6):是指凡不属于上述结构的房屋都归此类。如竹结构、砖拱结构、窑洞等。

图 2-5　砖木结构

图 2-6　其他结构

二、民用建筑的等级划分

民用建筑的等级一般按建筑物的使用年限和防火性能来划分。

(1)根据建筑主体结构的正常使用年限,建筑物耐久等级可分为一至四级,见表 2-1。

表 2-1　建筑物耐久等级

耐久等级	耐久年限	适用范围
一级	100 年以上	适用于重要的建筑和高层建筑,如纪念馆、博物馆、国家会堂等
二级	50~100 年	适用于一般性建筑,如城市火车站、宾馆、大型体育馆、大剧院等
三级	25~50 年	适用于次要的建筑,如文教、交通、居住建筑及厂房等
四级	15 年以下	适用于简易建筑和临时性建筑

(2)根据建筑材料和构件的燃烧性能及其耐火年限,建筑物的耐火等级可分为一至四级。

耐火等级高的建筑,火灾时烧坏、倒塌的很少,损失小;而耐火等级低的建筑,火灾时不耐火、燃烧快,损失也大。

耐火极限是指任一建筑构件在规定的耐火试验条件下,从受火时起,到失去稳定性或完整性被破坏或失去绝热性能时为止的这段抵抗火的时间。耐火极限一般用小时计算。只要上述条件有任意一个出现,就可以确定达到了建筑物的耐火极限。

三、建筑物的构造组成和作用

一幢建筑物,不管是民用建筑还是工业建筑,一般都是由基础、墙或柱、楼地层、楼梯、屋顶和门与窗六大部分组成的。

(一)基础

基础是建筑物最下部的承重构件,其作用是承受建筑物的全部荷载,并将这些荷载传给地基。因此,基础必须具有足够的强度,并能抵御地下各种有害物质的侵蚀。

(二)墙或柱

墙和柱是建筑物的承重构件和围护构件。作为承重构件的外墙,其作用是承重和抵御自然界各种因素对室内的侵袭;内墙主要起分隔房间和保证室内环境舒适的作用。框架或排架结构的建筑物中,柱起承重作用,墙仅起围护作用。因此,要求墙体具有足够的强度、稳定性及保温、隔热、防水、防火、耐久、经济等性能。

(三)楼地层

楼地层包括楼板层和地坪层。

楼板层是建筑物水平方向的承重构件,按房间层高将整栋建筑物沿水平方向分为若干层;楼板层承受家具、设备和人体荷载及其本身的重量,并将这些荷载传给墙或柱,同时对墙体起水平支撑的作用。因此,要求楼板层应具有足够的抗弯强度、刚度和隔音性能,对有水侵蚀的房间,还应具有防潮、防水的性能。

地坪层是底层房间与地基土层相接的构件,起承受底层房间地面荷载的作用。这就要求地坪层具有耐磨、防潮、防水、防尘和保温性能。

(四)楼梯

楼梯是楼房建筑的垂直交通设施,供人们上下楼层和紧急疏散时使用,所以要求楼梯具有足够的通行能力,并且具有防滑、防火性能。

(五)屋顶

屋顶是建筑物顶部的围护构件和承重构件,用来抵抗风、雨、雪、霜、冰雹等的侵袭和太阳辐射热的影响,还要承受风雪荷载及施工、检修等屋顶荷载,并将这些荷载传给墙或柱。所以,屋顶应具有足够的强度、刚度和防水、保温、隔热等性能。

(六)门与窗

门与窗均属于非承重构件,也称为配件。门主要供人们出入,起到交通和分隔房间的作用;窗主要起通风、采光、分隔、眺望等作用。处于外墙上的门、窗有时是围护构件的一部分,要满足热工及防水的要求。对于某些有特殊要求的房间,门、窗应具有保温、隔音、防火的性能。

一栋建筑物除以上六大基本的组成部分外,还可能有许多其他的构件和配件,如阳台、台阶、雨篷、排烟道等。

任务二　建筑施工图识图

【任务目标】

1. 掌握建筑施工图的分类和组成。
2. 掌握建筑施工图图面要素的尺寸标注含义。
3. 掌握建筑施工图索引图的含义。
4. 掌握投影的基础知识,认识三视图。
5. 掌握施工图的识图方法及步骤。

【学习过程】

1. 图形解析。
2. 讲师讲授。

【学习成果】

能够读懂建筑施工图。

活动一　建筑施工图的分类和组成

【资源与器材】

PPT、图片。

【知识导航】

一、建筑施工图的基本知识

(一)建筑施工图的定义

建筑施工图是按照正投影原理和建筑工程施工图的规定画法,把一栋房屋的全貌及各个细微局部完整地表达出来并用于指导施工的图纸。它是将建筑物的平面布置、外形轮廓、尺寸大小、结构构造和材料做法等内容,按照国家标准的规定,用正投影方法详细准确地画出的图样。它是用于组织、指导建筑施工,进行经济核算、工程监理,完成整个建筑建造的一套图样。它不仅表示建筑物在规划用地范围内的总体布局,还清楚地表达出建筑物本身的外部造型、内部布置、细部构造和施工要求等。它是由设计单位根据设计任务书的要求、有关的设计资料、计算数据和建筑艺术等多方面因素设计绘制而成的。

(二)建筑施工图的分类

根据专业内容或作用的不同,一套完整的建筑工程施工图一般包括建筑施工图、结构施工图和设备施工图等。

(1)建筑施工图。主要表明建筑物的总体布局、外部造型、内部布置、细部构造、内外装饰等情况。它包括首页(设计说明)、总平面图、平面图、立面图、剖面图和详图等。

(2)结构施工图。主要表明建筑物各承重构件的布置、形状尺寸、所用材料及构造做法等内容。它包括首页(设计说明)、基础平面图、基础详图、结构平面布置图、钢筋混凝土构件详图、节点构造详图等。

(3)设备施工图。是表明建筑工程的各专业设备、管道及埋线的布置和安装要求的图样。它包括给水排水施工图、采暖通风施工图、电气施工图等。它一般由首页、平面图、系统图、详图等组成。

一幢房屋的全套施工图的编排顺序一般应为:图纸目录、总平面图(施工总说明)、建筑施工图、结构施工图、给水排水施工图、采暖通风施工图、电气施工图等。

建筑施工图是表达设计思想、指导工程施工的重要技术文件。

(三)房屋建筑施工图的特点

(1)施工图中的各图样,主要是根据正投影法绘制的,所绘图样都应符合正投影的投影规律。

(2)施工图应根据形体的大小,采用不同的比例绘制。

(3)由于房屋建筑工程的构配件和材料种类繁多,为作图简便,国家标准规定了一系列的图例符号和代号来代表建筑构配件、卫生设备、建筑材料等。

(4)施工图中的尺寸,除标高和总平面图以 m 为单位外,一般以 mm 为单位,在尺寸数字后面不必标注单位。

二、施工图的组成

(一)工程施工图的组成和编排

施工图设计是根据已批准的初步设计或设计方案而编制的可供进行施工和安装的设计文件。施工图设计应以图纸为主,主要包括封面、图纸目录、设计说明(或首页)、图纸、工程预算等。

一套完整的工程施工图纸应按顺序编排。一般是按图纸目录、设计施工总说明、建筑施工图、结构施工图、给水排水施工图、暖通空调施工图、电气施工图的顺序编排,就是平时我们常说的"建施""结施""水施""暖施""电施"。而每个专业的图纸按照顺序可称"建施 1""建施 2"等,也可简称"建 1""建 2"等。

(二)建筑施工图的组成

各专业施工图的组成部分各不相同。其中,建筑施工图包含图纸目录及说明、建筑总平面图、建筑平面图、建筑立面图、建筑剖面图、门窗表和节点详图等。

例如一幢房屋全套施工图的编排顺序一般可分为图纸目录、总平面图(施工总说明)、建筑施工图、结构施工图、给水排水施工图、采暖通风施工图和电气施工图等。

活动二 建筑施工图的图面要素解读

【资源与器材】

PPT、图片。

【知识导航】

一、比例和尺寸标注

(一)比例

(1)比例的定义和表示。施工图比例是指施工图图形与实际建筑物的尺寸之比。比例一般标注在标题栏内,必要时也可注写在视图名称的下方或右侧。比例为 1 的比例为原值,字的底线应取平。比例的字高,应比图名的字高小一号或两号,具体如图 2-7 所示。

平面图　1:100 ——— ⑥　1:20

图 2-7　比例

(2)绘图比例的选取。绘图比例应根据图样的用途与被绘对象的复杂程度来选取。一般情况下,一个图样要选用一种比例;但特殊情况下,同一个图样也可选用两种比例。

(3)建筑施工图比例的选取。绘制建筑的平面图、立面图和剖面图时,采用的比例较大,常用的有 1:50 和 1:100 等。图样中一些构配件应采用《建筑制图标准》(GB/T 50104—2010)规定的图例绘制。建筑施工图中常用的比例见表 2-2。

表 2-2　建筑施工图中常用的比例

图纸类别	比例尺
总图	1:500
平面图	1:100,1:150,1:200
放大图	1:50
详图	1:30,1:25,1:20,1:15,1:10

(二)尺寸标注

1. 尺寸的组成

工程图的图形表明建筑工程的形状和构造,但要详细确定工程的大小和位置,就需要标出它的尺寸。尺寸标注要注出尺寸界线、尺寸线、尺寸起止符号和尺寸数字等,尺寸的组成如图 2-8 所示。

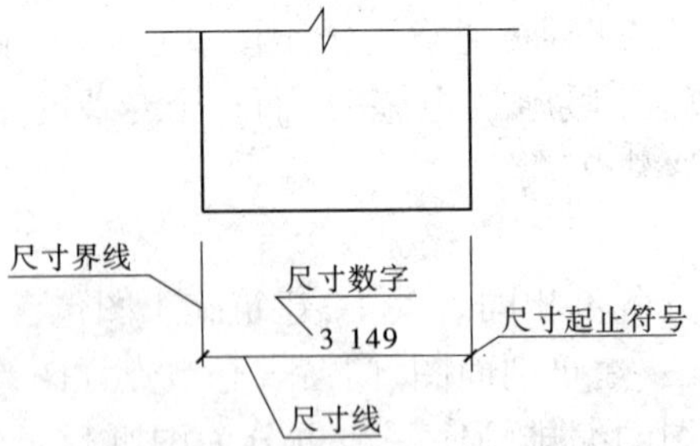

图 2-8　尺寸的组成

(1)尺寸界线表明了要标注的尺寸的边界,用细实线绘制。通常采用轴线作为尺寸界线,需要时也可采用建筑的轮廓线、中心线作为尺寸界线。对于长度方向的尺寸,尺寸界线与要标注的方向垂直,一端离开图样轮廓线不小于 2 mm,另一端应超出尺寸线 2~3 mm,如图 2-9 所示。

(2)尺寸线画在两端的尺寸界线之间,用来注写尺寸,用细实线绘制。对于长度方向的尺寸,尺寸线与要标注的方向平行且不超出尺寸界线。对于角度尺寸,尺寸线是圆弧状的,并以两根角度线的交点作为圆弧的圆心。建筑的图线不能作为尺寸线来用。

(3)尺寸起止符号一般用中粗斜短线绘制,其倾斜方向与尺寸界线成顺时针 45°角,长度宜为 2~3 mm,如图 2-10(a)所示;半径、直径、角度与弧线的尺寸起止符号用箭头表示,如

图 2-10(b)所示。

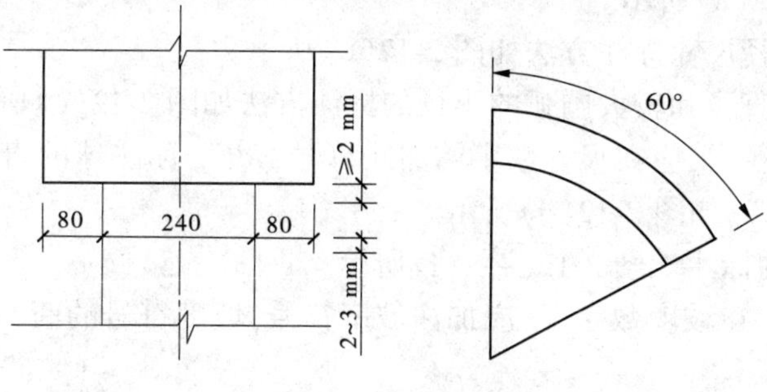

图 2-9 尺寸界线

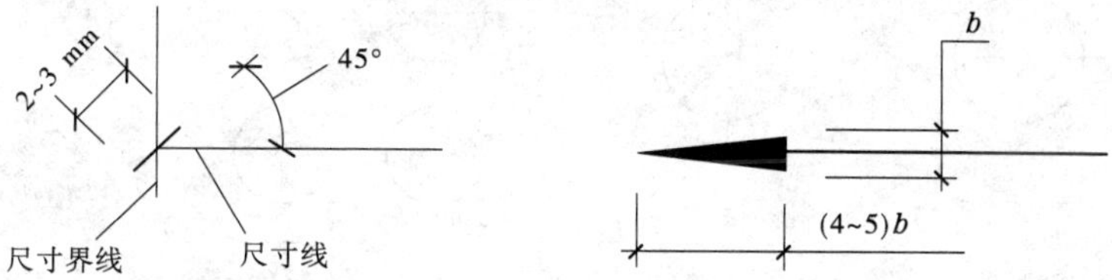

(a)45°倾斜短线 (b)箭头

图 2-10 尺寸起止符号

(4)尺寸数字。图纸中的尺寸数字标注的是建筑工程的实际大小,它与绘图比例没有关系。尺寸数字的单位除在总平面图中或在标高中用 m 外,平面、立面、剖面及详图中都用 mm 表示。为使图示清晰,尺寸线不能穿越数字,需要时可以将尺寸线断开,空出写数字的位置。

建筑施工图中,尺寸数字一般注写在水平尺寸线的上方或竖向尺寸线的左侧。如果需标注的区域太小,尺寸数字也可写在尺寸线的外侧。另外,需标注的尺寸较多且小时,尺寸数字可错开标注,也可引出标注,如图 2-5 所示。尺寸数字的注写方向,应按图 2-11(a)所示的规定注写,若尺寸数字在 30°斜线区内,可按图 2-11(b)所示的形式注写。

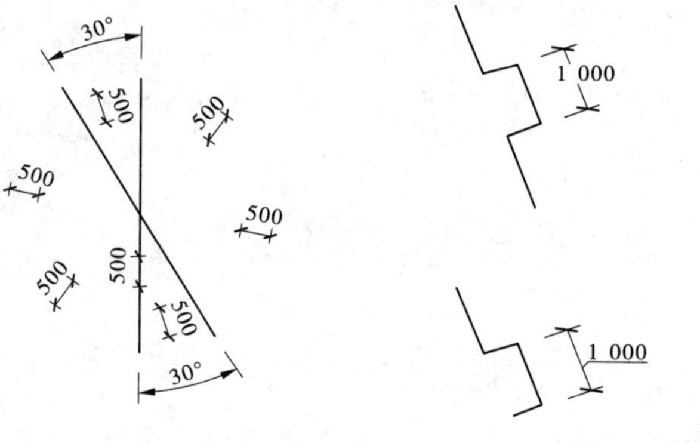

(a)规定方向 (b)30° 斜线区内

图 2-11 尺寸数字的注写方向

2. 直径、半径等尺寸的标注

(1)圆的直径的尺寸标注既可以标注在圆内,也可以标注在圆外。标注在圆内时,尺寸线应通过圆心,方向倾斜,两端用箭头作为起止符号,箭头指向圆周。直径数字前应加注直径符号“ϕ”,如图 2-12(a)所示。

(2)较小圆的直径尺寸标注方法如图 2-12(b)所示。

(3)较小圆弧的直径和较大圆弧的半径的标注方法如图 2-12(c)所示。

(4)标注球的半径时,应在尺寸数字前加注符号“*SR*”,标注球的直径尺寸时,应在尺寸数字前加注符号“$S\phi$”,如图 2-12(d)所示。

(5)角度、弦长的标注如图 2-12(e)、(f)所示。

(6)坡度标注时,在坡度数字下,应加注坡度符号,坡度符号的箭头一般指向下坡方向,如图 2-12(g)所示。

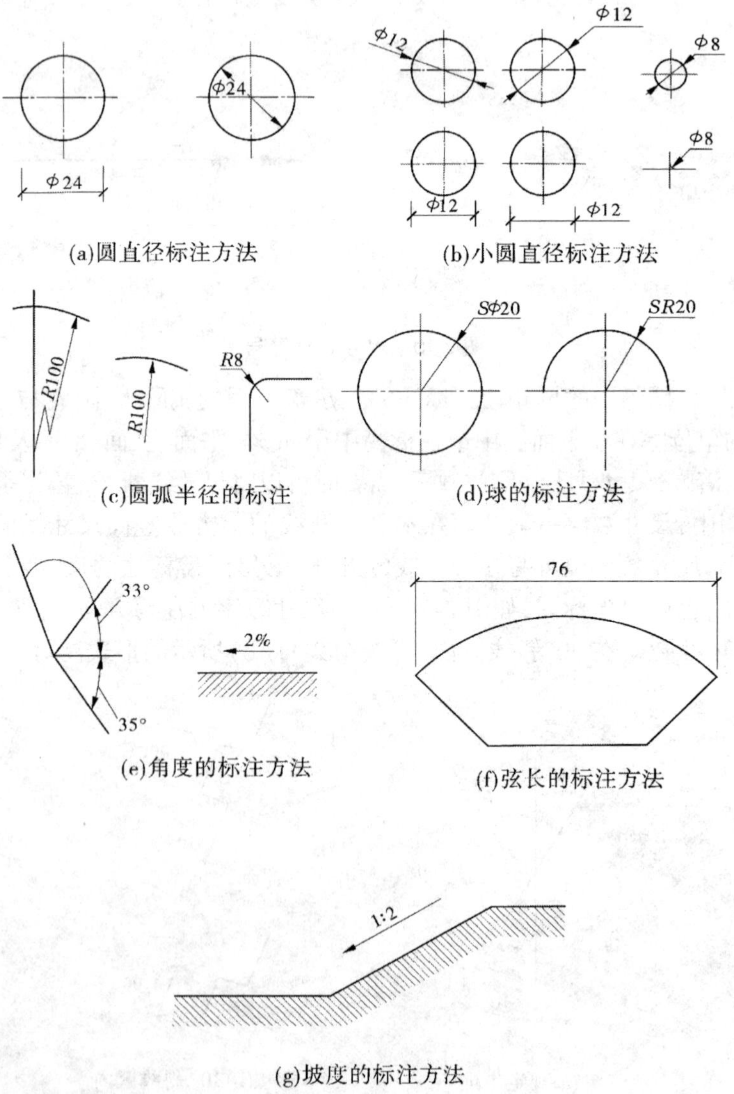

图 2-12 直径、半径的尺寸标注

3. 施工图上常见的三种尺寸

施工图上常见的尺寸分为总尺寸、定位尺寸、细部尺寸。绘图时,应根据设计深度和图纸用途来确定所注的尺寸。最外一道是外包尺寸,表示房屋外轮廓的总尺寸,即从一端的外墙边到另一端的外墙边总长和总宽的尺寸;中间一道是轴线间的尺寸,表示各房间的开间和进深的大小;最里面的一道是细部尺寸,它表示门窗洞口和窗间墙等水平方向的定形和定位尺寸。内部尺寸应注明内墙门窗洞的位置及洞口宽度、墙体厚度、设备的大小和定位尺寸,内部尺寸应就近标注。

4. 定位尺寸的标注

标注建筑平面图各部位的定位尺寸时,在其最邻近的轴线间标注;标注建筑剖面各部分的定位尺寸时,在其所在层次内标注。

(三)标高

1. 标高的定义和书写规定

标高是用于标注建筑物高度的一种尺寸形式。标高有绝对标高和相对标高之分。在实际施工中,习惯上常将房屋底层的室内地坪高度定为零点,应注写成"±0. 000",以此为基准的标高为相对标高。在施工说明中,写有相对标高和绝对标高的关系。高于零点以上的标高为正值,正数标高不注"+",如"3. 000"。低于零点以下的标高为负值,负数标高则必须注"-",如"-5. 400"。标高在单体建筑工程施工图中的数字应注写到小数点后第 3 位,在总平面图中的数字则注写到小数点后第 2 位。在图样中的同一位置需表示几个不同标高时,标高数字可按图 2-13 所示的形式注写。

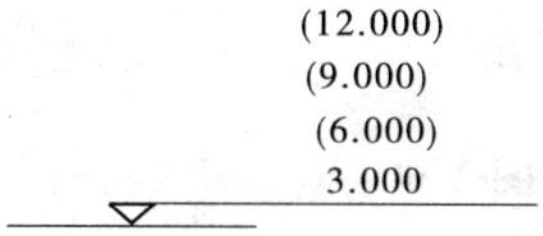

图 2-13　一个标高符号注数个标高数字

2. 标高的分类

(1)房屋建筑工程施工图的标高可分为绝对标高和相对标高。

①绝对标高:我国以青岛附近的黄海平均海平面为零点,以此为基准而设置的标高称为绝对标高。

②相对标高:标高的基准面(±0. 000 水平面)是根据工程需要而选定的,这类标高称为相对标高。在一般建筑工程中,通常取底层室内主要地面作为相对标高的基准面(±0. 000)。

(2)房屋的标高还有建筑标高和结构标高的区别。

①建筑标高是指构件包括粉刷层在内的、装修完成后外表面的标高。

②结构标高是不包括构件表面的粉刷层厚度、构件在结构施工后的完成面的标高。

3. 需要标注标高符号的位置

绘制建筑物的平面图、立面图、剖面图时,宜标注室内外地坪、楼地面、地下室地面、阳台、平台、檐口、屋脊、女儿墙、雨篷、门、窗、台阶等处的标高。平屋面等不易标明建筑标高的部位可标注结构标高,并予以说明。结构找坡的平屋面,屋面标高可标注在结构板面最低点,同时注明结构找坡坡度。有屋架的屋面,要标注屋架下弦搁置点或柱顶的标高。

4. 标注标高符号的规定

标高符号应按《房屋建筑制图统一标准》(GB/T 50001—2017)中"标高"一节的有关规

定标注。

楼地面、地下室地面、阳台、平台、檐口、屋脊、女儿墙、台阶等处的高度尺寸及标高,可按以下规定注写:

(1)平面图及其详图在完成面处标注标高。

(2)立面图和剖面图及其详图注写完成面标高和高度方向的尺寸。

(3)其余部分注写毛面尺寸及标高。

二、索引符号

(一)索引符号的意义

索引符号是将原图中不能表达清楚的局部构件引出到另外的地方并画出详图的一种符号。换句话说,就是图样中的某一个局部构件,若需另见详图,可用索引符号索引。

(二)索引符号的画法

索引符号由直径为 10 mm 的圆和水平直径组成,圆和水平直径均用细实线绘制。

(三)索引符号的编写格式

索引符号的编写格式如图 2-14 所示。

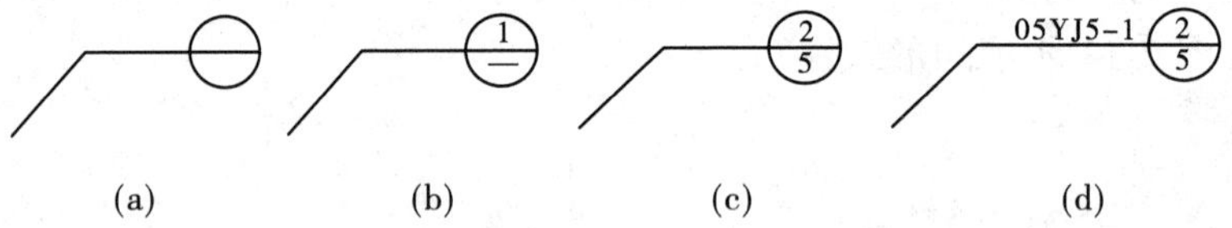

图 2-14　索引符号(一)

索引符号的详图若与被索引的图样在同一张图纸内,应在索引符号圆的上半圆中用阿拉伯数字标明该详图的编号,同时在下半圆中间画一段水平细实线,如图 2-14(b)所示。

索引符号的详图若与被索引的图样不在同一张图纸内,同样应在索引符号圆的上半圆中用阿拉伯数字标明该详图的编号,并在下半圆中用阿拉伯数字标明该详图所在图纸的编号,如图 2-14(c)所示。

索引符号的详图若采用标准图集,除上述规定外,还应在索引符号水平直径的延长线上加注该标准图集的编号,如图 2-14(d)所示。

索引符号如用于索引剖面详图,应在被剖切的部位绘制剖切位置线(粗实线),并以引出线(细实线)引出索引符号,引出线所在的一侧应为剖视方向,如图 2-15 所示。索引符号的编写规定与上述相同。

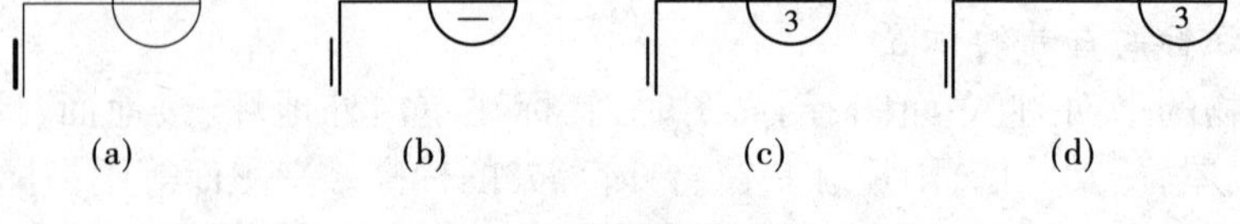

图 2-15　索引符号(二)

活动三 建筑施工图识图基础

【资源与器材】

PPT、图片。

【知识导航】

一、投影的基础知识

(一)投影的概念

在光源的照射下,物体会产生影子。如果影子落在地面上,然后画出该影子的形状图,这个图形就称为投影图,地面就称为投影面,照射的光就是投影线。

(二)投影法的分类

根据投影中心与投影面之间距离的不同,投影法分为中心投影法和平行投影法。

(1)中心投影法。当投影中心距离投影面有限远时,所有的投射线都经过投影中心(也就是前面所说的光源),这种投影的方法就称为中心投影法,而得到的投影称为中心投影。这种图接近视觉映像,直观性强,是绘制建筑物常用的一种图示方法,如图 2-16 所示。

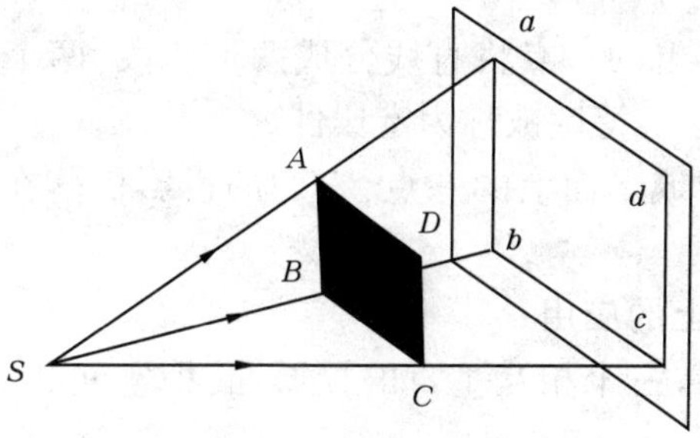

图 2-16 中心投影法

(2)平行投影法。当投影中心距离投影面无限远时,所有的投射线都相互平行,这种投影的方法就称为平行投影法,而得到的投影称为平行投影。

平行投影根据投影线与投影面的夹角不同,又可分为斜投影和正投影两种,如图 2-17 所示。当夹角小于 90°时,就是斜投影法;当夹角等于 90°时,就是正投影法。正投影作图方便,亮度性好,能完整真切地表达物体的形状大小。正投影法是工程中应用最广泛的一种图

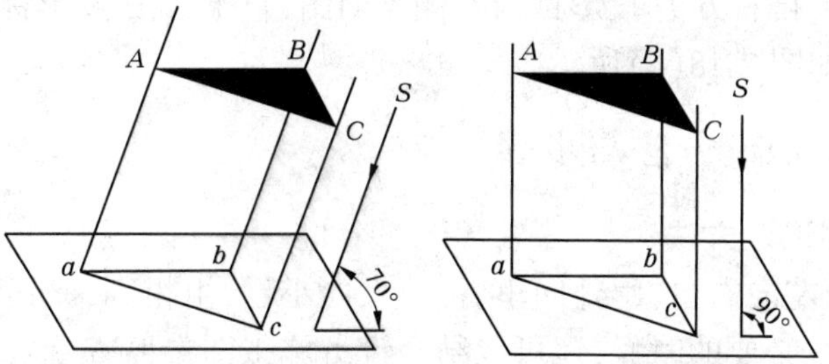

(a)斜投影 (b)正投影

图 2-17 平行投影法

示方法,是学习的主要内容。

(三) 正投影原理

如果光线相互平行并且垂直于投影面,所得到的投影就称为正投影(也称为直角投影)。作出正投影的方法称为正投影法。由于正投影能够准确表示物体某个方向的形状和大小,所以在工程制图中应用广泛。

(四) 正投影的基本特点

(1)反映真实。当空间上的直线、平面平行于投影面时,它的投影能够准确反映物体的实际长度和实际形状。这样,在投影图上就可以直接反映物体的真实尺寸。这在工程建设中就成为按图施工的重要理论依据。

(2)聚集性。空间的直线、平面垂直于投影面时,它的投影分别积聚为一点和一条直线。正是由于投影的这一特性,没有投影知识基础的人,看建筑工程图样时会有一定困难。

(3)相似性。空间的直线、平面倾斜于投影面时,它的投影仍为直线和平面,但直线比实际的长度缩短一些,平面的大小也比原来的图形缩小了一些。投影的这一特性被称为相似性,即投影图与原图相似但又有所不同。

(4)平行性。空间相互平行的直线,它们的投影仍相互平行。投影的这一特性被称为平行性。

(5)定比性。空间直线上的一点将直线分成两个线段,两个线段的长度之比等于它们投影的长度之比。投影的这一特性被称为定比性。

(6)从属性。空间直线或平面上的一点,它们的投影仍落在该直线或平面上。投影的这一特性被称为从属性。

(五) 投影法在建筑学上的应用

如图 2-18(a)所示,设置三个相互垂直的投影面,把空间分成八个角,常把形体放在第一分角中进行投影。

如图 2-18(b)所示,在第一分角的三个投影面中,直立在观察者正对面的投影面称为正投影面,用字母 *V* 标记;水平位置的投影面称为水平投影面,用字母 *H* 标记;右侧的投影面称为侧立投影面,用字母 *W* 标记。上面三种投影面也可称为 *V* 面、*H* 面、*W* 面。

三个投影面之间必然有下面的投影规律:正立面投影和水平面投影长对正;正立面投影和侧立面投影高平齐;水平面投影和左侧立面投影宽相等。房屋建筑的视图,应按正投影法并用第一分角画法绘制。自前方 *A* 投影称为正立面图,自上方 *B* 投影称为平面图,自左方 *C* 投影称为左侧立面图,自右方 *D* 投影称为右侧立面图,自下方 *E* 投影称为底面图,自后方 *F* 投影称为背立面图,如图 2-18(c)所示。

二、建筑施工图识读方法与步骤

(一) 建筑施工图识读方法

“从上往下看,从左向右看,由外向里看,由大向小看,由粗到细看,图样与说明对照看,建施与结施结合看”。必要的时候,还可以结合设备施工图参照查看,这样才能收到较好的效果。

(二) 建筑施工图识图的步骤

(1)看施工图首先应看图纸的标题栏和目录,明确工程项目名称、承建单位、设计单位、图纸数量等，从而对建筑图纸和建筑类型有个初步的了解。

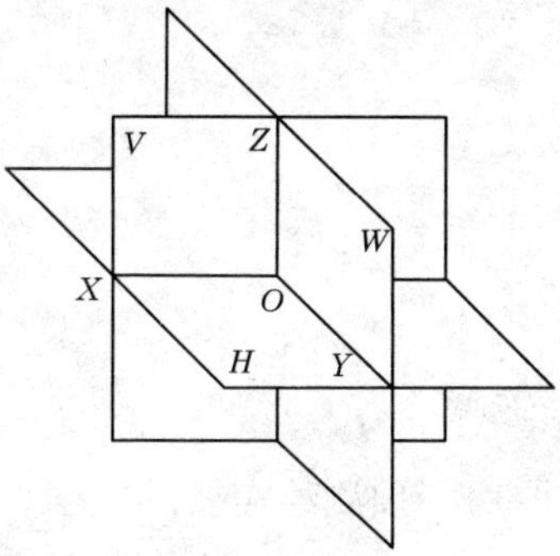

(a)八个分角

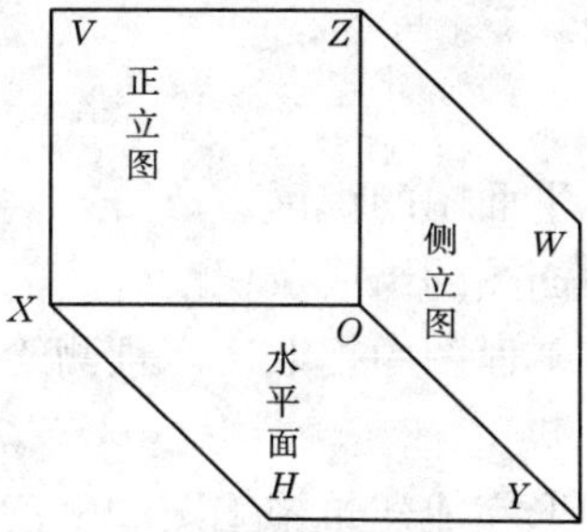

(b)第一分角

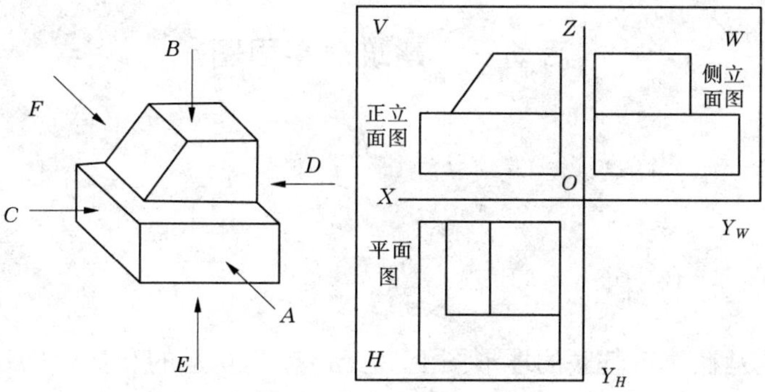

(c)第一分角绘制视图

图 2-18　三视图的形成

(2)按照图纸目录检查各类图纸是否齐全，图纸编号与图名是否相符，图纸齐全后就可以按照图纸的顺序看图了。

(3)看图顺序是先看设计总说明，了解建筑的概况；然后按照目录的排列顺序向下看，先看总平面图，确定建筑的位置、朝向、坐标、高程等；接着看立面图，大致明白建筑的层数、外观；想要知道得更详细，可以看建筑说明及建筑施工图目录。这些都看过之后，相信已对建筑有个初步的了解了。这时，就可以按照平面、立面、剖面、详图的顺序继续看下去。看的时候，顺序不是不能改变，应循序渐进，由浅入深，前后贯穿，融会贯通。

当然，要想熟练地识读建筑施工图，不是一朝一夕的事情，除要掌握必要的投影原理，熟悉国家制图标准外，还必须掌握各专业施工图的图示内容和表达方法。另外，经常到施工现场，对照图纸，观察实物，也是提高识图能力很有效的方法。

在学习过程中，充分利用已有的模型、实物等进行学习，并亲自到已竣工的或正在施工的工地上参观，增加自己的感性认识，使自己能把从课本中学到的知识与工程实践结合起来，从而进一步理解和巩固所学到的建筑识图等专业知识。

总之，建筑识图的学习必须掌握其特点，熟知国家建筑制图标准，努力培养自己的空间概念及识图能力，理论联系实际，遵循学习规律，注重学习方法，具体问题具体分析。

任务三　建筑施工图实例解析

【任务目标】

1. 掌握建筑总平面图的识读。
2. 掌握建筑平面图的组成及识读。
3. 掌握从建筑平面图中提取房产预测绘平面图。

【学习过程】

1. 结合案例图形完成建筑施工图的解读,提取房产预测绘需要的数据。
2. 讲师讲授。

【学习成果】

从建筑平面图中提取房产预测绘平面图。

活动一　建筑总平面图

【资源与器材】

PPT、图片。

【知识导航】

一、建筑总平面图的概念

建筑总平面图是在建筑基底的地形图上,把已有的、新建的和拟建的建筑物、构筑物及道路、绿化用地等按与地形图同样的比例绘制出来的平面图,主要表明新建建筑物的平面形状、层数、室内外地面标高,新建道路、绿化、场地排水和管线的布置情况,出入口示意、附属房屋和地下工程位置及功能,与道路红线及城市道路的关系,耐火等级,并标明原有建筑、道路、绿化用地等和新建建筑物的相互关系及环境保护方面的要求。对于较为复杂的建筑总平面图,还可分项绘出竖向布置图、管线综合布置图、绿化布置图等。根据工程规模,总平面图的比例一般为1:500。

二、建筑总平面图的主要指标

(1)建设用地面积:经城市规划行政主管部门划定的建设用地范围内的土地面积。

(2)总建筑面积:建筑面积是指建筑物外墙或结构外围水平投影的面积,总建筑面积是在建设用地面积范围内新建建筑物的建筑面积之和。

(3)建筑基底面积:指建筑物接触地面的自然层建筑外墙或结构外围水平投影面积。

(4)户数:指在建设用地面积范围内新建建筑物的套型数之和。

(5)绿地面积:指在建设用地面积范围内的总绿化面积。绿地面积的计算不包括屋顶、天台和垂直绿化。

(6)道路面积:指在建设用地面积范围内用于交通通行的总道路面积。

(7)建筑密度:又称覆盖率,是场地上各类建筑的基底总面积与场地总面积的比例,一般用百分数表示。

(8)容积率:即场地上各类建筑的总建筑面积与场地总建筑面积的比值,是场地上建筑面积总量的指标,一般由政府规定,用小数表示(独立别墅为0.2~0.5,19层以上住宅为2.4~4.5)。

(9)绿化率:建设用地范围内各类绿地面积之和与建设用地面积的比例,一般用百分数表示。

(10)停车位:指在建设用地面积范围内必须提供的最少停车位置数量,停车可采取垂直式、平行式或斜列式。

(11)日照间距:是前后两栋建筑之间,根据日照时间要求所确定的距离。日照间距的计算,一般以冬至这一天正午正南方向房屋底层窗台以上墙面,能被太阳照到的高度为依据。

三、建筑总平面图的识图技巧

(1)拿到一张总平面图,先要看它的图纸名称、比例及文字说明,对图纸的大概情况有一个初步了解。

(2)熟悉总平面图上的各种图例。由于总平面图的绘制比例较小,许多物体不可能按原状绘出,因而采用图例符号来表示。

(3)在总平面图上,都有一个指北针或风向频率玫瑰图,它标明了建筑物的朝向及该地区的全年风向、频率和风速。

(4)了解新建房屋的平面位置、标高、层数及其外围尺寸等。看新建建筑物在规划用地范围内的平面布置情况,了解新建建筑物的位置及平面轮廓形状与层数、道路、绿化、地形等情况。新建房屋平面位置在总平面图上的标定方法有两种:对小型工程项目,一般以邻近原有永久性建筑物的位置为依据,引出相对位置;对大型的公共建筑,往往用城市规划网的测量坐标来确定建筑物转折点的位置。

(5)了解新建建筑物的室内外高差、道路标高、坡度及地面排水情况,了解绿化、美化的要求和布置情况及周围的环境。

(6)看房屋的道路交通与管线走向的关系,确定管线引入建筑物的具体位置。

(7)在总平面图上还可能画有给水排水、采暖、电气施工图。

四、示例

图2-19所示为某住宅小区的建筑总平面图。

(1)了解图名、比例和文字说明。从图纸名称、比例可以看出,该图是某住宅小区的总平面图,图的比例为1:500。

(2)看指北针或风向玫瑰图。从指北针看出,该小区内的建筑均为一个朝向,坐北朝南,这是房屋布置的最好朝向,因为南向有利于夏季避免日晒而冬季可以利用日照。

(3)熟悉总平面图中的各种图例,了解新建建筑物、已建建筑物的位置及出入口与城市道路的位置关系。可以看出,小区内共有三幢建筑:位于小区最北部的是一幢五层高的已建成的住宅楼,它的轮廓线用细实线表示;前面两栋1#、2#楼为新建建筑,它的轮廓线用粗实线表示。小区共设有两个出入口:主入口设置在新规划道路上,次入口设置在城市主干道××大道上。

(4)新建建筑的定位。本小区位于城市主干道与新规划道路的东北侧,它们的定位参照道路中心线。1#楼的南侧后退8 m是56 m宽的××大道,西侧以用地边界为界线。2#楼在

1#楼向北 19.94 m,西侧以用地边界为界线。

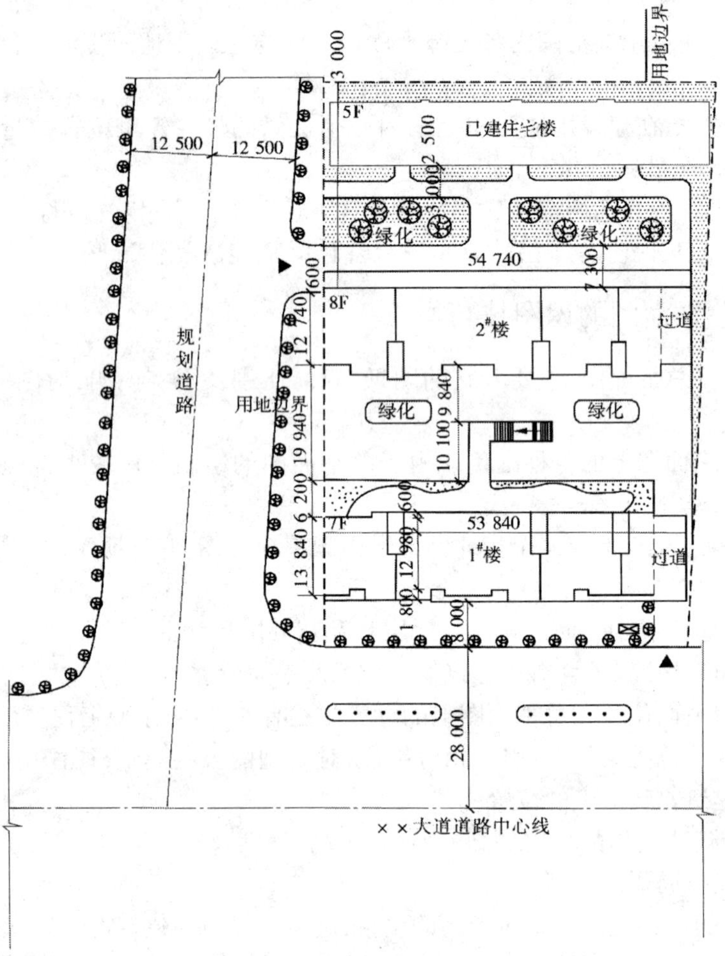

图 2-19　建筑总平面图

(5)了解新建房屋的平面布置、层数、标高及其外围尺寸等。1#楼是一幢综合性的七层底商住宅楼,即一层为商业用房,邻近城市主干道,上面六层为住宅楼。住宅部分宽度为 13 840 mm,长度为 53 840 mm。设有三个楼梯间,将每层平面分为六户。一层的商业用房部分除住宅楼占用的 13 840 mm 外,北向还多出 6 200 mm 的宽度,入口对准小区内部,作为车库使用,车库的屋顶作为二层的绿化平台。另外,在 1#楼的北面,设有一室外公共楼梯,作为 1#楼住宅部分的交通疏散要道。通过楼梯上到车库顶(屋面平台处),再进入二层住宅部分的楼梯间,通向以上各层。

1#楼、2#楼底层的右侧是一个过道,作为疏散通道。2#楼位于 1#楼与已建建筑之间,是一栋 8 层的纯住宅楼。它的宽度为 12 740 mm,长度为 54 740 mm。每层有三个楼梯间,共六户。

(6)看总平面图中的道路、绿化。该住宅小区位于城市主干道北侧,新规划道路的东侧,交通方便。小区内布置有多处绿化,沿围墙一圈及两幢建筑之间都设有绿化带,在 1#楼的一层屋顶平台上也布置有草坪等。

活动二　建筑平面图

一、建筑平面图的形成、作用及图例

（一）建筑平面图的形成

用一个假想的水平面把一幢房屋略高于窗台以上的部分切掉，将剩余部分正投影而得到的水平投影图称为建筑平面图。

建筑平面图实质上是房屋各层的水平剖面图。一般来说，房屋有几层，就应画出几个平面图，并在图形的下方注明相应的图名、比例等。沿房屋底层窗洞口剖切所得到的平面图称为底层平面图，最上面一层的平面图称为顶层平面图。顶层平面图是屋面在水平面上的投影，不需剖切。中间各层如果平面布置相同，可只画一个平面图表示，称为标准层平面图。但对于工业厂房类的建筑，层高较高，通常还有一层高窗，这时就需要用多个平面图来表达不同标高位置处的情况。

（二）建筑平面图的有关图例

建筑平面图的图例可以参考表2-3。由于通常平面图的比例较小，如果都填充为表中图例，整个图看起来密密麻麻，图面也很不整洁，所以通常平面图的承重墙体只用两根粗实线表示，隔断用两根细实线表示，栏杆用单线条表示即可。

表2-3　建筑平面图图例

名称	图例	说明
墙体	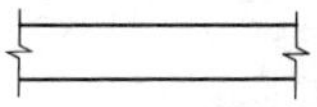	应加注文字或填充图例表示墙体材料，在项目设计图纸说明中列材料图例表给予说明
隔断		1.包括板条抹灰、木制、石膏板、金属材料等隔断； 2.适用于到顶与不到顶隔断
栏杆		
坡道	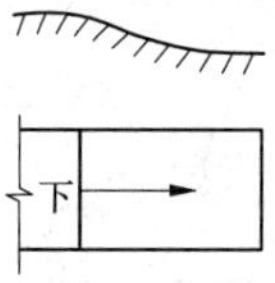	长坡道
	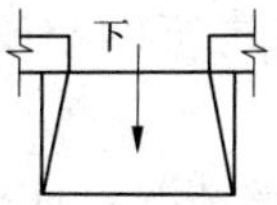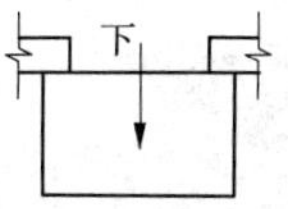	门口坡道

门、窗、楼梯及洁具的平面图、立面图、剖面图例见表2-4。

表 2-4　建筑配件图例

名称	图例	说明	名称	图例	说明
单扇门	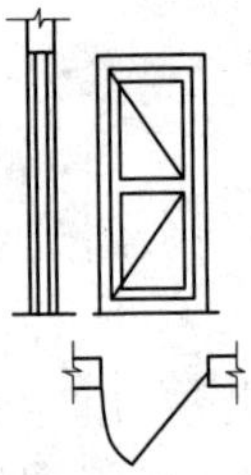	1.门的名称代号用M表示； 2.剖面图上左为外,右为内,平面图上下为外,上为内； 3.立面形式应按实际情况绘制	底层楼梯	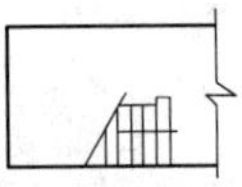	楼梯的形式及步数应按实际情况绘制
双扇推拉门	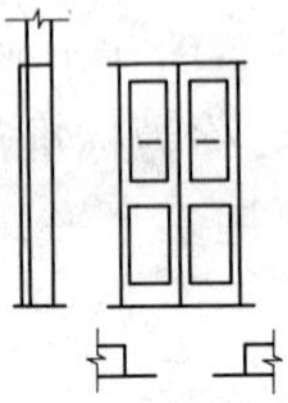		中间层楼梯	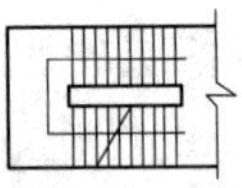	
固定窗	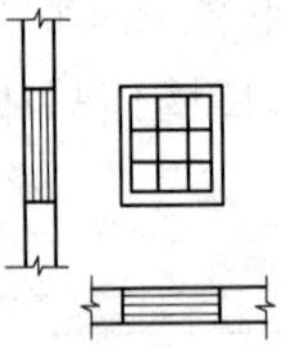	1.窗的名称代号用C表示； 2.剖面图上左为外,右为内,平面图上下为外,上为内； 3.立面形式应按实际情况绘制	顶层楼梯	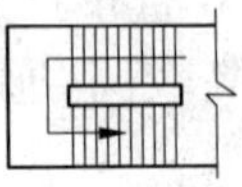	
推拉窗	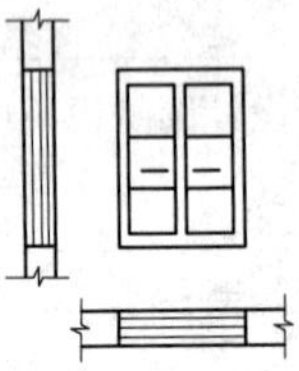		洗脸盆		
浴盆	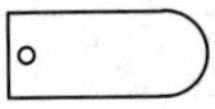		立式洗脸盆	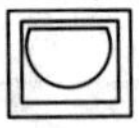	
			坐式大便器		
			污水池		

二、建筑平面图的内容

(一)建筑物的体量尺寸

相邻定位轴线之间的距离,横向的称为开间,纵向的称为进深。从平面图中的定位轴线可以看出墙(或柱)的布置情况。从总轴线尺寸的标注,可以看出建筑的总宽度、长度等情况。

从各部分尺寸的标注,可以看出各房间的开间、进深、门窗位置等情况。此外,从某些局部尺寸还可以看出如墙厚、台阶、散水的尺寸,以及室内外等处的标高。

(二)建筑物的平面定位轴线及尺寸

从定位轴线的编号及间距,可以了解各承重构件的位置及房间大小,以便施工时放线定位。

(三)各层楼地面标高

建筑工程上常将室外地坪以上的第一层(底层)室内平面处标高定为零标高,即±0.000

标高处。以零标高为界,地下层平面标高为负值,标准层以上标高为正值。

(四)门窗位置及编号

在建筑平面图中,绝大部分的房间都有门窗,应根据平面图中标注的尺寸确定门窗的水平位置;然后结合立面图确定窗台和窗户的高度。有些位置的高窗,还注明窗台离地的高度。这些尺寸,都是确定门窗位置的主要依据。

门窗按国家标准规定的图例绘制,在图例旁边注写门窗代号,M 表示门,C 表示窗,通常按顺序用不同的编号编写为 M-1、M-2、C-1、C-2 等。有些特殊的门窗有特殊的编号。例如,门连窗编写为 MC-1,防火门可编写为 FM-1 等。此外,门窗的类型、制作材料等应以列表的方式表达。

(五)文字说明

在建筑平面图中,有些通过绘图方式不能表达清楚或过于烦琐的,设计者会通过文字的方式在图纸的下方加以说明。例如,墙体的厚度、空调孔的位置及高度、排气道选用的图集、厨卫及阳台的地面标高等。读图的时候,结合文字说明看建筑平面图才能更深入地了解建筑。图 2-20 所示为一建筑平面图中加入的文字说明。

说明:
1. 图中除标注墙体外,其余均为 240 mm 墙。
2. 厨房、阳台、卫生间均低于本层楼面 20 mm。
3. 预留客厅空调孔Φ80 距地面高 350 mm。
   预留卧室空调孔Φ80 距地面高 2 100 mm。
4. 厨房排气道选自图集 2000YJ205 第 5 页 1。
   卫生间排气道选自图集 2000YJ205 第 5 页 5。

图 2-20 文字说明

三、建筑平面图的组成部分

(一)地下层平面图

地下层平面图是指在室外地坪以下的各层平面图。它表示出房屋建筑地下各层的平面形状、各房间的平面布置及楼梯布置等情况,它的标高为负值,如图 2-21 所示。

(二)底层平面图

1. 底层平面图的定义

一般建筑工程上±0.000 标高处的平面图称为底层平面图。它表示房屋建筑底层的布置情况。在底层平面图上还应反映室外可见的台阶、散水、花台、花池等。此外,图上还应标注剖切符号及指北针,如图 2-22 所示。

2. 底层平面图的图示内容

(1)图名、比例,表示房屋朝向的指北针,门窗、其他构配件及固定设施的图例,有关尺寸的标注,还应注明室外台阶、坡道、明沟和室内外的标高。

(2)底层若设车库,其外墙门洞口上方应设防火挑檐。楼梯间等公共出入口同样应设防火挑檐。

(3)住宅公共出入口位于开敞楼梯平台下部,应设雨罩等防止物体坠落伤人的安全设施。

(4)散水宽度宜为 600~1 000 mm,当采用无组织排水时,散水的宽度可按檐口线放出

200～300 mm;坡度可为 3%～5%,一般取 5%,当散水采用混凝土时,宜按 20～30 mm 间距设置伸缩缝;散水与外墙之间宜设缝,缝宽可为 20～30 mm,缝内应填沥青类材料。

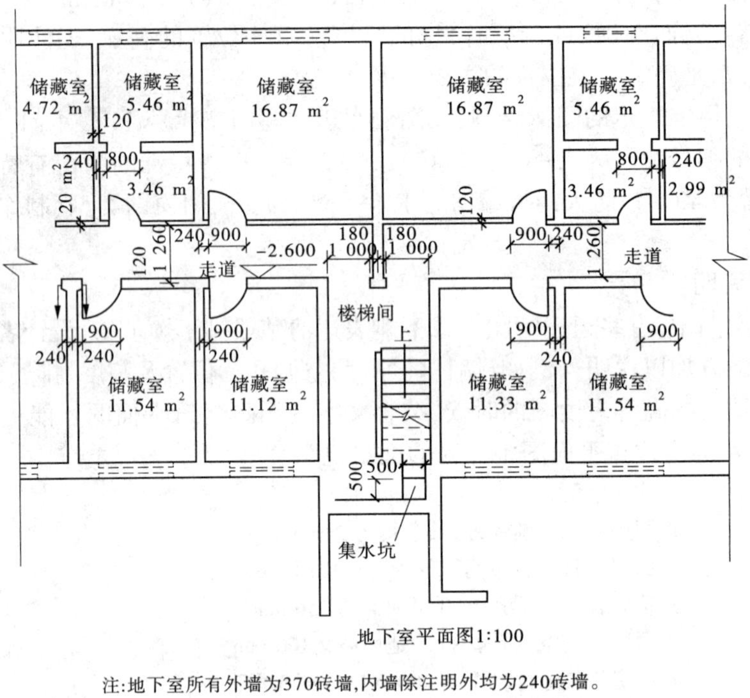

图 2-21　地下室平面图

(5)明沟宽度一般在 200 mm 左右,图集取 200 mm 或 250 mm,套用省标图集应注明深度的值(单个工程深度为 300 mm),沟底应有 0.5%左右的纵坡。

(6)勒脚的高度一般为室内地坪与室外地坪的高差,也可以根据立面的需要提高勒脚的高度尺寸,图中采用花岗石面层。

(7)室外台阶图中为 C15 号混凝土台阶,12 mm 厚水磨石面层。

(三)标准层平面图

1. 标准层平面图的定义

标准层平面图表示房屋建筑中间相同层的布置情况,楼层平面图还需画出本层的室外阳台和下一层的雨篷、遮阳板等。除一层和顶层外,其余中间各层的平面布置、房间分隔和大小完全相同时,可用一个平面图表示,图名表示为"×～×层平面图",也被称为标准层平面图或中间层平面图,如图 2-23 所示。

2. 标准层平面图的图示内容

(1)应注明楼面标高;卫生间、阳台降低的标高。

(2)铝合金门。代号如下:M 表示门,G 表示固定式,T 表示推拉式,P 表示平开式,C 表示窗,S 表示上悬式,H 表示滑撑式,DM 表示弹簧门,a 表示左开,b 表示右开。

(3)七层及以下的厨房排风道楼板预留洞的尺寸:500 mm×300 mm。七层及以下的卫生间排风道楼板预留洞尺寸:380 mm×240 mm。

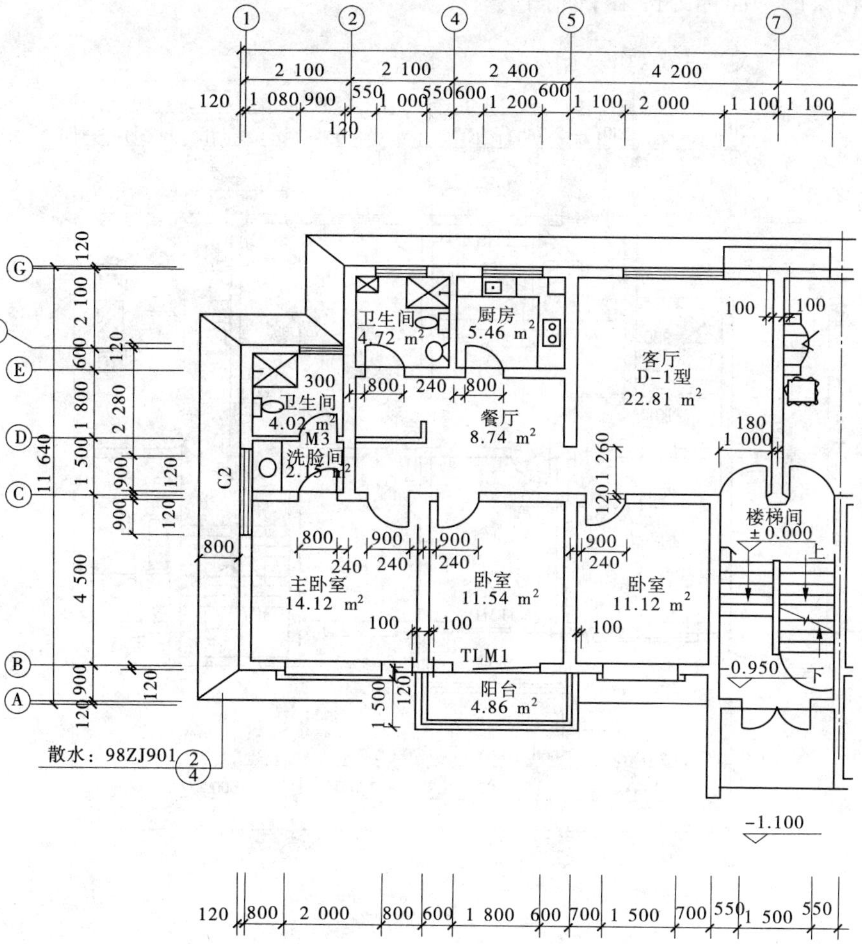

图 2-22　一层平面图

(4)底层平面图上的指北针、剖切符号，以及室外地面上的构配件，不在该图中画出。

(四)夹层平面图

夹层是指在一个楼层内，局部增设的楼层，它的平面图称为夹层平面图。夹层平面图常用来表示储藏室、阁楼等位置的平面图。

(五)顶层平面图

顶层平面图指建筑最高层处的平面图。除和标准层平面图表示的要点相同外，它的楼梯处平台和扶手会有所改变。楼梯休息平台，两端楼梯段都完整画出，栏杆和扶手一直延伸到墙体，如图 2-24 所示。

(六)屋顶平面图

屋顶平面图如图 2-25 所示。它一般表明凸出屋顶平面的管道、烟囱、水箱、电井机房、楼梯间等位置和女儿墙，坡度及屋面排水方向(用箭头表示)及雨水口、排水区域的划分、分割缝、构造柱、屋脊线、屋面检修孔等位置，反映屋面的形状。

(七)构架平面图

为了使建筑的整体外观更加协调和美观并富于变化，常在建筑屋顶上做出装饰性的构架,表示这些构架的平面称为构架平面图。

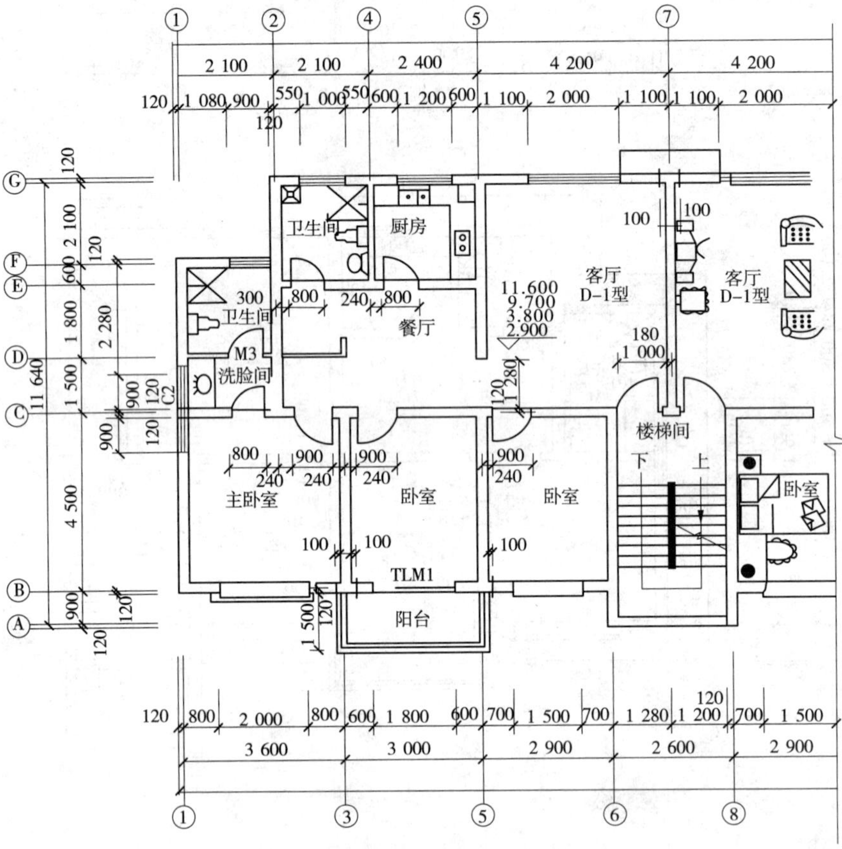

二~五层平面图1:100

图 2-23　标准层平面图

四、建筑平面图的识读方法和技巧

(一)建筑平面图的识读方法

(1)看建筑平面图,应从底层看起,先看图名、比例和指北针,了解此张平面图的绘图比例及房屋朝向。

(2)在底层平面图上看建筑门厅、室外台阶、花池和散水的情况。

(3)看房屋的外形和内部墙体的分隔情况,了解房屋平面形状和房间分布、用途、数量及相互间的联系,如走廊、楼梯和房间的位置等。

(4)看图中定位轴线的编号及其间距尺寸,从中了解各承重墙或柱的位置及房间大小,以便施工时定位放线和查阅图样。

(5)看平面图中的内部尺寸和外部尺寸,从各部分尺寸的标注,可以知道每个房间的开间、进深、门窗以及室内设备的大小、位置。

(6)看门窗的位置和编号,了解门窗的类型和数量,还有其他构配件和固定设施的图例。

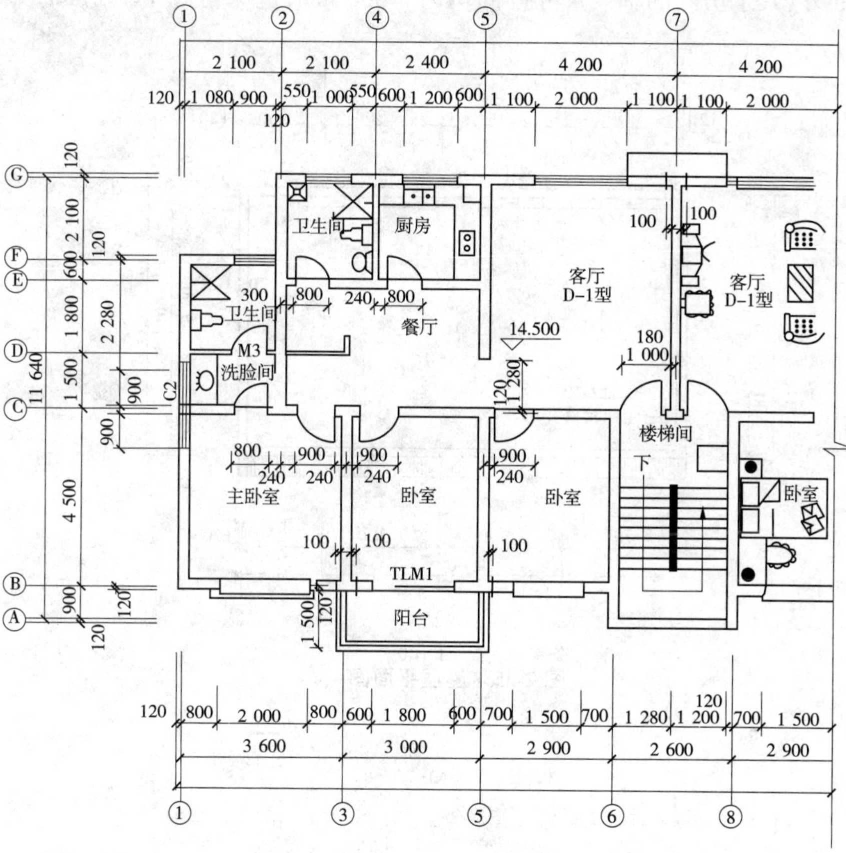

六层平面图1:100

图 2-24 顶层平面图

(7)在底层平面图上,看剖面的剖切符号,了解剖切位置及其编号。

(8)看地面的标高、楼面的标高、索引符号等。

(二)建筑平面图的识读技巧

识图时应先大后小,先记住建筑的总宽度和总长度,主要轴线的间距,门窗的位置及编号,楼梯、电梯的位置及数量,套型个数及标高等。先记住大致的内容,再记细节的部分,具体到每个房间的布局及门窗、空调孔、管道等,不清楚的要结合立面图、剖面图,一步步地看,才能真正看懂。

五、建筑平面图实例解析

(一)建筑底层平面图

(1)根据平面图(见图 2-26)的图名、比例可知是一层平面图,比例为 1∶100;从指北针看出建筑物的朝向是背面朝北、正面朝南。

(2)根据轴线尺寸及其编号,了解承重墙、柱的位置。图中有 5 根横向定位轴线,有 2 根纵向定位轴线。房屋的总宽度为 12 400 mm,总进深为 5 240 mm。除楼梯间轴线尺寸开间为 2 260 mm 外，其余房间的轴线尺寸开间均为 3 300 mm，进深均为 5 000 mm。

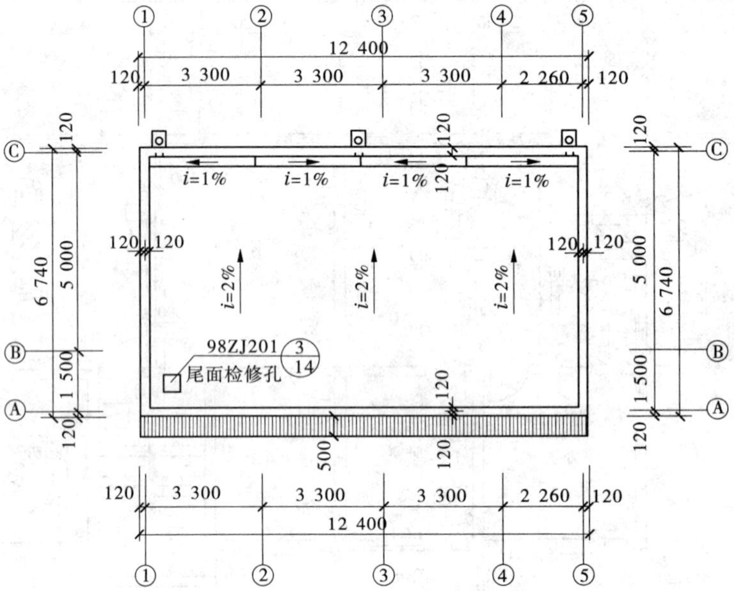

屋顶平面图1:100

图 2-25　屋顶平面图

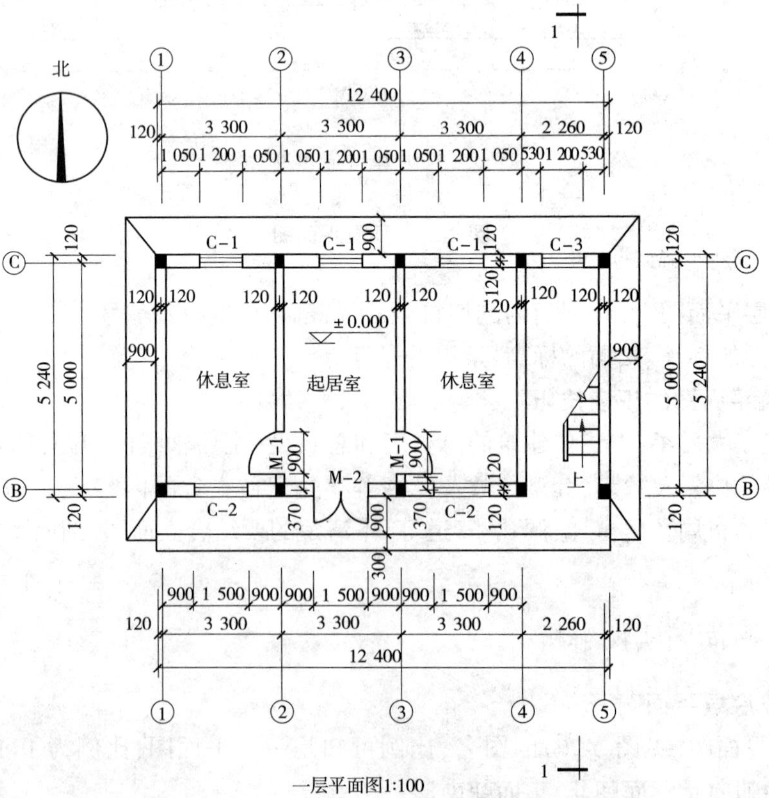

一层平面图1:100

图 2-26　底层平面图

在每一条轴线上均布置有承重墙，厚度为 240 mm。在横向轴线和纵向轴线的交点处都设有构造柱，尺寸为 240 mm×240 mm。

(3) 根据房间的内部平面布置和外部设施，了解房间的分布、功能、数量及其相互关系。

该图平面形状为矩形，入口设置在南向，楼梯间设置在右侧（东面）。楼梯间上行的梯段被水平剖切面剖断，用倾斜 45°的折断线表示。两侧的房间作为休息室，中间房间作为起居室。房屋四周设有散水，散水宽度为 900 mm。房屋南侧设有两阶台阶，踏面宽度分别为 300 mm、900 mm。

(4) 根据门、窗及其他配件的图例和编号，了解它们的位置、类型和数量等情况。门、窗的代号分别为 M、C（汉语拼音的第一个字母大写）。M-1 为休息室的门，宽度为 900 mm，共有 2 个；M-2 为起居室的大门，宽度为 1 500 mm，有 1 个；C-1 为北向房间的窗户，宽度为 1 200 mm，共有 3 个；C-2 为南向房间的窗户，宽度为 1 500 mm，共有 2 个；C-3 为北向楼梯间的窗户，宽度为 1 200 mm，有 1 个。

(5) 根据平面的标高，底层平面标高一般设为±0. 000。

(6) 读剖切符号，了解剖切平面的位置、编号及投影方向。本例中房间布局较为简单，剖切符号设置在楼梯间的位置，编号为 1—1。读索引符号，了解详图的出处、选用的图集代号等。

(二) 建筑二层平面图

二层平面图（见图 2-27）的图示内容和方法与一层平面图轴线尺寸及编号都相同，它们的不同之处如下：

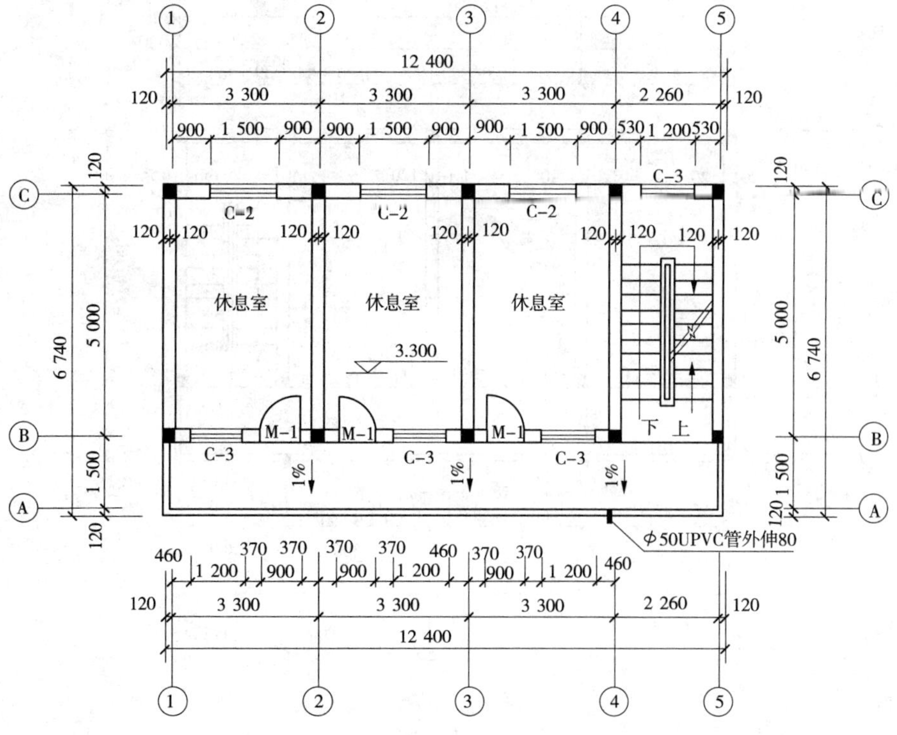

图 2-27 二层平面图

(1)二层平面图中不必再画出一层平面图已显示过的指北针、剖切符号以及室外地面上的散水等。

(2)一层平面图中南向设有台阶,在二层相应位置改为设有栏板的走廊。走廊布置在①~⑤轴间、Ⓐ~Ⓑ轴间。以Ⓑ轴为界,房间内部的标高均为3.3 mm,走廊处从Ⓑ轴到Ⓐ轴做成1%的坡度。在②轴和④轴间设有ϕ50 mm的UPVC雨水管外伸80 mm。

(3)看房间的内部平面布置和外部设施。一层平面图中的起居室在二层平面图中改为了休息室。楼梯间的梯段仍被水平剖切面剖断,用倾斜45°的折断线表示,但折断线改为了2根,因为它剖切的不只是上行的梯段,在二层还有下行的梯段,下行的梯段完整存在,并且还有部分踏步与上行的部分踏步投影重合。

(4)读门、窗及其他配件的图例和编号,二层平面图中门窗有了较大变动。M-1仍为休息室的门,但布置的位置都改在了Ⓑ轴线处。一层平面图中C-1的位置都改为了C-2,数量不变。南向房间的门窗,原M-2和C-2,都改为了M-1和C-3,每间各一个。楼梯间的窗户不变。

(5)看平面的标高,二层平面标高改为3.300。

(三)建筑顶层平面图

顶层平面图(见图2-28)的图示内容和方法与二层平面图基本相同,它们的不同之处如下:

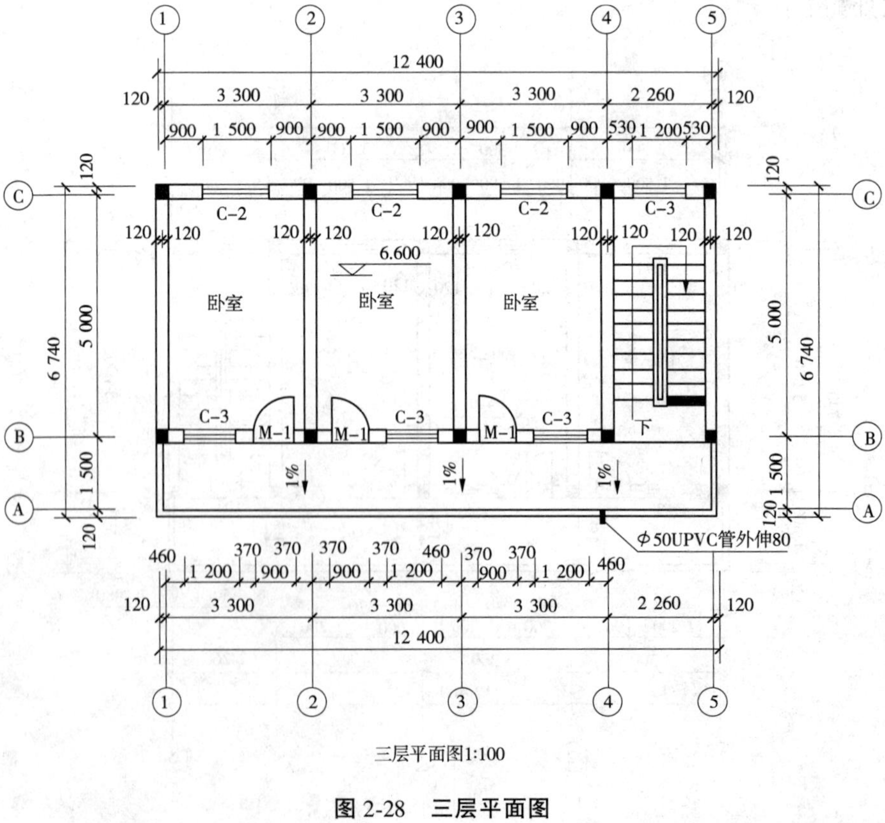

图2-28 三层平面图

(1)在顶层平面图中,楼梯间的梯段不再被水平剖切面剖断,用倾斜45°的折断线表示,因为它已经上到了房屋的最顶层,不再需要上行的梯段,所以在Ⓑ轴线处楼梯的扶手直接连在了⑤轴的墙体上。

(2)三层平面的标高,由二层平面的 3. 300 改为 6. 600。

(四)建筑屋顶平面图

(1)在屋顶平面图(图 2-29)中,主要显示出屋面的排水方向(用箭头表示)是由Ⓐ轴坡向Ⓑ轴,坡度为 2%。在Ⓒ轴线的下方设有天沟,将屋面上的雨水都汇集在天沟内。在天沟内的一定位置处,设有方向不同坡度为 1%的坡。在①轴、③轴、⑤轴与Ⓒ轴线的交接处,各设有一雨水管。天沟内聚集的雨水顺雨水管流向地面。

(2)在图 2-29 的左下角,设有屋面检修孔。索引符号表明了检修孔的出处位于图集 98ZJ201 中 14 页第 3 节点。

(3)在Ⓐ轴的下侧,设有净宽 500 mm 的坡檐。坡檐主要是为了装饰房屋,使立面更丰富,与排水无关,一般设置在层高处或主要立面处。

(4)房屋四周均设有 240 mm 宽的女儿墙,沿外围轴线布置,闭合形成一个矩形。

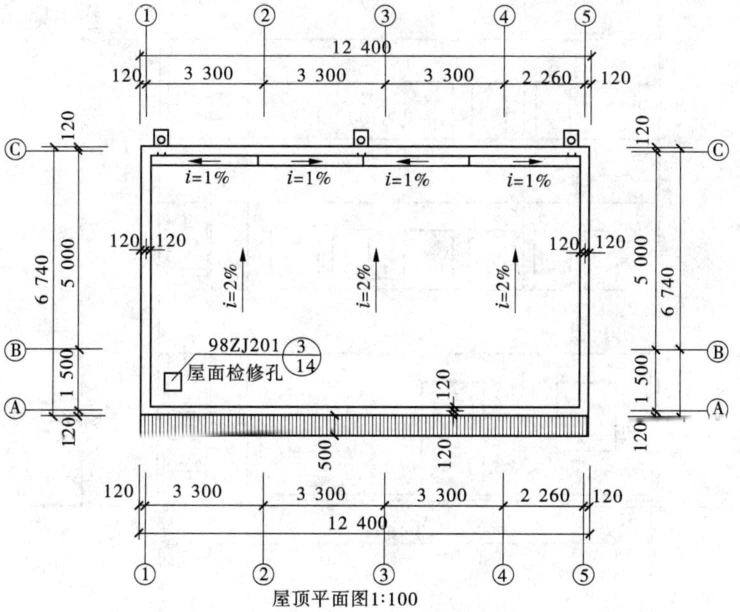

图 2-29　屋顶平面图

活动三　建筑立面图

在与房屋立面平行的投影面上形成的正投影图,称为建筑立面图,简称立面图。它主要反映房屋的外貌、各部分配件的形状和相互关系以及立面装修的做法等,是建筑及装饰施工的重要图样。

一、建筑立面图的识读技巧

(1)首先看立面图上的图名和比例,再看定位轴线确定是哪个方向上的立面图及绘图比例是多少,立面图两端的轴线及其编号应与平面图上的相对应。

(2)看建筑立面的外形,了解门窗、阳台栏杆、台阶、屋檐、雨篷、出屋面排气道等的形状及位置。

(3)看立面图中的标高和尺寸,了解室内外地坪、出入口地面、窗台、门口及屋檐等处的标高位置。

(4)看房屋外墙面装饰材料的颜色、材料、分格做法等。

(5)看立面图中的索引符号、详图的出处、选用的图集等。

二、建筑立面图实例解析

(1)图2-30所示为一房屋①~⑤立面图,用轴线标注立面图的名称,图的比例为1:100,图中表明建筑的层数是三层,①~⑤立面图是房屋的正立面图。

图2-30 正立面图

从右侧的尺寸、标高可知,该房屋室外地坪为-0.300 m。可以看出一层大门的底标高为±0.000,顶标高为2.400;一层窗户的底标高为0.900,顶标高为2.400;二、三层阳台栏板的顶标高分别为4.400、7.700;二、三层门窗的顶标高分别为5.700、9.000;底部因为栏板的遮挡,看不到,所以底标高没有标出。

从图2-30中可以看出楼梯位于正立面图的右侧,上行的第一跑位于5号轴线处,每层有两跑到达。

从顶部引出线看到,建筑的外立面材料由浅黄色丙烯酸涂料饰面,内墙由白色丙烯酸涂料饰面，女儿墙上的坡屋檐由红色西班牙瓦饰面。

(2)图 2-31 所示为房屋⑤~①立面图，用轴线标注立面图的名称，图的比例为 1:100，图中表明建筑的层数是三层，⑤~①立面图是房屋的背立面图。

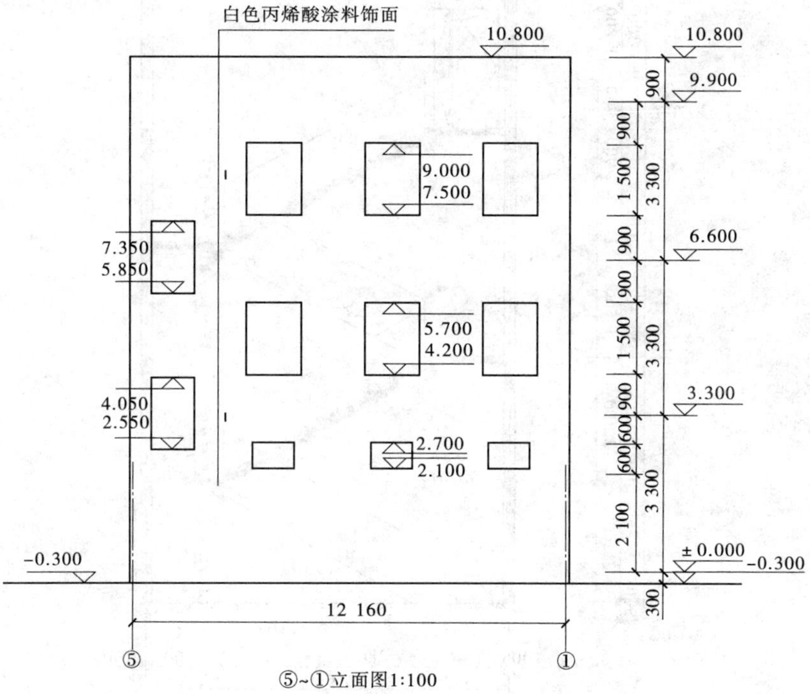

图 2-31　背立面图

从右侧的尺寸、标高可知，该房屋室外地坪为-0.300 m。可以看出一层窗户的底标高为 2.100，顶标高为 2.700；二层窗户的底标高为 4.200，顶标高为 5.700；三层窗户的底标高为 7.500，顶标高为 9.000。位于图面左侧的是楼梯间窗户，它的一层底标高为 2.550，顶标高为 4.050；二层底标高为 5.850，顶标高为 7.350。

从顶部引出线看到，建筑的背立面装饰材料比较简单，为白色丙烯酸涂料饰面。

活动四　建筑剖面图

建筑剖面图是指按比例绘制的建筑物竖直剖视图假想用一个垂直于外墙轴线的平面把建筑物沿垂直方向切开，将所看到的构造情况按投影原理绘制出来的图，沿房屋横向切开的叫横剖面图，沿房屋纵向切开的叫纵剖面图。主要表示房屋内部的结构形式、分层情况、屋顶坡度、房间和门窗各部分的高度、楼板厚度、材料以及各部位的关系等。它表示室内的立面布置和基础、地面、墙身、楼板、屋顶等的位置和轮廓，还注有详细尺寸标高、材料及做法等。图 2-32 是某幢三层楼房的纵向剖面图。

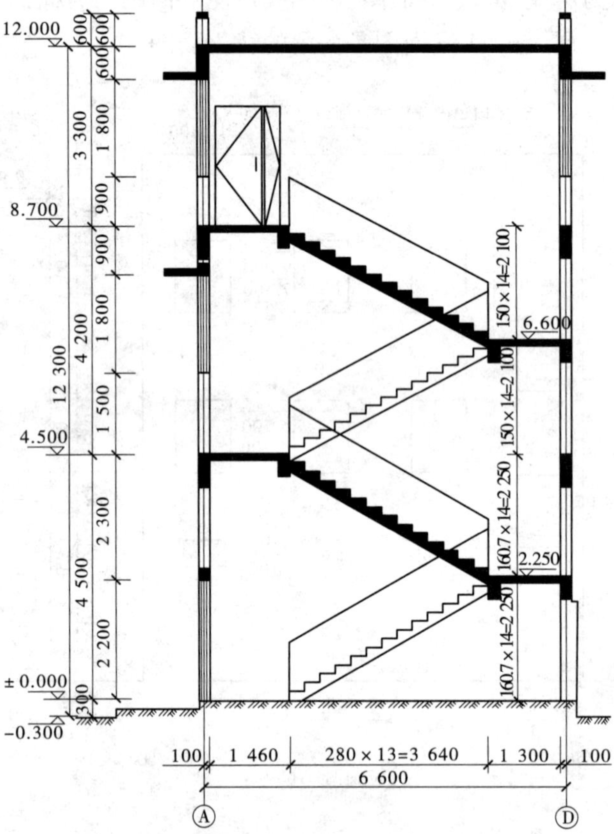

图 2-32　纵向剖面图

思政课堂

房产面积预测绘的目的是什么?

(1)开展商品房预测绘工作不仅能规范开发企业的商品房预售行为,而且能减少新建商品房面积纠纷,降低群众购房风险,维护购房者的合法权益。

(2)开展新建商品房面积预测绘,便于管理部门充分利用预测绘成果全面掌握房屋信息,对房地产市场实施科学有效的监管。杜绝了个别开发商利用监管漏洞,出现合同欺诈、一房多售、面积弄虚作假等现象。

(3)开展新建商品房面积预测绘,可以使群众在购房时,及时了解预售商品房的真实面积,减少购房合同面积和实际产权登记面积的误差,维护了群众的知情权和选择权,较好地杜绝了批小建大、批低建高等现象的发生。

(4)开展新建商品房面积预测绘,既方便了房地产开发企业办理商品房预售业务,也为商品房预售网上备案奠定了基础。

项目三　建筑工程常用指标、术语及标准

【项目说明】

本项目是房产测绘基础知识的准备阶段,通过 2 个任务来完成关于建筑工程常用指标、术语及标准的认知,主要了解相关的概念、指标的认知,为后续的学习打下基础。

【项目目标】

1. 知识目标

- 掌握建筑工程常用的指标及概念。
- 掌握常见建筑模数。

2. 能力目标

- 能够根据建筑工程指标计算相应的指标值。

3. 素质目标

- 培养职业标准和规范意识、职业敬畏感。
- 养成查阅各项规范、论文、文献等参考资料的习惯。
- 培养后期自学、主动学习的能力。
- 培养学生责任意识和认真负责的敬业精神。

【项目任务】

任务一　建筑工程常用指标及名称

任务二　建筑模数

【项目成果】

常见指标值计算成果。

任务一　建筑工程常用指标及名称

【任务目标】

1. 掌握建筑工程常用的指标。
2. 掌握建筑工程常用的概念。

【学习过程】

1. 配合图表解析建筑工程常见指标及名称。
2. 讲师讲授。

【学习成果】

根据已有样例数据完成其中 2~3 项的指标计算。

【资源与器材】

PPT、图片、相关视频。

【知识导航】

一、建筑红线

红线一般是指各种用地的边界线。有时也把确定沿街建筑位置的一条建筑线称为红线，即建筑红线。它可与道路红线重合，也可退于道路红线之后，但绝不许超越道路红线，在建筑红线以外不允许建任何建筑物。

城市道路系统规划确定的道路红线是道路用地和两侧建筑用地的分界。一般情况下，道路红线就是建筑红线。但是有些城市在主要干道道路红线的外侧，另行划定建筑红线，使道路上部空间向两侧伸展，显得道路更加开阔。某些公共建筑和住宅适当退后布置，留出的地方有利于人流或车流的集散，也可以进行绿化，美化环境。在建筑红线的控制下，前后错开布置沿街建筑，既可满足不同的功能要求，又可避免城市景观的单调感，使城市建筑群的体型和街景富于变化。规划用地红线如图 3-1 所示。

图 3-1　规划用地红线

二、体型系数

体型系数是指建筑物与室外大气接触的外表面积与其所包围的体积的比值（见图 3-2）。外表面积中，不包括地面和不采暖楼梯间隔墙和户门的面积。具体见《严寒和寒冷地区居住建筑节能设计标准》（JGJ 26—2018）。

三、建设用地面积

建设用地面积是指城市规划行政主管部门确定的建设用地界线所围合的用地水平投影面积，不包括代征地的面积。

四、建筑面积

建筑面积是指建筑物外墙勒脚以上的结构外围水平面积，是以平方米反映房屋建筑建设规模的实物量指标。

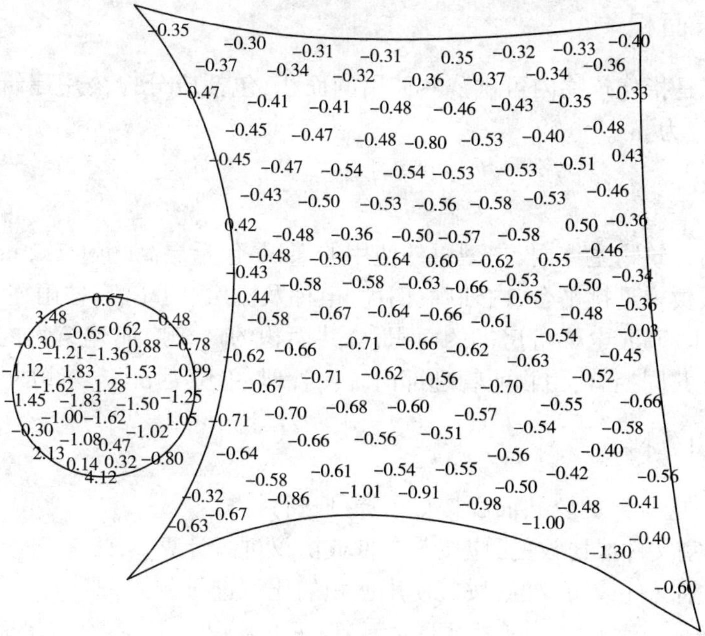

图 3-2 体型系数

五、建筑物基底面积

建筑物基底面积是指建筑物接触地面的自然层建筑外墙或结构外围水平投影面积，单位为 m^2。

六、使用面积

使用面积是指住宅中以户（套）为单位的分户（套）门内全部可供使用的空间面积。包括日常生活起居使用的卧室、起居室和客厅（堂屋）、亭子间、厨房、卫生间、室内走道、楼梯、壁橱、阳台、地下室、假层、附层（夹层）、阁楼、（暗楼）等面积。住宅使用面积按住宅的内墙面水平投影线计算。房间实际能使用的面积，不包括墙、柱等结构构造和保温层的面积。

七、使用面积系数

使用面积系数用百分数表示，等于总套内使用面积之和除以总建筑面积。即

$$使用面积系数=各套内使用面积之和(m^2)/总建筑面积(m^2)\times100\% \tag{3-1}$$

使用面积系数指房间净面积占建筑面积的百分数，比值永远小于 1。

居住面积系数指居住面积占建筑面积的百分数，比值永远小于 1。

使用面积系数越大，说明建筑的公共交通及结构面积越小，也就说明建筑的使用面积越大，建筑的经济性越好。由于建筑的类型不同，建筑方案、建筑层数不同，其使用面积系数也不一样。建筑的结构及墙体材料不同，也会影响建筑使用面积的大小。在评价建筑的经济指标时，不能单纯看使用面积系数的大小而决定其是否经济，应根据建筑方案的具体情况，全面考虑衡量建筑的经济性。

八、公用建筑面积

公用建筑面积是指建筑物内可供公共使用的面积,包括应分摊公用建筑面积和不分摊公用建筑面积,单位为 m^2。

九、公共面积

公共面积是指建筑物主体内,户型以外使用的面积,包括层高超过2.2 m的设备层或技术层、室内外楼梯、楼梯悬挑平台、内外廊、门厅、电梯及机房、门斗、有柱雨篷、凸出层面的围护结构的楼梯间、水箱间、电梯机房等的面积,公共面积的产权应属建筑物内参与分摊该公共面积的所有业主共同拥有,由物业管理部门统一管理,单位为 m^2。

十、公共面积分摊

每户(或单位)应分摊的公共面积按如下原则进行计算:

(1)有面积分割文件或协议的,应按其文件或协议进行计算。

(2)无面积分割文件或协议的,按其使用面积的比例进行分摊,即

$$每户应分摊的公共面积=应分摊公共面积\times每户使用面积/各户使用面积之和 \quad (3\text{-}2)$$

十一、使用率

使用率是指房屋使用面积(含墙体)与建筑面积之比,以百分数表示。

十二、容积率

容积率是指建筑用地范围内的总建筑面积与地块面积之比,以小数表示。

十三、建筑覆盖率(建筑密度、建筑系数)

建筑覆盖率是指建设用地范围内所有建筑物基底面积之和与建设用地面积的比率,以百分数表示。

十四、绿地率

绿地率是指建设用地范围内各类绿地面积之和与建设用地面积的比率,以百分数表示。绿地面积的计算不包括屋顶、天台和垂直绿化面积。

十五、绿化覆盖率

绿化覆盖率是指建设用地范围内全部绿化种植物的水平投影面积之和与建设用地面积的比率,以百分数表示。

任务二　建筑模数

【任务目标】

掌握常见建筑模数。

【学习过程】

1. 配合图片解析常见建筑模数。

2. 讲师讲授。

【学习成果】

根据常见建筑判定施工图合理性。

活动一　常见建筑模数

【资源与器材】

PPT、图片、相关视频。

【知识导航】

一、阳台

阳台的栏杆高度在多层建筑中不应低于 1 000 mm；在高层建筑中，则不应低于 1 100 mm。一般高层建筑尽量不设阳台或将阳台封闭。在住宅设计中，多层住宅的栏板高一般设为 1 050 mm。如果阳台栏板设得低，则必须安装防护栏。

二、女儿墙

一般多层建筑的女儿墙高 0.5~1.2 m，但高层建筑则至少为 1.2 m，通常高过胸肩甚至高过头部，达 1.5~1.8 m。如果要使平顶上视野开阔，可在 1.0 m 实墙以上加做金属网栏，以保证安全。应该注意的是，在标定女儿墙高度时，要扣除隔热保温层及泄水坡升高的构造高度，在高层建筑中，这个厚度往往达 0.3 m 以上。

一些高层建筑，由于设有裙房，将冷却塔设在屋顶上，或者有屋顶网球场之类的设施，把女儿墙做得高过 3.0 m，也是一种办法。

三、楼梯

楼梯涉及的尺寸数据很多，除大家熟知的踏步的踏面宽、踢面高的尺寸外，梯段的宽度、休息平台的宽度、平台下线的净高等也都在相关规范上有明确规定。容易被忽视的是如下几点：

(1)楼梯扶手的高度(自踏步前缘线量起)不宜小于 0.9 m，室外楼梯扶手高不应小于 1.05 m。

(2)楼梯井宽度不应大于 0.2 m 时，扶手栏杆的垂直杆件净距不应大于 0.11 m，以防儿童坠落。

(3)楼梯平台净宽除不应小于梯段宽度外，同时不得小于 1.1 m。

(4)梯段宽度在住宅设计规范中有明确规定，在其他建筑中，必须满足消防疏散的要求。

这里提出两个经常要注意的问题：一是室内外台阶踏步宽度不宜小于 0.3 m，踏步高度不宜大于 0.15 m，通常采用 0.35 m 和 0.125 m 这两个参数。特别要注意的是，不允许只设一级踏步，至少要两级，这是因为踏步上下地面的高度相差过小时，行人不易辨别该处有高差，缺乏准备，容易跨出虚步而伤及脚腿。二是当利用旋转楼梯作疏散梯时，必须满足踏步在距内圈扶手或筒壁 0.25 m 处，其踏面宽不应小于 0.22 m 的要求，这点在防火规范上有明确的规定。

四、电梯、自动扶梯

涉及电梯数据最多的是井道、轿厢、机房、地坑、顶层端站高度等,因其规格型号、生产厂家不同而尺寸各异,应根据厂家提供的电梯的土建安装图决定,但有关候梯厅的深度,还是有一个限定的,以免过小。简单地说,住宅电梯的候梯厅深度应不小于电梯中最大一台的轿厢深度,公共建筑中乘客电梯则不小于电梯中最大一台的轿厢深度的1.5倍;多台并列时还不应小于2.4 m;多台对列时,不应小于对列电梯轿厢深度之和,也不宜大于4.5 m。病床电梯的规定与乘客电梯相似。

此外,通向机房的通道、楼梯和门的宽度不应小于1.2 m,楼梯的坡度不应大于45°,以便设备的通过和人员的通行。

近年来,自动扶梯在百货商场、文化娱乐场所及其他公共活动场所使用日渐普遍。在建筑设计中,除与生产厂家密切配合外,应该掌握下列数据:

(1)梯级宽:目前有0.6 m、0.8 m、1.0 m三种,视生产厂家不同,其宽度略有出入。

(2)倾角。一般有30°和35°两种。

(3)梯井宽度。单梯为梯宽+0.6 m+2×0.4 m,双梯为2×梯宽+0.6 m+2×0.4 m,其中0.4 m为梯侧至井道的安全距离。

(4)梯井长:层高/$\tan\alpha$+(2.0~2.9)m+(2.0~2.3)m,α为梯段倾角。

五、过道

(一)过道宽度

最窄的走道应该是住宅中通往辅助房间的过道,按《住宅设计规范》(GB 50096—2011)的规定,其净宽不应小于0.8 m,这是单行线,一般只允许一个人通过。规范规定住宅中通往卧室、起居室的过道净宽不宜小于1.0 m的宽度,也只是一个人正行,另一个人侧身相让的尺寸。这个尺寸用“不宜小于”是考虑到砖混建筑中,0.24 m墙,1.2 m中距的过道,净空只有0.96 m,不足1.0 m。

高层住宅的外走道和公共建筑的过道的净宽,一般都大于1.2 m,以满足两人并行的宽度。通常其两侧墙中距为1.5~2.4 m,再宽则是兼有其他功能的过道,如课间活动、候诊等。至于大型公共建筑人流如潮的过道,要根据使用性质和疏散要求来确定它的宽度。还需要补充说明的是,过道的长短、是否采光等因素对过道的宽度起到相当的影响作用,一般长的、暗的、双侧有房间或墙壁的过道,要适当宽一些或采取变换宽窄的手法加以处理,避免又长、又黑、又闷、又窄的过道,但也不能无原则地加宽,白白浪费建筑面积。

(二)过道高度

过道的净高原本随建筑层高而定,设计中通常未予专门考虑。当今建筑设备的要求较以前多了,风管、水管、电气、消防各种管线利用走道上部空间作为“通廊”,过道除供通行外往往成为管线的载体,于是过道净高的问题经常出现在设计者面前。把过道的总高分成下面四个部分:结构高度;设备管线高度,一般在0.6 m左右,视风管的截面、布置方式以及冷凝水管、自动喷淋水管的安排而定;平顶的构造高度,一般0.05 m即可;净高,按常规这个净高度应在2.2 m以上为妥。特别是当平顶上还有下垂的烟感探头、喷淋水喉时,为避免人手触摸,这个高度要高于普通人摸高2.15 m,现今有时会遇到为了尽量减小层高,将走道净高压缩到2.1 m的情形,这是最小的高度了,这么低的吊顶,其质地必须十分精细,否则会有压抑感,过长走道遇此情况,还要从平面上加以宽窄相间的变化处理,以免既压头又单调。

六、窗户

(一)窗户的高度

一般住宅建筑中,窗的高度为1.5 m,加上窗台高0.9 m,则窗顶距本层楼面2.4 m,距上层楼面还留有0.6 m的结构高度。在公共建筑中窗台高度由1.0~1.8 m不等,开向公共走道的窗扇,其底面高度不应低于2.0 m。窗的高度则根据采光、通风、空间形象等要求来决定,但要注意过高窗户的刚度问题,必要时要加设横梁或“拼樘”。此外,窗台高低于0.8 m时,应采取安全防护措施。

现代玻璃幕墙中,整块玻璃的高度有的已超过7.2 m,那已不属于一般窗户的范围了。

(二)窗户的宽度

窗宽一般由0.6 m开始,宽到构成“带形窗”,但要注意采用通宽的带形窗时,左右隔壁房间的隔音问题以及推拉窗扇的滑动范围问题,也要注意全开间的窗宽会造成横墙面上的炫光,这对教室、展览室都是不合适的。

七、门

(一)门高

供人通行的门,高度一般不低于2 m,再高也不宜超过2.4 m,否则有空洞感,门扇制作也需特别加强。如造型、通风、采光需要,可在门上加腰窗,其高度从0.4 m起,但也不宜过高。供车辆或设备通过的门,要根据具体情况而定,其高度宜较车辆或设备高出0.3~0.5 m,以免车辆因颠簸或设备需要垫滚筒搬运时碰撞门框。至于各类车辆通行的净空要求,要查阅相应的规范。

如果是体育场馆、展览厅堂之类的大体量、大空间的建筑物,在需要设置超尺度的门时可在大门扇上加设常规尺寸的附门,供大门不需开启时,人们也可以通行。

(二)门宽

一般住宅进户门宽0.9~1 m,分室门宽0.8~0.9 m,厨房门宽0.8 m左右,卫生间门宽0.7~0.8 m,由于考虑现代家具的搬入问题,现在多取其上限尺寸。

公共建筑的一般单扇门宽1 m,双扇门宽1.2~1.8 m,再宽就要考虑门扇的制作,双扇门或多扇门的门扇宽以0.6~1.0 m为宜。

供安全疏散的太平门的宽度,要根据计算和规范(有关防火规范)的规定设置。

供检修管道的门,宽度一般为0.6 m。

供机动车或设备通过的门,除其自身宽度外,每边也需留出0.3~0.5 m的空隙。

供检修的人孔尺寸不宜小于0.6 m×0.6 m。

现今建筑内各种设备管井的检查门颇多,它不是经常通过的地方,所以一般上框高与普通门齐或低一些,下边留有与踢脚线同高的门槛,其净高就不必拘泥于2 m,1.5 m左右即可。

八、空间尺度

建筑所形成的空间为人所用,建筑内的器物为人所用,因而人体各部的尺寸及其各类行为活动所需的空间尺寸,是决定建筑开间、进深、层高、器物大小的最基本的尺度。

模块二　房产测绘知识

项目四　房产调查

【项目说明】

本项目是房产测绘工作的一个重要环节,房产调查是房产测绘的核心工作。本项目包含3个任务,房产调查前准备工作,让大家掌握房产调查前的相关组织、宣传、资料收集等工作内容;通过房屋调查、房屋用地调查任务的实施,使大家掌握调查的程序、方法及调查成果的整理方法。通过项目的学习,使学生能够具有独立进行房产调查的内外业工作的能力,同时养成严谨细致、规范操作的意识,培养职业标准和规范意识、职业敬畏感。

【项目目标】

1. 知识目标

- 掌握房产调查的概念、方法。
- 掌握房产调查相关技术标准。
- 掌握幢的划分与编号。
- 掌握房屋调查的内容。
- 掌握房屋调查表的填写方法。
- 掌握房屋用地调查单元的划分与编号。
- 掌握房屋用地调查的内容、技术路线。
- 掌握房屋用地调查表、不动产权籍调查表的填写方法。

2. 能力目标

- 能够编写房产调查组织与宣传方案、政府公告。
- 能够收集相关调查资料。
- 能胜任房屋调查内外业工作。
- 能胜任房屋用地调查的内外业工作。

3. 素质目标

- 强化学生动手能力,提高团队合作能力,培养工匠精神、沟通交流能力,增强安全意识。
- 培养职业标准和规范意识、职业敬畏感。
- 提高严谨细致、规范操作的意识。

- 养成查阅各项规范、论文、文献等参考资料的习惯。
- 培养后期自学、主动学习的能力。
- 培养学生的责任意识、认真负责的敬业精神。

【项目任务】

任务一　房产调查准备工作

任务二　房屋调查

任务三　房屋用地调查

【项目成果】

1. 测区房产调查组织宣传方案、政府公告。
2. 资料收集类型表。
3. 房产调查相关技术标准表。
4. 河南测绘职业学院象湖校区房屋的分幢与编号。
5. 房屋基本信息调查表。
6. 构(建)筑物调查表。
7. 河南测绘职业学院各校区房屋用地调查单元编号。
8. 房屋用地调查表。
9. 不动产权籍调查表。

任务一　房产调查准备工作

【任务目标】

1. 掌握房产调查的概念、方法。
2. 能够编写房产调查组织与宣传方案、政府公告。
3. 能够收集相关调查资料。
4. 掌握房产调查相关技术标准。
5. 强化学生动手能力、提高团队合作能力、培养工匠精神、沟通交流能力、增强安全意识。
6. 培养职业标准和规范意识、职业敬畏感。
7. 提高严谨细致、规范操作的意识。

【学习过程】

1. 观看短片。
2. 分析总结短片内容。
3. 讲师讲授。
4. 网络查询。
5. 分组讨论。

【学习成果】

1. 测区房产调查组织宣传方案、政府公告。
2. 资料收集类型表。
3. 房产调查相关技术标准表。

活动一　调查前的组织与宣传

【资源与器材】

PPT、图片、相关视频。

(1)观看房产调查的有关组织活动及宣传图片。

(2)以郑州市郑东新区白沙镇文苑社区为例,对调查区域范围内的房产进行首次登记,分组讨论,拟订组织与宣传方案,发布政府公告。(各组以书面形式上交方案及公告)

【知识导航】

近年来,伴随着城市房地产业的兴起,房产调查为城市公共管理提供重要基础数据,并为房屋产权归属、产权登记、产权产籍管理提供可靠的基础资料。由此,房产调查是一项十分细致而又严肃的工作,同时也是一项对准确性、技术性要求都很高的调查工作。

一、房产调查的基本概念

房产调查的对象是房屋及房屋用地。主要是调查房屋及其用地的位置、权属、权界、数量和利用状况等基本情况,以及地理名称、行政境界和政府机构名称及大的企事业单位名称的调注。其目的是获取房产要素资料,通过确权审查、定质定量,认定房屋及其用地产权归属,并建立房产测绘基础资料,为城市房地产管理提供服务。

房产调查的内容包括房屋用地权界即丘界的调查、房屋权属状况调查、房产数量及利用状况调查及示意图的绘制、地理名称和行政境界调查。

二、房产调查的方法

房产调查是一项极其细致而又严肃的工作。房产调查资料是房产测绘成果的重要内容,而房产测绘成果经过确权、登记、发证后便具有法律效力。因此,在组织管理上,房产调查必须在当地房地产管理部门的领导下进行,会同房屋权属主和房屋相邻权属主等有关人员,到现场指认界址。各方认可后,在权属调查表上签字盖章方有效。房产调查一般应经过政府公告、资料准备、实地调查、确权定界、成果整理五个阶段。调查人员应熟练掌握房地产法规、政策、办法,以及了解调查的程序,在房产调查工作中广泛收集包括测绘、土地划拨、房屋批建、房地产等级评估、标准地名及房地产产权产籍等有关资料,采取"先阅后查"的办法进行。所谓"先阅",即在实施房产调查前,就对房产权属单元的有关权属文件,结合产籍档案,按房地产法规、政策、办法等对照审阅,其根本目的在于明确其权属是否合法属实。如资料不全,应及时通知权利人补充有关权属证明文件;否则在毫无准备的情况下,贸然直赴现场调查,往往会因过多权属纠纷或无从下手而影响调查工作的顺利开展和造成大量后续工作"尾巴",同时可能因权属调查时的偏听而给调查成果质量留下难以预料的隐患。

房产调查应在广泛审阅产权产籍资料后在现场进行调查。现场调查的基本原则:一是不允许将产权产籍资料原件带至现场,以防散失;二是调查者通常必须携带工作用图、房屋产权产籍资料、调查表、房屋用地调查表、其他房产调查用具等到现场;三是调查者应会同房地产各方权利人代表共同到现场指界认定,如果其中一方因故不能到场,必要时应按法律程序完善委托代理手续;四是必须现场如实记录各权属单元房地产调查情况,对于房地产权属纠纷要客观记载,报上级主管部门调处,调查者不能越权仲裁。

房地产权属调查采用内外业核实和实地调查相结合的方法进行,查清房产单元的权属状况、界址、用途、四至等内容,确保房地产单元权属清晰、界址清楚、空间相对位置关系明确。

(1)对权属来源资料完整的房地产权属,主要采用内外业核实的调查方法。

(2)对权属来源资料缺失、不完整的房地产权属,主要采用外业核实、调查的方法。

(3)对无权属来源资料的房地产权属,主要采用外业调查的方法。

房产调查应充分利用已有地形图、地籍图、航摄像片及相关资料,按国家标准《房产测量规范 第1单元:房产测量规范》(GB/T 17986.1—2000)的要求,以权属单元为单位,逐项在实地调查。

活动二　收集资料

【资源与器材】

PPT、图片、相关视频、地形图、航片、影像图等。

首先,阅读知识导航,然后分组讨论,以活动一为例,列举出需要收集哪些方面的资料,见表4-1。

表4-1　资料收集类型表

资料类型	资料列举

【知识导航】

收集资料包括收集、整理、分析各种图件资料,权属证明文件及土地利用情况,调查土地开发整理、土地储备、土地定级估价等社会经济统计资料,建筑物、构筑物的产权资料,调查区域内的相关测绘控制资料等。

权属证明文件的收集包括土地权属文件、征用土地文件等与土地权属来源有关的资料(包括土地审批、土地征用、划拨、出让、转让及土地登记发证等有关资料)、清理违法占地的处理文据、用地单位的权源证明等。

房产登记申请人应当提交下列材料,并对申请材料的真实性负责:登记申请书;申请人、代理人身份证明材料、授权委托书;相关的不动产权属来源证明材料、登记原因证明文件、不动产权属证书;房屋符合规划或者建设的相关材料;权籍调查表、宗地图、房屋平面图及宗地界址点坐标等有关房地产界址、空间界限、面积等材料;与他人利害关系的说明材料;法律、行政法规及不动产登记条例实施细则规定的其他材料。

活动三　技术培训

【资源与器材】

PPT、图片、技术规程、相关网络资源等。

本活动中,要求学生掌握房产调查所需要的技术标准,并结合调查案例,形成学习规范、技术标准的意识。

通过查找网络资源,列出房产调查中依据的技术标准,填入表 4-2。

表 4-2　房产调查相关技术标准

标准、规范名称	标准代码及实施年份

房产调查技术性强,专业面广,还涉及许多法规政策,同时各地都有特殊性,调查人员的业务素质也有较大差别,必须进行技术培训,力求调查工作能按统一要求、统一方法、统一格式、统一规定进行,保证调查质量。培训资料应包括房产测绘规范、地籍调查规程、不动产登记相关条例细则方案等,通过培训,应达到以下目的:

(1)熟悉有关的法律、法规和政策。

(2)熟悉地籍调查、房产调查的规程和调查程序。

(3)熟悉调查方法及技术要求。

(4)能正确处理作业过程中出现的问题。

任务二　房屋调查

【任务目标】

1. 掌握幢的划分与编号。
2. 掌握房屋调查的内容。
3. 掌握房屋调查表的填写方法。

4. 能胜任房屋调查内外业工作。

5. 养成查阅各项规范、论文、文献等参考资料的习惯。

6. 养成后期自学、主动学习能力。

【学习过程】

1. 教师讲授。

2. 课件展示。

3. 案例实训。

4. 分组讨论。

【学习成果】

1. 河南测绘职业学院象湖校区房屋的分幢与编号。

2. 房屋基本信息调查表。

3. 构(建)筑物调查表。

活动一　幢的划分与编号

【资源与器材】

PPT、图片、地形图。

本活动以河南测绘职业学院象湖校区为例,以 1:500 数字地形图为调查底图,分组讨论,按照要求,对测区范围内的房屋进行分幢和编号,并提交相关成果。

【知识导航】

一、幢的定义

幢是指一座独立的,包括不同结构和不同层次的房屋。

二、幢号的编立

幢号以丘为单位,自进大门起,从左到右,从前到后,用数字 1,2,…顺序按“S”形编号。幢号注在房屋轮廓线内的左下角,并加括号表示。

三、房产权号

在他人用地范围内所建的房屋,应在幢号后面加编房产权号,房产权号用标识符 A 表示。

四、房屋共有权号

多户共有的房屋,在幢号后面加编共有权号,共有权号用标识符 B 表示。

活动二　房屋调查

【资源与器材】

PPT、地形图、测距仪、钢尺、夹板、房屋基本信息调查表。

本活动以河南测绘职业学院象湖校区为例,以 1:500 数字地形图为调查底图,分组实训,按照房屋调查相关要求,对测区范围内的所有房屋进行调查,测量、登记、记录每幢房屋相关信息。

【知识导航】

房屋是人们直接或辅助生产、生活、办公与学习的场所。房屋是指具有门窗、顶盖(屋面)、承重结构及围护墙体的建筑物,这四个要素缺一不可。有些建筑物的顶盖若为石棉瓦、油毡纸等材料,即使其他三要素都齐全,也只能称为简易房,不算房屋,也不是房屋调查对象。另外,将高架桥(立交桥)的路面当作屋面的建筑物,也不是房屋调查的对象。

房屋调查的主要内容包括:房屋的坐落、产权人、使用人、产权性质、产别、层数、所在层次、建筑结构、建成年份、用途、建筑面积、占地面积、分摊面积、墙体归属、权源、产权纠纷及他项权利等,并绘出房屋权界线示意图。

一、基本情况

(1)房屋的坐落。是指房屋所在街道的名称和门牌号。房屋坐落在小的里弄、胡同或巷内时,应加注附近主要街道名称;缺门牌号时,应借用毗连房屋门牌号并加注东、南、西、北方位;当一幢房屋坐落在两个或两个以上或有两个以上门牌号时,应全部注明;单元式的成套住宅,应加注单元号、室号或户号。

(2)房屋产权人。是指房屋所有权人的姓名。私人所有的房屋,一般按照产权证上的姓名注明;产权人已死亡的,应注明代理人的姓名;产权是共有的,应注明全体共有人姓名;房屋是典当或抵押的,应注明典当或抵押人姓名及典当或抵押情况;产权人已死亡又无代理人,产权归属不清或无主房地产,以“已亡”“不清”“无主”注记。没有产权证的私有房屋,其产权人应为依法建房或取得房屋的户主的户籍姓名,并应调查未办理产权的原因。单位所有的房屋,应注明具有法人资格的所有权单位的全称,不具备法人资格的单位不能作为房屋的所有权人。主管部门作为所有权人,但房地产为其下属单位实际使用,除注记主管部门全称外,还应注明实际使用房地产的单位全称。两个以上单位共有的房屋,所有权人应注明全体共有单位名称。房地产管理部门直接管理的房屋,包括公产、代管产、托管产和拨用产,产权人均应注明市一级市(县)政府房地产管理机关的全称。其中,代管产还应注明代管及原产权人姓名;托管产还应注明托管及委托人的姓名或单位名称;拨用产还应注明拨借单位名称。

(3)房屋使用人。是指实际使用房屋人的姓名。如产权人对房屋自主自用,则房屋使用人就是产权人本身;若产权人通过出租、代管、典当等合法途径转让他人使用,按实际情况说明。

(4)房屋的产权性质。是按照我国社会主义经济三种基本所有制的形式,对房屋产权人的房屋进行所有制分类,分为全民所有(国有)、集体所有和私人所有(私有)三类。此外,我国还有一部分外产和中外合资产,应按实际情况注明。

(5)房屋建成年份。是指实际竣工年份。拆除翻建的,以翻建竣工年份为准;有两种以上建筑年份的,应分别调查注明。

(6)房屋的权源。是指产权人取得房屋产权的时间和方式,如继承、分析、买受、新建、购买、交换、自建、征用、划拨、翻建、受赠等。

(7)房屋的总层数与所在层次。房屋层数是指房屋的自然层数,一般按室内地坪±0.00以上计算;采光窗在室外地坪以上的半地下室,其室内层高在2.2 m以上的,计算自然层数。房屋总层数为房屋地上层数与地下层数之和。附层(夹层)、假层、插层、楼阁(暗楼)、装饰性塔楼,以及突出屋面的楼梯间、水箱间不计层数。

(8)房屋墙体归属。是房屋四面墙体所有权的归属,分别注明自有墙、共有墙和借墙等三类。

二、房屋产权类别

(一)公房

公房是指国有房屋和集体的房屋。国有房屋属全民房产,从法律意义上讲,它是全社会的财产,其所有权属于国家,具体经营单位不具有法律意义上的所有权。但在实际运作中,国家通过授权经营单位来管理和经营。

国有房屋的一部分由房地产行政管理部门直接管理,叫直管公房。另一部分由国家授权的单位行使经营权,并承担对房地产管理部门的相应义务。

集体房屋为集体所有,集体中的任一成员虽对这些财产享有一定的份额,但不具备独立的产权法律地位。

我国公有房屋的形成和发展主要包括以下几个部分:

1949年中华人民共和国成立时,收归人民政府管辖拨给单位使用的。

通过土改等运动,接管了一批反动不法分子在城市的房产,由政府管辖拨给单位使用的。

中华人民共和国成立初期,对资本主义工商业进行社会主义改造的同时,通过没收、赎买、租赁等政策,使属于资本主义性质的私有房屋成为全民所有的房产。

中华人民共和国成立后,由国家投资兴建的房屋,包括住宅、工厂、学校、党政机关、企事业单位,这些构成了全民所有房产的很大一部分。

(二)私房

私房是指公民个人或数人共有的住宅和非住宅用房。我国的私房来源有以下几种:

中华人民共和国成立前,劳动人民靠劳动所得建造自住房屋,之后继续沿用的。

经济体制改革后,为了改善城市居民的居住条件,按国家政策个人建造的房屋,其形式有自筹自建、民建公助、互助互建、集资建房等。

公民个人按国家房改政策购买的房改房或商品房。

(三)住房制度改革

我国从20世纪90年代起,为改变过去住房分配的不公正,国务院决定推行住房制度改革,加快住房商品化进程,改住房实物分配为货币化分配。其措施主要有以成本价或标准价出售公有住房、多渠道集资建房及市场价购买商品房。在调查中,按国家房改政策购买的房屋称为"房改房"。

房屋产权类别是根据产权占有和管理不同而划分的类别,按两级分类,具体分类见表4-3。

三、房屋建筑结构分类

房屋建筑结构是指根据房屋的梁、柱、墙及各种构架等主要承重结构的建筑材料划分的房屋结构,共分6种结构,具体分类情况如表4-4所示。当一幢房屋有两种以上结构时,应分别注明。

表 4-3　房屋产权分类标准

编号	一级分类名称	二级分类编号	二级分类名称	含义
10	国有房产			指归国家所有的房产。包括由政府接管、国家经租、收购、新建以及国有单位用自筹资金建设或购买的房产
		11	直管产	指由政府接管、国家经租、收购、新建、扩建的房产(房屋所有权已正式划拨给单位的除外),大多数由政府房地产管理部门直接管理、出租、维修,部分免租拨借给单位使用
		12	自管产	指国家划拨给全民所有制单位所有以及全民所有制单位自筹资金购建的房产
		13	军产	指中国人民解放军部队所有的房产。包括由国家划拨的房产、利用军费开支或军队自筹资金购建的房产
20	集体所有房产			指城市集体所有制单位的房产。即集体所有制单位投资建设、购买的房产
30	私有房产			指私人所有的房产。包括中国公民、港澳台胞、海外华侨、在华外国华侨、外国人所投资建设、购买的房产,以及中国公民投资的私营企业(私营独资企业、私营合伙企业、私营有限公司)所投资建造、购买的房产
		31	部分产权	指按照房改政策,职工个人以标准价购买的住房,拥有部分产权
40	联营企业房产			指不同所有制性质的单位之间共同组成新的法人型经济实体所投资建造、购买的房产
50	股份制企业房产			指股份制企业所投资建造或购买的房产
60	港澳台投资房产			指港、澳、台地区投资者以合资、合作或独资的方式在祖国大陆举办的企业所投资建造或购买的房产
70	涉外房产			指中外合资经营企业、中外合作经营企业和外资企业、外国政府、社会团体、国际性机构所投资建造或购买的房产
80	其他房产			凡不属于以上各类别的房屋,都归在这一类,包括因所有权人不明,由政府房地产管理部门、全民所有制单位、军队代为管理的房屋以及宗教、寺庙等房屋

注:《房产测量规范 第1单元:房产测量规定》(GB/T 17986.1—2000)。

表 4-4 房屋建筑结构分类标准

类型 编号	类型 名称	内容
1	钢结构	承重的主要结构是由钢材料建造的,包括悬索结构
2	钢、钢筋混凝土结构	承重的主要结构是由钢、钢筋混凝土建造的。如一幢房屋一部分梁柱采用钢筋混凝土建造
3	钢筋混凝土结构	承重的主要结构是由钢筋混凝土建造的。包括薄壳结构、大模块现浇结构及使用滑模、开板等先进工艺方法施工的钢筋混凝土结构的建筑物
4	混合结构	承重的主要结构是用钢筋混凝土和砖木建造的。如一幢房屋的梁是用钢筋混凝土制成的,以砖墙为承重墙,或者梁用木材制造,柱用钢筋混凝土建造
5	砖木结构	承重的主要结构用砖、木材建造的。如一幢房屋是木制房梁、砖墙、木柱建造
6	其他结构	凡不属于上述结构的房屋都归此类。如竹结构、砖拱结构、窑洞等

注:《房产测量规范 第 1 单元:房产测量规定》(GB/T 17986.1—2000)。

四、房屋用途分类

房屋用途是指房屋的实际用途,即房屋现在的使用状况。房屋用途按两级分类,一级 8 类,二级 28 类,具体分类见表 4-5。当一幢房屋有两种以上用途时,应分别调查。

表 4-5 房屋用途分类标准

一级分类 编号	一级分类 名称	二级分类 编号	二级分类 名称	内容
10	住宅	11	成套住宅	指由若干卧室、起居室、厨房、卫生间、室内走道或客厅等组成的供一户使用的房屋
		12	非成套住宅	指人们生活居住的但不成套的房屋
		13	集体宿舍	指机关、学校、企事业单位的单身职工、学生居住的房屋。集体宿舍是住宅的一部分
20	工业	21	工业	指独立设置的各类工厂、车间、手工作坊发电厂等从事生产活动的房屋
	交通	22	公用设施	指自来水、泵站、污水处理、变电、燃气、供热、垃圾处理、环卫、公厕、殡葬、消防等市政公用设施的房屋
		23	铁路	指铁路系统从事铁路运输的房屋
		24	民航	指民航系统从事民航运输的房屋
		25	航运	指航运系统从事水陆运输的房屋
		26	公交运输	指公路运输、公共交通系统从事客、货运输、装卸、搬运的房屋
	仓储	27	仓储	指用于储备、中转、外贸、供应等各种仓库油库用房

续表 4-5

一级分类		二级分类		内容
编号	名称	编号	名称	
30	商业	31	商业服务	指各类商店、门市部、饮食店、粮油店、菜场、理发店、照相馆、浴室、旅社、招待所等从事商业和为居民生活服务所用的房屋
		32	经营业务	指各种开发、装饰、中介公司等从事各类经营业务的所用房屋
		33	旅游	指宾馆、饭店、乐园、俱乐部、旅行社等主要从事旅游服务所用的房屋
	金融	34	金融保险	指银行、储蓄所、信用社、信托公司、证券公司、保险公司等从事金融服务所用的房屋
	信息	35	电信信息	指各种邮电、电信部门、信息产业部门，从事电信与信息工作所用的房屋
40	教育	41	教育	指大专院校、中专、中学、小学、幼儿园、托儿所、职业学校、干校、党校、进修学校、电视大学等从事教育的所用房屋
	医疗卫生	42	医疗卫生	指各类医院、门诊部、卫生所、检疫站、保健院、疗养院、医学化验、药品检验等医疗卫生机构从事医疗、保健、防疫、检验所用的房屋
	科研	43	科研	指各类从事自然科学、社会科学等研究设计、开发所用的房屋
50	文化娱乐体育	51	文化	指文化馆、图书馆、展览馆、博物馆、纪念馆等从事文化活动的房屋
		52	新闻	指广播电视台、电台、出版社、报社、杂志社、通讯社、记者站等从事新闻出版所用的房屋
		53	娱乐	指影剧院、游乐场、俱乐部、剧团等从事文娱演出所用的房屋
		54	园林绿化	指公园、动物园、植物园、陵园、苗圃、花圃、花园、风景名胜、防护林等所用的房屋
		55	体育	指体育场、馆、游泳池、射击场、跳伞塔等从事体育所用的房屋
60	办公	61	办公	指党、政机关、群众团体、行政事业单位等所用的房屋
70	军事	71	军事	指中国人民解放军军事机关、营房、阵地、基地、机场、码头、工厂、学校等所用的房屋
80	其他	81	涉外	指外国使馆、领馆、驻华办事处等涉外所用的房屋
		82	宗教	指寺庙、教堂等从事宗教活动所用的房屋
		83	监狱	指监狱、看守所、劳改场等所用的房屋

注：《房产测量规范 第1单元：房产测量规定》（GB/T 17986.1—2000）。

五、房屋产权来源

房屋产权来源是指产权人取得房屋所有权的时间和方式。房屋所有权的取得方式，国家标准《房产测量规范 第 1 单元:房产测量规定》(GB/T 17986.1—2000)统一规定为:分析、买受、受赠、交换、继承、自建、翻建、收购、征用、调拨、价拨、拨用以及房改售房等。

买受、受赠、交换、继承的房屋产权转移有关协议、文约、合同、裁定、公证等文件为准;自建和翻建的房屋产权的确认以报批文件、审批文件和竣工图件为准;征用、价拨、调拨、拨用的房屋产权转移以审批文件为准;房改售房的产权转移以审批文件为准。

(1)买受。房屋是一种商品,可以依法在市场上进行买卖。国有房产、集体房产和私有房产在国家法律和政策允许的范围内都可买卖。房产的买卖,是房屋产权和使用价值的一次性转移,买方在买入房屋使用价值的同时也买入了产权,这种房屋产权的取得方式称为买受。

(2)受赠。房屋和其他财产一样,产权人可以按照自己的意愿,将自己的属个人所有的房屋赠送他人,受赠人可以是国家、社会团体或自己的亲朋好友。赠与方式可以是有条件的,也可以是无条件的;可以是所有权的赠与,也可以是使用权的赠与;也可以在赠与的同时,附有附加条件。无论采取何种赠与方式,一般均应办理公证手续或签订协议文件。如是产权赠与,受赠人取得房屋产权的方式为受赠。

(3)交换。房屋是一种商品,可以依法进行交换,房屋的交换有房屋所有权的交换与房屋使用权的交换两种,此处所讲房屋交换是指房屋产权即所有权的交换。房屋交换是指房屋产权人双方根据自己的需求,将各自属于自己的房屋进行交换,这种交换可以是个人之间、集体之间、单位之间,也可以是国家与单位之间,或国家与个人之间,或单位与个人之间的交换;交换可以是等价交换,也可以是折价交换,或补价交换。交换应有交换合同或协议文件,并取得公证,办理产权变更登记。

(4)自建。凡经批准新建的房屋,房屋建成后,新建单位或个人便拥有该房屋的产权,取得新建房屋的产权和使用权,并可领取房地产产权证。

(5)翻建。指经批准以后在自己原有房屋的基础上进行翻新改建,包括部分拆建的房屋,并取得翻建新增的房屋产权。翻建房屋应办理变更登记手续。

(6)收购。政府或房地产管理部门收购的房屋。

(7)征用。国家根据建设的需要征用的房屋,同时支付房屋补偿费及安置补助费。

(8)调拨。政府或房地产管理部门无偿调拨给全民所有制或集体所有制单位的房屋;产权归属以调拨文件规定的为准。

(9)价拨。政府或房地产管理部门有偿调拨给全民所有制或集体所有制单位的房屋;产权归属以调拨文件规定的为准。

(10)划拨。政府或房地产管理部门免租给单位使用、管理、维修的房屋;房屋产权为国家所有,使用单位仅有使用权。

六、房屋的面积

房屋的面积包括建筑占地面积、建筑面积、使用面积、分摊面积、产权面积等。

(一)建筑占地面积(基底面积)

房屋的建筑占地面积是指房屋底层外墙(柱)勒脚的外围水平面积,一般与低层房屋建筑面积相同。

(二)建筑面积

房屋建筑面积是指房屋外墙(柱)勒脚以上各层的外围水平面积,包括阳台、挑廊、地下室、室外楼梯等,有上盖,结构牢固,层高2.20 m以上(含2.20 m)的永久性建筑。

(三)使用面积

房屋使用面积是指房屋户内全部可供使用的空间面积,按房屋内墙面水平投影计算。包括直接为办公、生产、经营或生活使用的面积和辅助用房,如厨房、厕所或卫生间,以及壁柜、户内过道、户内楼梯、阳台、地下室及附加层等面积。

(四)分摊面积

房屋分摊面积是指房屋的公共面积,如电梯间、楼梯间、公共门厅、值班警卫室等,还包括与公共建筑之间的分隔墙,以及外墙(含山墙)水平投影一半的建筑面积。

(五)产权面积

房屋产权面积是指产权主依法拥有房屋所有权的房屋建筑面积。包括房屋套内建筑面积(包括套内房屋使用面积、套内墙体面积和套内阳台面积)和分摊面积。房屋产权面积由县级以上房地产行政主管部门登记确权认定。

七、其他情况

(一)他项权利

他项权利是产权人和权利人用契约形式设定的权利,如典当权、抵押权的设定。房屋设有他项权利的应在调查表中相应栏做出说明。

(二)产权纠纷

产权纠纷可能发生在各相邻权属单元之间,包括单位与单位之间、单位与私人之间、私人之间的纠纷。纠纷协调解决了的,按已明确权属界线处理;产权不清或有争议的,如实做出记录,图上用未定界符号标注。

(三)房屋权界线示意图

房屋权界线是房屋权属范围的界线,由产权人指界和临户认证来确定。对有争议的权界线要做出记录。房屋权界线示意图是以权属单元为单位绘制的略图,主要反映房屋及其相关位置、权界线、共有共用房屋权界线以及与临户相连墙体的归属,并勘丈和注记房屋边长。对有争议的权界线也应在图上标注。

活动三　房屋基本信息调查表、构(建)筑物调查表

【资源与器材】

房屋基本信息调查表、构(建)筑物调查表、活动二调查相关信息、中性笔、直尺等。

本活动分组实训,按照房产调查及调查表填写基本要求,对河南测绘职业学院象湖校区内各幢房屋、构筑物进行调查表的填写,并上交相关实训成果。

【知识导航】

一、一般规定

在现场调查中要在草图上注记门牌号、街坊名称、业主(单位)名称、四至、幢号、房屋结

构、层数、墙体归属等情况，同时按墙体归属丈量其建筑面积。

在房屋面积统一调查之前，已签订购房合同书的，或已办理了不动产产权证的，按原合同或原所有权证的面积为准。

在房产调查过程中，已有资料中有建筑面积，要查清建筑面积的来源，如果原面积数据未按技术要求调查计算求得，是采用匡算数据或自报数据的，要重新调查，把建筑面积更新为准确面积数据。

房屋建筑面积调查主要采用实地量距法。仪器工具需要进行检校，检校合格后才能使用。遇到房屋现状变化，应先绘草图，将房屋的平面图和边长尺寸等记载在草图上。丈量边长读数取至毫米，边长要进行两次丈量，两次丈量结果较差 ΔD 应满足 $|\Delta D| \leqslant 0.005$ m，两次结果取平均值，保留至厘米。

房屋面积测算的中误差精度要求如项目八房产面积测算表 8-1 所示，房屋建筑面积测算的最大误差为 2 倍中误差，其面积的求算见项目八。房屋建筑面积调查后应绘制房屋调查图并填写房屋调查表及房屋用地（地籍）调查表。

二、房产调查表填写要求

（1）房产调查表由封面、地籍调查表、房屋调查表、构（建）筑物调查表组成。

（2）房产调查表以宗地为基础，按不动产单元为单位填写。

不同的不动产单元，填写不同的调查表。

对建设用地使用权宗地和宅基地使用权宗地，填写地籍调查表。如果其上存在房屋，则需填写房屋调查表。如果其上存在构（建）筑物，则需填写构（建）筑物调查表。

采用活页的形式填写调查表。

表格采用活页的形式，对整页无内容的，可不归入成果。若原表格式与本方案规定的表格式一致，并且内容没有任何变化，其复印件加盖“复印件”印章后，可直接利用，归入成果。

（3）房产调查表必须做到图表内容与实地一致，表达准确无误，字迹清晰整洁。

（4）表中填写的项目不得涂改，每一处只允许划改一次，划改符号用“\”表示，并在划改处由划改人员签字或盖章；全表划改不超过 2 处。

（5）表中各栏目应填写齐全，不得空项。确属不填的栏目，使用“ / ”符号填充。

（6）文字内容使用蓝黑钢笔或黑色签字笔填写，亦可采用计算机打印输出；不得使用谐音字、国家未批准的简化字或缩写名称；签名签字部分需手写。

（7）项目栏的内容填写不下的可另加附页。宗地草图可以附贴。凡附页和附贴的，应加盖相关单位部门印章。

三、房屋及构筑物调查表填写

房屋基本信息调查表见表 4-6。

填写房屋调查表是野外房产调查的重要工作之一。房屋调查表是房产的基础资料，因此要认真、一丝不苟地填写，各项填写内容、丈量尺寸要做到实地、调查表、调查图三者一致。

表 4-6　房屋基本信息调查表

市区名称或代码　　　　地籍区　　　　地籍子区　　　　宗地号　　　　定着物(房屋)代码

<table>
<tr><td>不动产单元号</td><td colspan="16"></td></tr>
<tr><td>房地坐落</td><td colspan="11"></td><td>邮政编码</td><td colspan="4"></td></tr>
<tr><td rowspan="2">房屋所有权人</td><td rowspan="2" colspan="7"></td><td colspan="2">证件种类</td><td colspan="7"></td></tr>
<tr><td colspan="2">证件号</td><td colspan="7"></td></tr>
<tr><td>电话</td><td colspan="5"></td><td colspan="2">住址</td><td colspan="2"></td><td rowspan="4" colspan="2">共有情况</td><td rowspan="4" colspan="5"></td></tr>
<tr><td>权利人类型</td><td colspan="5"></td><td colspan="2">项目名称</td><td colspan="2"></td></tr>
<tr><td>房屋性质</td><td colspan="5"></td><td colspan="2">产别</td><td colspan="2"></td></tr>
<tr><td>用途</td><td colspan="5"></td><td colspan="2">规划用途</td><td colspan="2"></td></tr>
<tr><td rowspan="7">房屋状况</td><td rowspan="2">幢号</td><td rowspan="2">户号</td><td rowspan="2">总套数</td><td rowspan="2">总层数</td><td rowspan="2">所在层</td><td rowspan="2">房屋结构</td><td rowspan="2">竣工时间</td><td rowspan="2">占地面积/m^2</td><td rowspan="2">建筑面积/m^2</td><td rowspan="2">专有建筑面积/m^2</td><td rowspan="2">分摊建筑面积/m^2</td><td rowspan="2">产权来源</td><td colspan="4">墙体归属</td></tr>
<tr><td>东</td><td>南</td><td>西</td><td>北</td></tr>
<tr><td></td><td></td><td></td><td></td><td></td><td></td><td></td><td></td><td></td><td></td><td></td><td></td><td></td><td></td><td></td><td></td></tr>
<tr><td></td><td></td><td></td><td></td><td></td><td></td><td></td><td></td><td></td><td></td><td></td><td></td><td></td><td></td><td></td><td></td></tr>
<tr><td></td><td></td><td></td><td></td><td></td><td></td><td></td><td></td><td></td><td></td><td></td><td></td><td></td><td></td><td></td><td></td></tr>
<tr><td></td><td></td><td></td><td></td><td></td><td></td><td></td><td></td><td></td><td></td><td></td><td></td><td></td><td></td><td></td><td></td></tr>
<tr><td></td><td></td><td></td><td></td><td></td><td></td><td></td><td></td><td></td><td></td><td></td><td></td><td></td><td></td><td></td><td></td></tr>
<tr><td rowspan="2">房屋权界线示意图</td><td rowspan="2" colspan="10"></td><td>附加说明</td><td colspan="5"></td></tr>
<tr><td>调查意见</td><td colspan="5"></td></tr>
</table>

调查员：　　　　　　　　　　日期：　　　　年　　月　　日

注:《不动产权籍调查技术方案(试行)》(国土资发〔2015〕41 号)。

(一)房屋基本信息调查表

(1)市区名称或代码:填写房屋所在市区的名称或代码。

(2)地籍区、地籍子区:根据《不动产单元设定与代码编制规则》划分要求填写。

(3)宗地号、定着物代码:根据《不动产单元设定与代码编制规则》编码要求填写。

(4)不动产单元号:根据《不动产单元设定与代码编制规则》编码要求填写。

(5)房地坐落:填写有关部门依法确定的房地坐落,一般包括街道名称、门牌号、幢号、楼层号、房号等。

(6)邮政编码:填写该区(县)的邮政编码号。

(7)房屋所有权人:填写权利人的姓名或名称,权利人为自然人的,填写身份证明上的姓名;权利人为法人、其他组织的,填写身份证明上的法定名称。

(8)证件种类:填写权利人身份证件的种类。境内自然人一般为居民身份证,无居民身份证的,可以为户口簿、军官证等。法人或其他组织一般为组织机构代码证,无组织机构代码证的,可以为营业执照、事业单位法人证书、社会团体法人登记证书。港澳同胞的为港澳居民来往内地通行证或港澳同胞回乡证、居民身份证;台湾同胞的为台湾居民来往大陆通行证或其他有效旅行证件,在台湾地区居住的有效身份证件或经确认的身份证件;外籍人士的身份证件为护照和中国政府主管机关签发的居留证件。

(9)证件号:填写身份证件上的编号。

(10)电话、住址:填写房屋所有权人的电话号码和现住地的详细地址。

(11)权利人类型:填写个人、企业、事业单位、国家机关、其他。无法归类为个人、企业、事业单位、国家机关的,填写其他。

(12)共有情况:填写单独所有、按份共有或共同共有。属于按份共有的,还要填写共有的份额。

(13)项目名称:按幢填写项目名称。

(14)房屋性质:填写商品房、房改房、经济适用住房、廉租住房、共有产权住房、自建房等。

(15)产别:根据产权占有不同而划分的类别。按两级分类调记,具体分类标准按《房产测量规范 第1单元:房产测量规定》(GB/T 17986.1—2000)附录A4"房屋产别分类"执行。

(16)用途:指房屋的实际用途。具体分类标准按《房产测量规范 第1单元:房产测量规定》(GB/T 17986.1—2000)附录A6"房屋用途分类"执行。一幢房屋有两种以上用途,应分别注明。

(17)规划用途:填写建设工程规划许可文件及其所附图件上确定的房屋用途。

(18)房屋状况:按幢分别填写幢号、户号、总套数、所在层、总层数、房屋结构、户型、竣工时间、使用面积、建筑面积,东西南北的墙体归属及产权来源等信息。

①幢号:按照《不动产权籍调查技术方案》附录A"不动产单元设定与代码编制规则"中8.2的要求编制和填写。

②户号:按照《房屋代码编码标准》(JGJ/T 246—2012)中4.0.7的要求编制和填写。

③总层数:总层数为房屋地上层数与地下层数之和。假层、附层(夹层)、插层、阁楼(暗楼)、装饰性塔楼,以及突出屋面的楼梯间、水箱间不计层数。

④所在层:是指本权属单元的房屋在该幢楼房中的第几层。地下层以负数表示。

⑤房屋结构:分为钢结构、钢和钢筋混凝土结构、钢筋混凝土结构、混合结构、砖木结构、

其他结构等六类。

⑥竣工时间:房屋竣工时间是指房屋实际竣工年份。拆除翻建的,应以翻建竣工年份为准。一幢房屋有两种以上竣工时间,应分别注明。

⑦占地面积:特指房屋地表底层外围水平投影面积,包括地表底层的阳台、柱廊、门廊、室外楼梯等水平投影面积。

⑧建筑面积:房屋外墙(柱)勒脚以上各层的外围水平投影面积,包括阳台、挑廊、地下室、室外楼梯等,且有上盖,结构牢固,层高 2.20 m 以上(含 2.20 m)的永久性建筑。

⑨专有建筑面积:填写区分所有的建筑物权利人专有部分建筑面积。

⑩分摊建筑面积:填写区分所有的建筑物权利人分摊的共有部分建筑面积。

⑪产权来源:指产权人取得房屋产权的时间和方式,如继承、分析、买受、受赠、交换、自建、翻建、征用、收购、调拨、价拨、拨用等。产权来源有两种以上的,应全部注明。

⑫墙体归属:是房屋四面墙体所有权的归属,分别注明自有墙、共有墙和借墙等三类。

(19)房屋权界线示意图:房屋权界线示意图是以权属单元为单位绘制的略图,表示房屋及其相关位置、权界线、共有共用房屋权界线,以及与邻户相连墙体的归属,并注记房屋边长。对有争议的权界线,应标注部位。房屋权界线是指房屋权属范围的界线,包括共有共用房屋的权界线,以产权人的指界与邻户认证来确定。对有争议的权界线,应做相应记录。

(20)附加说明:在调查中对产权不清或有争议的,以及设有典当权、抵押权等他项权利的,应做出记录。

(二)建筑物区分所有权业主共有部分调查表

(1)建筑物区分所有权业主共有部分权利人:填写"业主共有",不填写具体业主姓名或名称。

(2)建(构)筑物编号、名称、数量或者面积:填写竣工验收后建(构)筑物编号、建(构)筑物名称、数量或者建筑面积。

(3)占地面积:特指建(构)筑物的占地面积。

(4)分摊土地面积:填写建(构)筑物在宗地内的分摊土地面积。

(5)附记:记载建筑区划内属于小区全体业主共有或者部分幢号业主共有的情况、是否分摊等情况。

(三)房产分户图

参照《房产测量规范 第1单元:房产测量规定》(GB/T 17986.1—2000)7.3 的规定。

1.分户图的主要用途

分户图是在分丘图基础上绘制的细部图,以一户产权人为单位,表示房屋权属范围的细部图,以明确异产毗邻连房屋的权利界线供核发不动产产权证的附图使用。

2.分户图的技术要求

分户图的方位应使房屋的主要边线与图框边线平行,按房屋的方向横放或竖放,并在适当位置加绘指北方向符号。

分户图的幅面可选用 787 mm×1 092 mm 的 1/32 或 1/16 等尺寸。

分户图的比例尺一般为 1∶200,当房屋图幅过大或过小时,比例尺可适当放大或缩小。

分户图上房屋的丘号、幢号应与分丘图上的编号一致。房屋边长应实际丈量,注记取至 0.01 m,注在图上相应位置。

3. 分户图应表示的主要内容

分户图表示的主要内容包括房屋权界线、四面墙体的归属和楼梯、走道等部位以及站牌号、所在层次、户号、室号、房屋建筑面积和房屋边长等。

4. 分户图上的文字注记

房屋产权面积包括套内建筑面积和共有分摊面积,标注在分户图框内。

本户所在的丘号、户号、幢号、结构、层数、层次标注在分户图框内。

楼梯、走道等共有部位,需在范围内加简注。

5. 墙体归属与周邻关系的表述

房屋权界线,包括墙体、归属的表示按《房产测量规范 第 2 单元:房产图图式》(GB/T 17986.2—2000)执行。

6. 图面整饰

图面整饰按《房产测量规范 第 2 单元:房产图图式》(GB/T 17986.2—2000)执行,文字注记应相对集中。

(四)构(建)筑物调查表填写

构(建)筑物调查表见表 4-7。

表 4-7　构(建)筑物调查表

宗地(海)代码		坐落	
不动产单元号			
构(建)筑物所有权人		证件种类	
		证件号	
权利人类型			
构(建)筑物类型			
构(建)筑物规划用途			
构(建)筑物面积/m^2			
竣工时间			
共有情况			
备注			

附图

[构(建)筑物平面图,可附页]

注:《不动产权籍调查技术方案(试行)》(国土资发〔2015〕41 号)。

构(建)筑物调查表填写方法:

(1)宗地(海)代码:根据《不动产单元设定与代码编制规则》编码要求填写。

(2)不动产单元号:根据《不动产单元设定与代码编制规则》编码要求填写。

(3)坐落:构(建)筑物的坐落。

(4)构(建)筑物所有权人:填写权利人的姓名或名称,权利人为自然人的,填写身份证明上的姓名;权利人为法人、其他组织的,填写身份证明上的法定名称。

(5)证件种类:填写权利人身份证件的种类。境内自然人一般为居民身份证,无居民身份证的,可以为户口簿、军官证等。法人或其他组织一般为组织机构代码证,无组织机构代码证的,可以为营业执照、事业单位法人证书、社会团体法人登记证书。港澳同胞的为港澳居民来往内地通行证或港澳同胞回乡证、居民身份证;台湾同胞的为台湾居民来往大陆通行证或其他有效旅行证件,在台湾地区居住的有效身份证件或经确认的身份证件;外籍人的身份证件为护照和中国政府主管机关签发的居留证件。

(6)证件号:填写身份证件上的编号。

(7)权利人类型:填写个人、企业、事业单位、国家机关、其他。无法归类为个人、企业、事业单位、国家机关的,填写其他。

(8)构筑物类型:填写构筑物的类型,包括隧道、桥梁、水塔等地上构筑物;透水构筑物、非透水构筑物、跨海桥梁、海底隧道等海上构筑物类型。

(9)构(建)筑物规划用途:填写构(建)筑物规划许可文件及其所附图件上确定的用途。

(10)构(建)筑物面积:填写构(建)筑物的测量面积。

(11)竣工时间:填写构(建)筑物竣工验收文件确定的竣工时间。

(12)共有情况:填写单独所有、按份共有或共同共有。属于按份共有的,还要填写共有的份额。

任务三　房屋用地调查

【任务目标】

1. 掌握房屋用地调查单元的划分与编号。
2. 掌握房屋用地调查的内容、技术路线。
3. 掌握房屋用地调查表、不动产权籍调查表的填写方法。
4. 能胜任房屋用地调查的内外业工作。
5. 培养学生的责任意识和认真负责的敬业精神。
6. 强化学生的动手能力,提高团队合作能力,培养工匠精神、沟通交流能力,增强安全意识。

【学习过程】

1. 课件展示。
2. 分组讨论。
3. 实习实训。
4. 成果整理。

【学习成果】

1. 河南测绘职业学院各校区房屋用地调查单元编号。
2. 房屋用地调查表。
3. 不动产权籍调查表。

活动一　房屋用地调查单元的划分与编号

【资源与器材】

PPT、影像图、相关资料。

河南测绘职业学院共有 3 个校区,分别为河南测绘职业学院象湖校区,位于郑州市郑东新区白沙镇文苑社区;河南测绘职业学院大学路校区,位于郑州市二七区长江路街道办事处万达社区;河南测绘职业学院登封校区,位于登封市石道乡陈家门村。请根据知识导航的学习,分别按照《房产测量规范 第 1 单元:房产测量规定》(GB/T 17986.1—2000)、《不动产权籍调查技术方案(试行)》(国土资发〔2015〕41 号),以丘和宗地为单位进行划分编号,完成表 4-8。

表 4-8　河南测绘职业学院各校区房屋用地调查单元编号

校区	丘编号	宗地编号
象湖校区		
大学路校区		
登封校区		

【知识导航】

房屋用地调查可以与房屋调查同时进行,也可分别进行。调查前,要做好充分的准备,收集相关的测绘资料、土地定级资料、土地权属资料和一些图件。房屋用地调查的主要内容包括用地坐落、产权性质、土地等级、税费、用地人、用地单位性质、土地使用权来源、四至、界标、房屋用地用途、面积、用地略图以及其他情况的记录等。房屋用地调查记簿应采用《房产测量规范 第 1 单元:房产测量规定》(GB/T 17986.1—2000)规定的"房屋用地调查表",并绘制用地范围略图。

一、《房产测量规范 第 1 单元:房产测量规定》(GB/T 17986.1—2000)中房屋用地单元的划分与编号

(一)丘的划分

房屋用地调查以丘为单位分户进行。丘是指地表上一块有界空间的地块,是调查的最小单元。根据丘内产权单元的情况,丘有独立丘与组合丘之分。一个地块只属于一个产权单元时称独立丘,一个地块属几个产权单元共有时称组合丘。

有固定界标的按固定界标划分,没有固定界标的按自然界线划分。

按照国家标准《房产测量规范 第 1 单元:房产测量规定》(GB/T 17986.1—2000)中"丘"的定义,它只有一个条件,即有边界,当然要求这个边界是一个实体,它在实地是存在的,在实地可找到,在图上有描述;房产测量的"丘"是一个几何体,完全是为了满足房地产测绘和管理的需求,以及房地产管理的需求。但是划分"丘"的首选原则是:有固定界标的按固定界标划分,即已有界址点的必须按照界址点走向划分"丘",只有在没有固定界标的情况下,才按自然界线划分,一般以一个单位或一个门牌号或一处院落的房屋用地划丘。一个产权单元的用地由不相连的若干地块组成时,则每一地块均应划分为独立丘;一个地块内多个权属单元的用地范围相互渗透,权属界线难以划分时,或各权属单元的用地范围较小,在分幅图上难以逐一表示各自范围时,将地块划分为组合丘。丘界线包括围墙、栅栏、篱笆、铁丝网、柱、河、渠、沟、道路、铁路、公路、街道、城墙、堤坝等。

(二)丘的编号

丘的编号按市、市辖区(县)、房产区、房产分区、丘五级编号组成。

丘号编立格式如下:

市代码+市辖区(县)代码+房产区代码+房产分区代码+丘号

(2位)　　(2位)　　(2位)　　(2位)　　(4位)

市代码、市辖区(县)代码采用《中华人民共和国行政区划代码》(GB/T 2260—2007)规定的代码。房产区是以行政建制的区、街(或镇、乡)的行政辖区,或者房地产管理部门划分的区域为基础划定。根据实际情况和需要,可以街坊或主要街道围成的方块为基础将房产区再划分为若干房产分区。房产区应在市辖区或县级市的范围内统一编号。房产分区以房产区为单位划分,可按自然界线,依街坊或居民点,或大的机关、企事业单位划分。当调查区域较小,没有必要划分房产分区时,考虑到今后的市区发展,可将该房产分区号编为01,当市区扩大时,从01续编。丘号的编立以房产分区为编号区,采用四位自然数字从0001至9999编列。

丘号编立顺序,以房产分区(或房产区)为单位,从北到南、从西向东呈反"S"形编列。在变更测量或修补测中,新增的丘号接原编号顺序连续编立。

由于房产区及房产分区随着城市发展变化而不断地变动,实际工作中进行小范围的房地产基础测绘时,丘号的编立也可临时以图幅为单位进行,待全市基础测绘工作进行到一定阶段,再做统一的调整。当丘跨越图幅时,按主门牌号所在图幅编立,相邻图幅该丘不再编号,以该丘主门牌号所在图幅的丘号加括号表示,如(12)。

在丘号编立的实际工作中,客观地存在着各丘的形状不一、大小不等等诸多复杂状况,因此应根据丘的平面分布情况,从编立首号起,按编号的前进方向,综合考虑毗连地块编号的连贯性及跨图接边等具体情况进行编号,以利于管理及资料的检索与查询。

(三)支丘号的编立

在组合丘内,为反映各权属单元用地状况,可在丘号的基础上编立丘支号。各丘支号的编立按照从左到右、从上到下呈反"S"形顺序编立。丘支号的表示方法为:丘号在前,支丘号在后且字号小一级,中间加短线表示,如"48-6"。

二、《不动产登记条例》中不动产单元的划分与编号

(一)地籍区和地籍子区划分

(1)在县级行政辖区内,以乡(镇)、街道界线为基础结合明显线性地物划分地籍区。

(2)在地籍区内,以行政村、居委会或街坊界线为基础结合明显线性地物划分地籍子区。

(3)地籍区、地籍子区划定后,其数量和界线应保持稳定,原则上不随所依附界线或线性地物的变化而调整。

(二)宗地划分

在地籍子区内,按照以下情形划分宗地:

(1)依据宗地的权属来源,划分国有土地使用权宗地和集体土地所有权宗地。在集体土地所有权宗地内,划分集体建设用地使用权宗地、宅基地使用权宗地、土地承包经营权宗地和其他使用权宗地等。

(2)两个或两个以上农民集体共同所有的地块,且土地所有权界线难以划清的,应设为

共有宗。

(3)两个或两个以上权利人共同使用的地块,且土地使用权界线难以划清的,应设为共用宗。

(4)土地权属未确定或有争议的地块可设为一宗地。

(三)定着物单元的划分

在使用权宗地内,应将房屋等定着物划分为不同的定着物单元。

(1)定着物为房屋等建筑物、构筑物的,按以下情形划分定着物单元。

①同一权利人拥有的独幢房屋宜划分为一个定着物单元。

②具有多个权利人的一幢房屋,应按照界线固定,且具有独立使用价值的幢、层、套、间等封闭空间划分定着物单元。

③同一权利人拥有多套(层、间等)界线固定且具有独立使用价值的房屋,每套(层、间等)房屋宜各自划分定着物单元。

④同一权利人(如行政机关、企事业单位等)拥有的两幢或两幢以上的房屋可共同组成一个定着物单元。

(2)定着物为其他类型的,按以下情形划分定着物单元:

①每个定着物可各自单独划分一个定着物单元。

②属于同一权利人全部同类定着物(如水塔、烟囱等)可组成一个定着物单元。

(四)不动产单元设定

(1)集体土地所有权宗地应设定不动产单元。

(2)无定着物的使用权宗地应设为一个不动产单元。

(3)有定着物的使用权宗地,宗地内的每个定着物单元与该宗地应设为一个不动产单元。

(五)不动产单元编码

1.代码结构

按照每个不动产单元应具有唯一代码的基本要求,依据《信息分类和编码的基本原则与方法》(GB/T 7027—2002)规定的信息分类原则和方法,不动产单元代码采用七层 28 位层次码结构,由宗地代码与定着物代码构成,分述如下:

(1)宗地代码为五层 19 位层次码,采用《地籍调查规程》(TD/T 1001—2012)规定的编码规则,按层次分别表示县级行政区划、地籍区、地籍子区、宗地特征码、宗地顺序号,其中宗地特征码和宗地顺序号组成宗地号。

(2)定着物代码为二层 9 位层次码,按层次分别表示定着物特征码、定着物单元编号。

(3)不动产单元代码结构如图 4-1 所示。

2.编码方法

(1)第一层次为县级行政区划,代码为 6 位,采用《中华人民共和国行政区划代码》(GB/T 2260—2007)规定的行政区划代码。

(2)第二层次为地籍区,代码为 3 位,码值为 000~999;其中,海籍调查时,地籍区可用“000”表示。

(3)第三层次为地籍子区,代码为 3 位,码值为 000~999;其中,海籍调查时,地籍子区可用“000”表示。

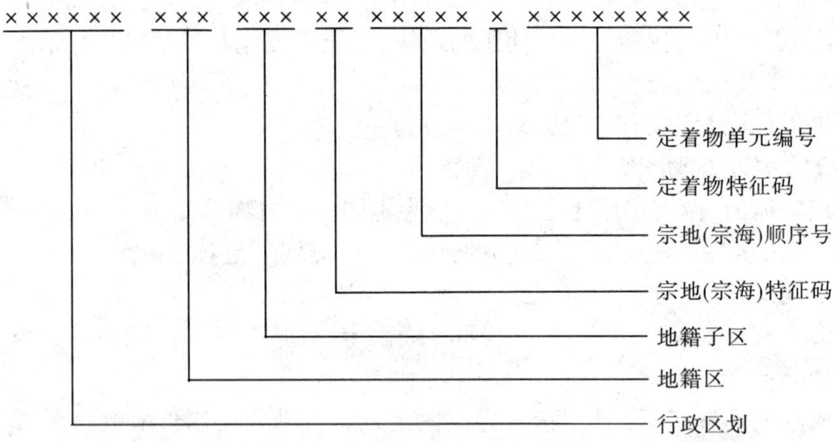

图 4-1　不动产单元代码结构

(4)第四层次为宗地特征码,代码为2位。其中:

第1位用G、J、Z表示。“G”表示国家土地(海域)所有权,“J”表示集体土地所有权,“Z”表示土地(海域)所有权未确定或有争议。

第2位用A、B、S、X、C、D、E、F、G、H、W、Y表示。“A”表示集体土地所有权宗地,“B”表示建设用地使用权宗地(地表),“S”表示建设用地使用权宗地(地上),“X”表示建设用地使用权宗地(地下),“C”表示宅基地使用权宗地,“D”表示土地承包经营权宗地(耕地),“E”表示土地承包经营权宗地(林地),“F”表示土地承包经营权宗地(草地),“G”表示使用权无居民海岛,“H”表示海域使用权宗海,“W”表示使用权未确定或有争议的土地(海域),“Y”表示其他使用权土地(海域),用于宗地特征扩展。

(5)第五层次为宗地顺序号,代码为5位,码值为00001~ 99999,在相应的宗地特征码后顺序编号。

(6)第六层次为定着物特征码,代码为1位,用F、L、Q、W表示。“F”表示房屋等建筑物、构筑物,“L”表示森林或林木,“Q”表示其他类型的定着物,“W”表示无定着物。

(7)第七层次为定着物单元编号,代码为8位。

定着物为房屋的,定着物单元在使用权宗地内应具有唯一编号。前4位表示房屋的幢号,房屋幢号在使用权宗地(或地籍子区)内统一编号,码值为0001~9999;后4位表示房屋的户号,房屋户号在每幢房屋内统一编号,码值为0001~9999。

定着物为森林、林木的,定着物单元在使用权宗地内应具有唯一的编号,码值为00000001 ~ 99999999。

其他的定着物,定着物单元在使用权宗地内应具有唯一的编号,码值为00000001~ 99999999。

使用权宗地内无定着物的,定着物单元编号用“00000000”表示。

3. 代码表示方法

不动产单元代码采用分段表示,具体方法如下:

(1)第一段表示行政区划代码。

(2)第二段表示地籍区与地籍子区。

(3)第三段表示宗地号,由宗地特征码和宗地顺序号共同组成。

(4)第四段表示定着物代码,由定着物特征码和定着物单元编号共同组成。

(5)不动产单元代码在表示时,段与段之间可用全角字符“空格”进行分隔,“空格”不占用不动产单元代码的位数。

如图 4-2 所示为不动产单元代码。

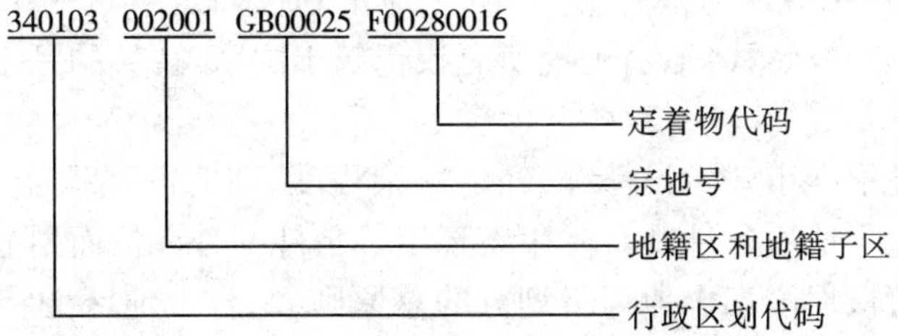

图 4-2　不动产单元代码

活动二　房屋用地调查

【资源与器材】

PPT、影像图、房屋用地调查表、不动产权籍调查表、测距仪、中性笔、铅笔、直尺、相关数据。

本活动对河南测绘职业学院象湖校区进行房屋用地调查,调查内容及要求参考《房产测量规范 第 1 单元:房产测量规定》(GB/T 17986. 1—2000)、《不动产权籍技术方案》(国土资发〔2015〕41 号),填写房屋用地调查表及不动产权籍调查表,并上交相关表格资料。

【知识导航】

一、房屋用地情况的调查

(一)房屋用地坐落

同房屋坐落,详见本项目任务二。

(二)房屋用地的产权性质

房屋用地的产权性质按国有、集体两类填写,集体所有的还应注明土地所有单位名称全称。

(三)用地人、用地人所有制性质

用地人是指房屋用地使用权人的名称或姓名,用地人的所有制性质按第二节中房屋所有人所有制性质填写。

(四)房屋用地的使用人

房屋用地的使用人是指房屋用地的使用人的姓名和单位名称。

(五)权源

权源即房屋用地(土地)使用权的来源。权源调查主要是调查房屋用地使用权的单位和个人取得其使用权的时间、方式及数量。时间以获得土地使用权正式文件的日期为准;取得土地使用权的方式有出让和转让、征用、划拨等;数量以文件中规定范围内的面积为准。

填写××××年××月××日获得土地使用权,使用年限××××年,方式有以下几种:

(1)出让。指国家将城镇国有土地使用权在一定年限内让予土地使用受让人(单位),

土地使用受让人向国家支付一定的金额。

(2)转让。指土地使用权主,依照国家有关法律规定将土地使用权再转移的行为。土地使用权转让时,其上的建筑物、其他附着物的所有权也应依照法律办理过户登记手续。

(3)征用。指根据国家建设的需要,国家通过适当的补偿后,取得土地产权供国家有关部门、企事业单位使用的一种产权转移方式。

(4)划拨。指政府依照法律规定,从国有土地中划拨一定数量的土地给国有单位或集体单位或个人使用的产权转移方式,土地所有权仍属于国家,转移的是土地的使用权。

(六)土地等级

城镇土地等级是根据市政建设情况、经济繁荣程度、商业发展程度、公用事业及交通状况、城市发展规划、工程地质条件及自然生态环境等条件综合评估而划分的等级。

各地方人民政府根据国家土地等级划分的总原则,结合本地区的特点制定适合本地区的地区性土地等级评估标准,并按该标准划分土地各等级的区域。房屋用地等级根据其所在区域土地等级填写。

(七)房屋用地的税费

按房屋用地使用人向税务部门缴纳的年度金额为准,按年计征额填写。其中属于免征对象应注明“免征”,并简注原因。对于外资企业和中外合资企业的用地,依照国家法律和国务院有关规定执行,调查中也必须向征收部门收集有关资料填写。

(八)土地的所有制性质

《中华人民共和国土地管理法》规定,城市市区的土地属国家所有。农村和城市郊区的土地,除由法律规定属于国家所有外,属于集体所有。土地的所有制性质不受土地使用权人性质和土地上附着物产权性质的限制。即土地的所有制性质只有国家所有和集体所有,集体所有的还应加注土地所有权的单位名称,如“集体(李家村)”。

(九)房屋用地用途分类

按国家标准《房产测量规范 第 1 单元:房产测量规定》(GB/T 17986.1—2000)附录 A 中的表 A3 执行(见表 4-9)。一块用地内的房屋类别不完全相同时,以其主要的或多数的类别为准,填写二级分类代码。

表 4-9 房屋用地用途分类

一级分类		二级分类		内容
编号	名称	编号	名称	
10	商业、金融业用地			指商业服务业、旅游业、金融保险业务等用地
		11	商业服务业	指各种商店、公司、修理服务部、生产资料供应站、商店、旅社、对外经营的食堂、文印誊写社、报刊门市等、蔬菜销转运站等用地
		12	旅游业	指主要为旅游业服务的宾馆、饭店、大厦、乐园、俱乐部、旅行社、旅游商店、友谊商店等用地
		13	金融保险业	指银行、储蓄所、信用社、信托公司、证券交易所、证券公司等用地

续表 4-9

一级分类		二级分类		内容
编号	名称	编号	名称	
20	工业、仓储用地			指工业、仓储用地
		21	工业	指独立设置的工厂、车间、手工业作坊、建筑安装的生产场地、排渣(灰)场等用地
		22	仓储	指国家、省(自治区、直辖市)及地方的储备、中转、商贸、供应等各种仓库、油库、材料堆积场及其附属设备的用地
30	市政用地			指市政公用设施、绿化用地
		31	市政公用设施	指自来水厂、泵站、污水处理厂、变电(所)站、煤气、供热中心、环卫所、公共厕所、火葬场、消防队、邮电局(所)及各种管线工程专用地段等用地
		32	绿化	指公园、动植物园、陵园、风景名胜、防护林、水源保护林以及其他公共绿地等用地
40	公共建筑用地			指文化、体育、娱乐、机关科研、设计、教育、医卫等用地
		41	文、体、娱	指文化馆、博物馆、图书馆、展览馆、纪念馆、体育馆、俱乐部、影剧院、游乐场、文艺体育团体等用地
		42	机关、宣传	指党政事业机关及工、青、妇等群众组织驻地,广播电台、电视台、出版社、报社、杂志社等用地
		43	科研、设计	指科研、设计机构用地,如研究院(所)、设计院及其实验室、试验场等用地
		44	教育	指大专院校、中等专业学校、职业学校、干校、党校、中学、小学校、幼儿园、托儿所、业余进修院(校)、工读学校等用地
		45	医卫	指医院、门诊部、保健院(站、所)、疗养院(所)、救护站、血站、卫生院、防治所、检疫站、防疫站医学化验品检验等用地
50	住宅用地			指供居住的各类房屋用地
60	交通用地			指铁路、民用机场、港口码头及其他交通用地
		61	铁路	指铁路线路及其场站、地铁出入口等用地
		62	民用机场	指民用机场及其附属设施用地
		63	港口码头	指供客、货运船停靠的场所用地
		64	其他交通	指车场(站)、广场、公路、街、巷、小区内的道路等用地

续表 4-9

一级分类		二级分类		内容
编号	名称	编号	名称	
70	特殊用地			指军事设施、涉外、宗教、监狱等用地
		71	军事用地	指军事设施用地,包括部队机关、营房、军用工厂库和其他军事设施等用地
		72	涉外	指外国使馆、驻华办事处等用地
		73	宗教	指专门从事宗教活动的庙宇、教堂等宗教用地
		74	监狱	指监狱用地。包括监狱、看守所、劳改场(所)等用地
80	水域用地			指河流、湖泊、水库、坑塘、沟渠、防洪堤坝等用地
90	农用地			指水田、菜地、旱地、园地等用地
		91	水田	指筑有田埂(坎)可以经常蓄水用于种植水稻等农作物的耕地
		92	菜地	指以种植蔬菜为主的耕地。包括温室、塑料大棚等用地
		93	旱地	指水田、菜地以外的耕地。包括水浇地和一般旱地
		94	园地	指种植以采集果、叶、根、茎等为主的集约经营的木本和草本作物,覆盖度大于 50%或每亩(株)数大于理论株数 70%的土地,包括果树苗圃等用地
00	其他用地			指各种未利用土地、空闲地等其他用地

注:《房产测量规范 第 1 单元:房产测量规定》(GB/T 17986.1—2000)。

(十)房屋用地面积

调查房屋用地面积时应根据用地单位合法取得土地使用权的文件或已进行过房屋用地登记的产权产籍档案资料进行调查。房屋用地面积指的是用地单位实际面积即为用地红线内的面积,除记录实际面积外,还应对红线范围内的代征路、市政设施及各类通道所用面积进行调查记录。组合丘内对丘面积和各权属单元的用地面积应逐一调查。对于几个权属单元因权属界线相互交错,分幅图上难以表示而划分的组合丘,丘内各权属单元用地面积总和应与丘面积比较。对其不符值应进行分析,查找原因,属于误差范畴的按各权属单元用地面积比例进行配赋,省去不符值,即保证各权属单元用地面积总和与丘面积相等。房屋用地面积测算方法见第八章。

二、房屋用地权属界线

(一)房屋用地界址线的调查

房屋用地界址线是指用地单位合法使用土地范围的边界线,它是一个闭合的多边形。房产调查中对房屋用地界址线调查时:已进行确权登记的,以相关产权产籍资料为准;未进行确权的,调查人员必须根据资料档案结合实地情况,会同用地权利人和所涉及相邻关系的权利人在现场共同指界确定,这也是确认用地使用权属的工作程序。对于资料档案和双方皆无法确定或存在争议的界址线,调查人员应如实详细做好记录,报请相关主管部门进一步落实解决。

(二) 界标

界标指房屋用地范围权属界址线界址标志。调查时可填写用地范围边界界标物的名称,例如围墙、墙壁、栅栏、篱笆、界桩,或河流、道路名称等。当界标物为线状地物时,一定要确定界址线与界标的位置关系(一般以内、中、外表示)。

(三) 用地的四至关系

房屋用地四邻地块情况为房屋用地的四至。房屋用地的四至一般按东、南、西、北概略方位分别调查,与之相邻的街道名、丘号,或沟、渠、水域等名称。

(四) 房屋用地范围示意图的绘制

房屋用地范围示意图是以房屋用地单元即丘为单位,主要表示房屋用地范围及其权属界线,并用概略比例尺绘制的略图。房屋用地范围示意图应表示的内容有:

(1) 用地界线及其权属,包括共用院落界线。

(2) 界标及其类别。

(3) 用地范围内房屋的位置及形状。

(4) 注记房屋用地界线边长,包括共用院落的相对定位关系尺寸。

(5) 标注用地四至名称。

三、房屋用地调查表及不动产权籍调查表填写

房屋用地调查表及填写方法见《房产测量规范 第 1 单元:房产测量规定》(GB/T 17986.1—2000)表 A2;不动产权籍调查表及填写方法见《不动产权籍调查技术方案(试行)》(国土资发〔2015〕41 号)附录 C.1、附录 C.8。

思政课堂

推动绿色发展,促进人与自然和谐共生

习近平总书记在党的二十大报告中提出,推动绿色发展,促进人与自然和谐共生。习近平总书记指出,大自然是人类赖以生存发展的基本条件。尊重自然、顺应自然、保护自然,是全面建设社会主义现代化国家的内在要求。必须牢固树立和践行绿水青山就是金山银山的理念,站在人与自然和谐共生的高度谋划发展。我们要推进美丽中国建设,坚持山水林田湖草沙一体化保护和系统治理,统筹产业结构调整、污染治理、生态保护、应对气候变化,协同推进降碳、减污、扩绿、增长,推进生态优先、节约集约、绿色低碳发展。

2014 年 8 月 15 日,《不动产登记暂行条例(征求意见稿)》公开征求意见,备受关注的不动产登记制度终于迈出了实质性步伐。开展不动产统一登记工作是推进国家治理体系和治理能力现代化的必然要求,是市场经济发展和市场化改革的必然选择,是全面深化改革的重要基础。这项工作对于完整保护不动产权利人合法财产权,保障不动产交易安全,推进简政放权、提高政府治理效率和水平,方便企业、方便群众,尤其是对进一步健全归属清晰、责权明确、保护严格、流转顺畅的现代产权制度都具有重要意义。

2017 年 10 月 16 日,根据《中华人民共和国土地管理法》《土地调查条例》有关规定,国

务院决定自2017年起开展第三次全国国土调查。国土调查是一项重大的国情国力调查，是查实、查清土地资源的重要手段。做好第三次全国国土调查工作，掌握真实准确的土地基础数据，是推进国家治理体系和治理能力现代化、促进经济社会全面协调可持续发展的客观要求；是加快推进生态文明建设、夯实自然资源调查基础和推进统一确权登记的重要举措；是编制国民经济和社会发展规划、加强宏观调控、推进科学决策的重要依据；是实施创新驱动发展战略、支撑新产业新业态发展、提高政府依法行政能力和国土资源管理服务水平的迫切需要；是落实最严格的耕地保护制度和最严格的节约用地制度、保障国家粮食安全和社会稳定、维护农民合法权益的重要内容；是科学规划、合理利用、有效保护国土资源的基本前提。

《不动产登记暂行条例(征求意见稿)》和《中华人民共和国土地管理法》《土地调查条例》等都是国家的政策方针。通过政策方针的了解，同学们能认识到不动产登记的重大意义和土地调查的重大意义，认识到自己所拥有的合法权益和应尽的义务。土地作为我们的生存之本，应该合理地去规划利用，不能肆意地破坏土地的性质，应该积极拥护和支持国家的政策方针。将来作为一名不动产工作方面的专业技术人员，学生更应认识到其本身工作的重要性和意义，从思想上提升自己。同学们在平时的学习中应熟练掌握相关的专业知识、技术要求和标准，努力地学习和踏实地工作，为积极推进国家的建设和发展贡献力量。

项目五 房产控制测量

【项目说明】

本项目主要介绍了房产控制测量方法、精度要求、技术设计、选点埋石、野外观测、数据处理等测量工作,包含任务一房产控制测量准备工作、任务二导线测量、任务三 GNSS 控制测量 3 个任务,通过项目学习,使同学们具有独立进行房产控制测量的内外业工作的能力,同时培养学生养成查阅规范、论文文献的习惯,增强团队协作意识和后期学习能力。

【项目目标】

1. 知识目标

- 理解不动产控制测量的目的和作用。
- 理解不动产平面控制网的布设原则和基本要求。
- 理解不动产控制测量所使用的坐标系统。
- 理解测区已有资料收集和分析的作用。
- 理解并掌握导线测量中导线布设的方法。
- 理解并掌握导线测量中选点、导线观测的方法步骤。
- 理解并掌握导线测量中导线平差计算的方法。
- 掌握 GNSS 静态相对定位测量的原理。
- 掌握 GNSS 静态相对定位测量的施测方法。
- 理解利用 GNSS-RTK 进行控制测量的原理。
- 掌握利用 GNSS-RTK 进行控制测量施测的方法。
- 掌握 GNSS 控制测量技术设计、选点布网、外业观测、数据处理等理论知识。

2. 能力目标

- 能熟练进行不动产控制测量坐标系统的选用。
- 能熟练利用经纬仪、钢卷尺、全站仪等仪器进行导线的布设和测量。
- 具有导线测量后期数据处理分析能力。
- 能熟练利用 GNSS 等仪器进行静态相对定位测量的实施。
- 能熟练利用 GNSS-RTK 方法进行控制测量实施。

3. 素质目标

- 培养学生责任意识、认真负责的敬业精神。
- 强化学生动手能力,提高团队合作能力,培养工匠精神、沟通交流能力,增强安全意识。
- 培养职业标准和规范意识、职业敬畏感。
- 培养敢于担当奉献的人生理想。

- 提高严谨细致、规范操作的意识。
- 养成查阅各项规范、论文、文献等参考资料的习惯,并理论联系实际。
- 养成后期自学、主动学习的能力。

【项目任务】

任务一　房产控制测量准备工作

任务二　导线测量

任务三　GNSS 控制测量

【项目成果】

1. 我国曾采用的大地坐标系。
2. 相关控制资料收集类型表。
3. 房产常用控制测量方法对比表。
4. 三级导线技术方案。
5. 导线点点之记。
6. 控制点点位略图。
7. 导线测量观测手簿。
8. 导线测量成果计算表。
9. 控制点成果表。
10. 导线测量平差报告。
11. GNSS 控制测量技术方案。
12. GNSS 点点之记。
13. GNSS 测量记录手簿。
14. GNSS 控制测量平差报告。

【知识导航】

房产控制测量是根据界址点和房产图的精度要求,视测区范围的大小、控制点的数量及等级情况,按测量的基本原则和精度要求进行技术设计、选点、埋石、野外观测、数据处理等测量工作。

房产控制测量根据控制内容的不同,又分为房产平面控制测量和房产高程控制测量。目前,房产控制测量主要以图根加密控制测量为主,常采用导线测量和 GNSS 定位测量的方法,对应的高程测量主要是三角高程测量和 GNSS 高程测量,这两种方法在测量基础学习中均有涉及,本章的内容主要以房产平面控制测量为主。

一、房产控制测量的目的和作用

房产控制测量是房产测绘整个工程的前期性基础工作,它的目的是建立一个高精度的、有一定密度的、能长期保存使用的、稳定的房产控制网,为整个房产测绘工作提供一个准确的控制框架和定位基准,并控制误差的累积。房产控制测量的主要作用包括:

(1)为房产测绘提供控制和起算数据,无论采用哪种测量方法,都需要有一定密度和精度保证的房产控制数据。在进行房产要素测量时,为了防止在测定房产要素的几何位置时测量误差的累积,必须建立相应等级和密度的控制点网,通过控制点提供和传递起算数据。

(2)为房产测绘的变更与修测提供起算数据。房产测绘中经常遇到房产产权的变更、转移,加上城市建设发展的现状不断地变化,为了保持测绘成果的现势性,要及时进行变更与修测。这些都需要建立统一标准、长期稳定的控制点作为起算数据。

二、房产平面控制网的布设原则与基本要求

为了充分利用国家和城市的已有控制成果,保证测绘成果的共享和质量,满足国家经济建设和房产管理的要求,房产平面控制点的布设原则和其他控制一样,应遵循"从整体到局部、从高级到低级、分级布设"的原则,也可越级布网。

我国原有的国家平面控制网主要采取以三角网为主和以导线网为辅的方式建立,一直沿用至今。随着 GNSS 测量技术的普及应用,目前控制网的建立常采用 GNSS 控制网。为了很好地利用已有资源并且和国家控制网统一,从整体到局部就是要求房产控制测量,这种局部性质的测量变为全国整体控制测量的一部分。不论房产控制测量是全市的,也不论覆盖多大的面积,它都是全国整个大地控制网的一部分,是国家财富和资产的一部分,测量时要和国家网相联测,从点的密度、标志设置、精度等级要求都要和国家控制网接轨并保持一致。

"从高级到低级、分级布设,也可越级布网"是要求房产平面控制网应按照规定的等级规格,从高级网到低级网,统一分级布网,但不是要求逐级布网,中间可以越级布网。例如:在二等平面控制网下,可以按照四等控制网的精度和规格,布设四等平面控制网。试验证明,越级布网在某些条件下是有利的,也不会降低控制网应有的精度。

建立房产平面控制网的基本要求如下:

(1)要求控制点间有较高的相对精度,即要求最末一级的房产平面控制网中,相邻控制点间的相对点位中误差不超过±0.025 m,最大误差不超过±0.05 m,只有这样的控制网才能够保证所控制的房产要素之间的相邻相对精度;否则满足不了房产要素测量的要求,尤其是界址点和房角点的精度要求。

(2)要求房产平面控制点有相当的分布密度,以满足房产要素测量对起算控制点的需求,即要求建筑物密集区的控制点平均间距在 100 m 左右,建筑物稀疏区的控制点平均间距在 200 m 左右。也就是说,在市区必须布设一、二、三级平面控制网点;在某些建筑物密集区或隐蔽区,不仅要布设一、二、三级平面控制网点,可能还要增布辅助控制网点,甚至缩短控制网点之间的边长。在通视良好的建筑物稀疏区,可能布设一、二级平面控制网即可解决问题。

(3)要求能长期保存使用,房产平面控制网点都应该埋设永久性固定标志。这些固定标志可能是埋在地下的测量标石,也可把标志嵌埋在永久性的坚固的建筑物或构筑物上,也可利用已有的能长期保存的、牢固的独立地物。

(4)要求房产平面控制网点的坐标能保持较长时间的稳定,不要经常变化。因为房产测绘是一种提供官方证明的政府行为的测量,其成果用于进行产权登记,一经确定,即具法律效力;而坐标和面积是产权登记最主要的基本数据,一经登记发证,就应保持其严肃性和稳定性,而不能经常或任意改动,以免造成产权登记和档案材料的混乱。

任务一　房产控制测量准备工作

【任务目标】

1. 理解不动产控制测量的目的和作用。
2. 理解不动产平面控制网的布设原则和基本要求。
3. 理解不动产控制测量所使用的坐标系统。
4. 理解测区已有资料收集和分析的作用。
5. 能熟练进行不动产控制测量坐标系统的选用。
6. 养成查阅各项规范、论文、文献等参考资料的习惯,并理论联系实际。
7. 养成后期自学、主动学习的能力。

【学习过程】

1. 观看短片。
2. 分析总结短片内容。
3. 讲师讲解。
4. 分组讨论。
5. 规范查询。

【学习成果】

1. 我国曾采用的大地坐标系。
2. 相关控制资料收集类型表。
3. 房产常用控制测量方法对比表。

活动一　坐标系统选择

【资源与器材】

课件、测区概况、测区已有控制资料。

通过查询网络资源,完成表5-1,我国曾采用的大地坐标系。

表5-1　我国曾采用的大地坐标系

坐标系名称	椭球名称	椭球长半轴/m	椭球扁率	椭球定向	大地原点
1954年北京坐标系					
1980西安坐标系					
WGS-84坐标系					
2000国家大地坐标系					

【知识导航】

(一)房产控制测量的坐标系统

我国房产测绘目前使用的坐标系主要有城市独立坐标系、1980西安坐标系和2000国家大地坐标系等(见表5-1)。按照《国土资源部 国家测绘地理信息局关于加快使用2000国家大地坐标系的通知》要求,2018年6月底前完成全系统各类国土资源空间数据向2000国家大地坐标系转换,7月1日后自然资源系统将全面使用2000国家大地坐标系。为了充分利用现有的成果资料,保持城市测绘成果资料的统一和共享,也为了房产测绘成果能为城市的经济建设、相关建设服务,所以提倡使用国家统一的坐标系统——2000国家大地坐标系,同时也允许使用城市独立坐标系和1980西安坐标系,但使用这两类坐标系时应和2000国家大地坐标系联测不少于3个点,以保证最终成果能转换为2000国家大地坐标系。

(二)房产控制测量的平面投影

我国采用高斯-克吕格正形投影,简称高斯投影。高斯投影是等角投影,除中央子午线外,会产生长度变形,且离中央子午线越远,变形越大。为了减少长度变形,国际上统一将椭球面沿子午线划分成若干个经差为6°或3°的投影带,简称为6°带或3°带。当测图比例尺小于1:10 000时,采用6°带投影,1:10 000和大于1:10 000测图时一般采用3°带投影。

房产测绘不仅要测量房产图,还要测绘界址点,测量边长,所以不能只看几度带,而应该计算自己测区投影变形的大小,看其变形是否影响房产测量的精度要求。即要求投影变形小于0.025 m/km,投影误差不超过1/40 000。所以,有时城市房产控制测量的中央子午线不一定采用3°带或6°带的中央子午线,而是把中央子午线选在城市中央,从而减少投影变形。

投影变形计算公式如下:

$$\Delta D = D\frac{Y_m^2}{2R_m^2} - D\frac{H}{R_m} \tag{5-1}$$

式中　ΔD——高斯投影和高程投影对边长的联合影响,m;

D——边长,m;

Y_m——边长两端点横坐标的中数,m;

H——边长的概略高程,m;

R_m——边长处的平均曲率半径,R_m取6 371 000 m。

活动二　测区已有资料的收集与分析

【资源与器材】

课件、测区概况、测区已有控制资料。

通过课件演示及网络资源查询,完成表5-2相关控制资料收集类型表。

【知识导航】

房产控制测量工作首先要进行资料准备,主要包括测区已有资料的收集和分析,对测区情况有足够了解之后,才能进行控制测量整体方案的确定。测区情况的了解应基于相应的基础资料。

资料收集包括收集、整理、分析测区概况资料、各种图件资料、已知点坐标数据及相应各种规范、技术文件等。为了便于分析资料的可靠性、精确性,还需要对原测图资料、已知控制点坐标进行检核。

表 5-2　相关控制资料收集类型表

资料类型	资料列举

房产测绘实施前所需准备收集的资料有测区已有大比例尺地形图、已知控制点成果表等。

一、测区已有大比例尺地形图

通过测区已有大比例尺地形图可以清楚地了解到测区内的地形情况。测区内居民地、道路、河流、耕地、林地等地物的分布情况决定了设计导线的走向与控制点的分布。测区所处位置是平原、丘陵、山地还是高山地,决定了采用的技术等级标准。

二、已知控制点成果表

如要进行控制测量,在测区内必须有 1 个及 1 个以上已知控制点。已知控制点数量的多少及分布决定了 GNSS 控制网及导线的布设形式。

三、对国家和城市控制网的利用

为了保持房产控制网和国家控制网的统一,避免重复测量,可以考虑合理使用已有的国家和城市控制网,而房产控制测量是房产测绘的基础,如果出现问题,后果不堪设想。因此,如果利用已有成果,必须进行细致的分析和谨慎的评估,以保证对原有成果的正确使用。

高精度控制网要求保持控制点间有较高相对精度,只有这样,控制网才能够保证所控制的房产要素之间的相邻相对精度。

已有的国家二、三、四等三角点和国家 B、C、D、E 级 GNSS 点可直接作为房产首级平面控制网点,已有的三、四等城市平面控制点(含 GNSS)和一、二级城市平面控制点(含 GNSS)也可直接作为房产首级平面控制点。利用已有控制点成果前应进行检查和分析。在投影面上,相邻控制点的水平间距与原有坐标反算边长的相对误差不超过表 5-3 的规定。

表 5-3　已有相邻控制点间距检查规定

等级	相邻控制点的水平间距与原有坐标反算边长的相对误差小于或等于
二等、C 级	1/120 000
三等、D 级	1/80 000
四等、E 级	1/45 000
一级	1/14 000
二级	1/10 000

注:《地籍调查规程》(TD/T 1001—2012)。

我国各大城市都布设有正规的质量可靠的城市二、三、四等控制网,有的还有一、二级导线。这些成果各项指标如果符合表 5-3 的精度要求都可以利用,也可以在此基础上进行加密。

房产平面控制测量包括二、三、四等基本控制测量和一、二、三级加密控制测量。通常情况下,房产平面控制测量的最低等级控制点是三级或二级平面控制点。

房产平面控制测量的方法主要有导线测量、GNSS 定位测量、三边测量和三角测量。随着测绘仪器设备及测绘技术的越来越现代化,其中三角测量、三边测量正在逐渐退出历史舞台,三角测量和三边测量的方法由于受布网条件、观测、计算等诸多因素的限制,现在已经基本不被用于平面控制测量。目前,二、三、四等基本控制测量普遍采用 GNSS 测量方法,一、二、三级加密控制测量视测区情况采用 GNSS 测量、导线测量或两者相结合。本章主要介绍这两种方法。

请大家通过相关规范翻阅及网络资源查询,完成表 5-4。

表 5-4　房产常用控制测量方法对比

控制测量方法	优点	缺点	适用范围
导线测量			
GNSS 测量			

任务二 导线测量

【任务目标】

1. 理解并掌握导线测量中导线布设的方法。
2. 理解并掌握导线测量中选点、导线观测的方法步骤。
3. 理解并掌握导线测量中导线平差计算的方法。
4. 能熟练利用经纬仪、钢卷尺、全站仪等仪器进行导线的布设和测量。
5. 具有导线测量后期数据处理分析能力。
6. 培养职业标准和规范意识、职业敬畏感。
7. 培养敢于担当奉献的人生理想。
8. 提高严谨细致、规范操作的意识。

【学习过程】

1. 观看短片。
2. 教师讲解。
3. 场地实训。
4. 上机实训。

【学习成果】

1. 三级导线技术方案。
2. 导线点点之记。
3. 控制点点位略图。
4. 导线测量观测手簿。
5. 导线测量成果计算表。
6. 控制点成果表。
7. 导线测量平差报告。

活动一 选点埋石与路线布设

【资源与器材】

课件、测区概况、测区已有控制资料、测区影像图、导线点点之记、导线观测略图、控制点标石、锤子、喷漆等。

河南测绘职业学院象湖校区及周边共有 2 对互相通视的 E 级 GNSS 点,4 个 E 级 GPS 控制点标石,XD01、XD02 在校园内;XD03、XD04 在校园门口两侧,周围无明显干扰源,通视良好。

平面系统:2000 国家大地坐标系,高斯-克吕格投影,中央子午线为 114 度。

高程系统:高程采用 1985 国家高程基准。成果精度及检查如下:

最差基线相对误差:1/ 259 391,XD02—XD03,距离 148.416 m。

最优点点号:XD04、XD01、XD02,点位误差 5.385 2 mm。

最弱点点号:XD03,点位误差 5.831 0 mm。

测区附合水准路线长:17.121 8 km;限差:$20\sqrt{L}=\pm82.8$ mm;闭合差:−3.5 mm。

各组在测区范围按照要求制定三级导线技术方案,完成三级导线点布设、导线点点之记、控制点点位略图并上交成果。

【知识导航】

由于建筑物密集,视野不够开阔,导线测量受观测条件的约束较小,布设和观测比较简单,精度能够保证,设备需要也比较普通,观测速度又很快,所以导线测量在房产控制网测量中运用非常广泛。根据需要,既可以布设房产首级控制网,也可以布设加密网。但由于导线精度的限制,导线测量一般用于低等级的加密,高等级的一般采用 GNSS 定位技术完成。

导线的等级依次为三、四等导线和一、二、三级导线,有关导线测量的技术指标和要求见表 5-5。

表 5-5 各级测距导线的技术指标

导线等级	平均边长/km	导线全长/km	每边测距中误差/mm	测角中误差/(″)	导线全长相对闭合差	水平角观测测回数			方位角闭合差/(″)
						DJ_1	DJ_2	DJ_6	
三等	3.0	15	±18	±1.5	1/60 000	8	12		$\pm3\sqrt{n}$
四等	1.6	10	±18	±2.5	1/40 000	4	6		$\pm5\sqrt{n}$
一级	0.3	3.6	±15	±5.0	1/14 000		2	6	$\pm10\sqrt{n}$
二级	0.2	2.4	±12	±8.0	1/10 000		1	3	$\pm16\sqrt{n}$
三级	0.12	1.5	±12	±12.0	1/6 000		1	2	$\pm24\sqrt{n}$

注:n 为导线转折角的个数。

为了保证房产平面控制网的精度,在利用导线测量方法布设房产平面控制网时,应注意以下问题:

(1)导线应尽量布设成直伸导线,并构成导线网。导线一般沿道路布设,尽量布设成直伸导线,并使边长相差不太大,导线一定要布设成网形,不布或少布单导线,控制测量中不允许布支导线。对导线很邻近的高级点或同级点应尽量进行联测,或测量它们之间的边长,使参加导线平差或作为检核之用。当平差后两点的间距与所量边长超过规定限差(±5 cm)时,应重新处理。

(2)导线网中,结点与结点、结点与高级控制点间的导线长度、导线边数不能超过国家标准《城市测量规范》(CJJ/T 8—2011)规定导线全长边数的 70%。

(3)相邻点间通视良好,便于测角和量距。

(4)点位应选择在土质坚实、便于保存标志和安置仪器的地方。

(5)视野开阔,便于测图。

(6)导线各边的边长应大致相等,相邻边长之比不宜超过 1∶3。

(7)导线点应有足够的密度,分布均匀,便于控制整个测区。

导线点选定后,要在每一点位上打一木桩,并在桩顶钉一小钉,作为临时测量标志。若导线点需保存时间较长,就要埋设标石,在地面或附近明显建(构)筑物上用红漆书写点号,字头向北,画箭头指示点位,并绘出导线选点略图及“点之记”(见图 5-1 和表 5-6)。

控制点点位略图

班级：　　　　组号：　　　　组长：

图 5-1　控制点点位略图

表 5-6　导线点点之记

日期：　　年　　月　　　　　　　　　　　　　　绘图：　　　　　　校对：

<table>
<tr><td rowspan="10">点名及等级</td><td>点名</td><td></td><td rowspan="2">土质</td><td colspan="2" rowspan="2">硬质路面</td></tr>
<tr><td>点号</td><td></td></tr>
<tr><td>等级</td><td></td><td rowspan="2">标石说明</td><td colspan="2" rowspan="2"></td></tr>
<tr><td rowspan="7">通视点列表</td><td></td></tr>
<tr><td></td><td rowspan="2">旧点名</td><td colspan="2" rowspan="2"></td></tr>
<tr><td></td></tr>
<tr><td></td><td rowspan="4">坐标</td><td rowspan="2">平面坐标</td><td rowspan="2">高程</td></tr>
<tr><td></td></tr>
<tr><td></td><td>X：</td><td rowspan="2"></td></tr>
<tr><td></td><td>Y：</td></tr>
<tr><td colspan="2">所在地</td><td colspan="4"></td></tr>
<tr><td colspan="4">选点情况</td><td colspan="2">点位略图</td></tr>
<tr><td>单位</td><td colspan="3"></td><td colspan="2" rowspan="4">北
↑</td></tr>
<tr><td>选点员</td><td></td><td>日期</td><td></td></tr>
<tr><td colspan="2">联测高程等级</td><td colspan="2">四等水准</td></tr>
<tr><td>点位说明</td><td colspan="3">详见点位略图</td></tr>
</table>

活动二　导线测量外业实施

【资源与器材】

全站仪、棱镜、钢卷尺、记录板、记录手簿、铅笔等。

各组按照规范要求，完成导线测量外业观测任务，填写导线测量外业观测记录表并上交成果。

【知识导航】

导线测量工作开始前，应根据任务的要求，制订经济合理的技术方案，编写技术设计说明书。其选点、造标、埋石的具体方法参照《城市测量规范》(CJJ/T 8—2011)。

一、水平角测量

水平角观测使用 DJ_1、DJ_2、DJ_6 三个等级系列的光学经纬仪或电子经纬仪。城市各级导线的水平角测量一般采用方向观测法,三、四等导线一般采用左、右角观测法。安置脚架时,普遍采用三联脚架法。各等级导线测量水平角观测的技术要求应符合表 5-7 的规定,表中 n 为测站数。方向观测法的各项限差规定应符合表 5-8 的规定。

表 5-7　导线测量水平角观测的技术要求

等级	测角中误差/(″)	测回数			方位角闭合差/(″)
		DJ_1	DJ_2	DJ_6	
三等	≤±1.5	8	12		$\leq\pm3\sqrt{n}$
四等	≤±2.5	4	6		$\leq\pm5\sqrt{n}$
一级	≤±5.0		2	4	$\leq\pm10\sqrt{n}$
二级	≤±8.0		1	3	$\leq\pm16\sqrt{n}$
三级	≤±12.0		1	2	$\leq\pm24\sqrt{n}$

注:《城市测量规范》(CJJ/T 8—2011)。

表 5-8　方向观测法的各项限差规定

经纬仪型号	光学测微器两次重合读数差	半测回归零差	一测回内 2C 较差	同一方向值各测回较差
DJ_1	1	6	9	6
DJ_2	3	8	13	9
DJ_6	—	18	—	24

注:《城市测量规范》(CJJ/T 8—2011)。

(一)左、右角观测法

在三、四等导线点上,当只有两个方向时,宜用测回法按左、右角观测,分别观测导线前进方向的左角和右角。在总测回数中,奇数测回和偶数测回应各半。观测右角时仍以左角起始方向为准变换度盘位置(如第一、三测回测左角、第二、四测回测右角)。左角和右角分别取中数得 $\beta_{左}$ 和 $\beta_{右}$ 后,按 $\beta_{左}+\beta_{右}-360°=\Delta C$,计算值 ΔC 值,三等导线不超过±3.0″,四等导线不应超过±5.0″。

(二)方向观测法

三、四等及以下导线观测水平角时,若有两个以上方向(导线网),宜按方向观测法(又称全圆方向法)观测。

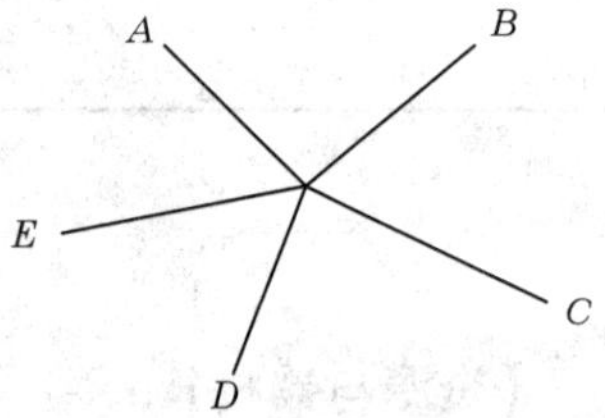

图 5-2　方向观测法

方向观测法如图 5-2 所示,若测站上有 5 个待测方向:A、B、C、D、E,选择其中的一个方向(如 A)作为起始方向(亦称为零方向),在盘左位置,从 A 开始按顺时针方向依次照准 A、B、C、D、E,并读取度盘读数,称为上半测回,然后纵转望远镜,在盘右位置按逆时针方向旋转照准部,从最后一个方向 E 开始,依次照准 E、D、C、B、A 并读数,称为下半测回。上、下半测回合为一测回。

如果在上半测回测完 E 点后继续顺时针旋转照准部,重新照准零方向 A,并读数。同样下半测回也要重复测量 A 点。这样每半测回重新测量零方向的操作叫“归零”。通常把这种归零的方向观测法称为全圆方向法。

方向观测法的各项限差规定应符合表 5-8 的规定。

二、边长测量

各级导线的边长，主要使用相应精度的光电测距仪测定。光电测距仪的等级，按照制造厂家给定的 1 km 的测距中误差 m_0 的绝对值划分为二级：

Ⅰ级：　　$|m_0| \leqslant 5\ \text{mm}$

Ⅱ级：　　$5\ \text{mm} < |m_0| \leqslant 10\ \text{mm}$

（一）光电测距边的选择

光电测距边的选择应符合以下条件：

（1）根据测距边的距离，选择最佳测距的相应测程的测距仪。

（2）测距测线（仪器视线）宜高于地面和离开障碍物 1 m 以上。

（3）测距测线应避免通过发热体（如散热塔、烟囱）的上空及附近。

（4）安置测距仪的测站应避开受电磁场干扰的地方，一般要求离开高压线 5 m 以外。

（5）应避免测距时的视线背景部分有反光物体。

（二）测距时应注意的事项

（1）应在大气条件稳定、通视良好、成像清晰的条件下观测；日出后、日落前 0.5 h 内尽量不观测，阴天有微风天气则可全天观测。

（2）雷雨前后，大雾、大风、雨雪天气及大气透明度很差时，不宜观测。

（3）应有一定的预热时间，只有当电压、各电子部件正常稳定后才能观测。

（4）晴天作业时要打伞，仪器和主要部件避免曝晒。

（5）作业中使用的棱镜宜与鉴定时使用的棱镜一致，在不同的测程范围内，按规定使用棱镜的个数。

（6）严禁在测线中或测线延长线上有另外的反光镜。

（7）观测读数时，对讲机应暂时停止通话。

（三）各等级平面控制网测距的技术要求

各等级平面控制网测距的技术要求可以按照表 5-9 的规定执行。

表 5-9　各等级平面控制网测距的技术要求

控制网等级	测距仪	观测次数		总测回数
		往	返	
二等	Ⅰ级	1	1	6
三等	Ⅰ级	1	1	4
	Ⅱ级			6
四等	Ⅰ级	1	1	2
	Ⅱ级			4
一级	Ⅱ级	1	—	2
二、三级	Ⅱ级	1	—	1

注：《城市测量规范》（CJJ/T 8—2011）。

表 5-9 中一测回是指照准目标一次，一般读数为 4 次。可根据仪器出现的离散程度和大气透明度做适当增减。往返测回数占总测回数的一半。

(四)各级测距仪观测结果的限差

各级测距仪观测结果的限差应符合表 5-10 的规定。表中往返测较差应将斜距换算到同一水平面上方可比较。测距仪观测的野外观测值为斜距,首先应加入气象、加常数、乘常数等各项改正,再换算为平距。

表 5-10　各级光电测距较差的限差

仪器等级	一测回读数较差/mm	单程测回间较差/mm	往返或不同时段的较差
Ⅰ级	5	7	$2(a+bD)$
Ⅱ级	10	15	

注:a、b 为光电测距仪的标称精度指标,a 为固定误差,mm; b 为比例误差;D 为测距边长,m。

等线测量观测手簿见表 5-11。

表 5-11　导线测量观测手簿

观测略图

测站:＿＿＿＿＿　仪器高(m):＿＿＿＿＿　观测者:＿＿＿＿＿　记录者:＿＿＿＿＿

观测日期:＿＿＿年＿＿月＿＿日＿＿时＿＿分　　仪器型号与编号:＿＿＿＿＿＿

水平角观测:

测回	目标点	观测读数 盘左/(°　′　″)	观测读数 盘右/(°　′　″)	半测回方向/(°　′　″)		一测回方向角/(°　′　″)	各测回方向角/(°　′　″)	备注

续表 5-11

竖直角观测：

测回	觇点	观测读数		指标差/(″)	竖直角/(° ′ ″)	觇标高/m	备注
		盘左/(° ′ ″)	盘右/(° ′ ″)				

距离观测：

测站至觇点	斜距读数					平距计算/m	备注
	读数Ⅰ/m	读数Ⅱ/m	读数Ⅲ/m	读数Ⅳ/m	中数/m		

活动三 导线测量平差计算

【资源与器材】

计算器、记录板、导线测量成果计算表、控制点成果表等。

各组按照规范要求，在活动二观测成果的基础上，填写导线测量成果计算表、控制点成果表并上交成果。同时通过上机操作，利用平差软件进行平差并提交成果。

【知识导航】

导线平差计算前，应对外业观测成果进行详细的检核和分析，检查各项限差是否超限，起算数据的使用是否正确，检核无误后方可进行平差计算。

导线及导线网平差应采用通用平差程序或导线网专用平差程序进行平差，四等以下单一导线亦可采用近似平差法。

导线平差计算应进行精度估算。精度估算一般应由平差计算程序完成。估算项目包括平差后的测角中误差、最弱边长中误差、最弱方位角中误差、最弱点相邻点位中误差等。

平差后应对平差的观测角改正数和边长改正数进行分析和验证，其分布形态类似于正态分布。当发现有系统误差的显著表现或发现平差后导线变形过大时，应对观测成果和改正归算进行检核，或对起算数据或网形结构调整后重新进行平差计算。

光电测距导线测量成果计算见表 5-12。

表 5-12　光电测距导线测量成果计算表

班级学号:________　组号:______　姓名:__________　观测日期:________

点号	观测角/(°　′　″)	角度改正数/(″)	改正后角度值/(°　′　″)	坐标方位角/(°　′　″)	距离/m	坐标增量 Δx			坐标增量 Δy			横坐标 x/m	纵坐标 y/m
						计算值/m	改正值/mm	改正后的值/m	计算值/m	改正值/mm	改正后的值/m		
辅助计算	$f_\beta = \sum\beta - (n-2) \times 180^\circ =$　　$f_x = \sum \Delta x =$　　$f_y = \sum \Delta y =$ $f_{\beta允} = \pm 24\sqrt{n} =$　　$f = \sqrt{f_x^2 + f_y^2} =$　　$K = \frac{f}{\sum D} =$　　$K_{允} = \frac{1}{6\,000}$												

注:角度及改正数的计算取位至1″,距离、坐标及相关改正数的计算取位至1 mm。

控制点成果见表 5-13。

表 5-13 控制点成果表

班级： 组号： 组长：

点号	x 坐标/m	y 坐标/m	H 高程/m	备注
控制点点位示意图				

任务三　GNSS 控制测量

【任务目标】

1. 掌握 GNSS 静态相对定位测量的原理。
2. 掌握 GNSS 静态相对定位测量的施测方法。
3. 理解利用 GNSS-RTK 进行控制测量的原理。
4. 掌握利用 GNSS-RTK 进行控制测量施测的方法。
5. 掌握 GNSS 控制测量技术设计、选点布网、外业观测、数据处理等理论知识。
6. 能熟练利用 GNSS 等仪器进行静态相对定位测量的实施。
7. 能熟练利用 GNSS-RTK 方法进行控制测量实施。
8. 培养学生责任意识、认真负责的敬业精神。
9. 强化学生的动手能力,提高团队合作能力,培养工匠精神、沟通交流能力,增强安全意识。

【学习过程】

1. 观看短片。
2. 教师讲解。
3. 场地实训。
4. 上机实训。

【学习成果】

1. GNSS 控制测量技术方案。
2. GNSS 点点之记。
3. GNSS 测量记录手簿。
4. GNSS 控制测量平差报告。

【知识导航】

一、GNSS 静态相对定位测量

GNSS 静态相对定位测量主要应用于四等和四等以上的大地控制测量或一级房产平面控制测量,也可用于房角点和界址点等房产要素的测定。目前,房产测绘中应用的 GNSS 静态相对定位测量作业方式主要有静态相对定位测量和快速静态定位测量。由于城区建筑物密集、树木较多,因此二、三级的房产平面控制测量的主要手段仍然是测距导线。因为导线测量穿街串巷,不受建筑物密集、高楼大厦和树木等影响;设备简单、速度快、效果好、问题也少,为广大房产测绘所常用。但 GNSS 定位技术速度快、效率高、技术先进,在城市中使用也很多。

由于房产控制网的边长都较短,又多是低等级的,所以一般可使用快速静态相对定位的模式。快速静态相对定位模式是利用快速整周模糊度解算法原理所进行的 GNSS 静态相对定位。快速整周模糊度解算是利用短基线上经过短时间(≤20 min)的 GNSS 定位同步观测数据和已知的整周模糊度约束条件,诸如已知初始的整周模糊度、精确的伪距观测值、基线向量解算协方差阵等快速确定整周模糊度的方法。

国家标准《房产测量规范 第 1 单元:房产测量规定》(GB/T 17986.1—2000)中有关

GNSS 静态相对定位测量主要立足于 GNSS 快速静态相对定位技术而设计,其有关技术指标和技术要求也是针对 GNSS 快速静态相对定位技术而定的。

在应用 GNSS 快速静态相对定位技术时需注意以下各点:

(1)要求 GNSS 点布设在没有障碍物阻挡信号的位置,以及不应有大面积水域或电磁波反射或吸收强烈的物体。GNSS 点还应远离大功率的无线电发射台、微波站和高压输电线,接收机天线与其距离不得小于 200 m。

(2)在寻常标下观测时,应当适当延长观测时间,在复合标或双锥标的观测台上观测时,应将可能阻挡或影响信号接收的部分卸下,不允许在复合标或双锥标下观测。

(3)注意准确量取天线高。由于当前 GNSS 接收机天线类型的多样化,各种类型接收机天线高量取部位各不相同,因此作业前应熟悉和掌握 GNSS 所使用接收机的使用说明,按照说明量取。

(4)采集高质量的载波相位观测值是解决周跳问题的根本途径。适当地增加其采集密度,也是诊断和修复周跳的措施。因此,必要时也可将数据采样间隔缩短至 10 s。当接收机有较高的内部采样率且有较强的周跳处理功能时,可将数据采样间隔放宽。

(5)快速静态相对定位法的优点在于观测速度快,工效高;流动站之间移动时,不必保持对所测卫星的连续跟踪。但由于快速静态相对定位方法对直接观测基线一般不构成闭合图形,其可靠性缺乏更有效的检核条件,所以只能在二等控制点以下使用。

不论 GNSS 相对定位测量采用何种定位模式或数据处理方法,也不论转换到哪个坐标系统,GNSS 相对定位测量提供给房产测绘实际使用的成果,必须符合国家标准《房产测量规范 第 1 单元:房产测量规定》(GB/T 17986.1—2000)的基本要求,即末级相邻的房产平面控制点间的相对点位中误差不超过±0.025 m。

GNSS 网应尽量布设成几何图形、三角形或导线网形,或构成其他独立检核条件可以检核的图形。对不能参与独立条件检核的边,应有一定比例的边进行二次设站重复再限测一个时段,或以光电测距仪对一定比例的边进行实测抽检,以更有效地保证 GNSS 定位测量成果的质量。

二、GNSS 静态相对定位测量实施

用 GNSS 卫星定位技术建立的测量控制网称为 GNSS 控制网。GNSS 控制网的建立与常规测量相类似,在实际工作中也可划分为方案设计、外业实施及内业数据处理 3 个阶段。本节主要介绍 GNSS 测量的技术设计、外业实施各阶段工作以及内业数据处理。

(一)GNSS 定位的基本观测量

由卫星定位的几何原理可知,若同时观测三颗卫星至测站的距离,便可交会出地面点的位置。所以,GNSS 观测就是通过 GNSS 信号测定卫星至测站的距离。GNSS 卫星信号含有多种定位信息,根据不同的要求可以从中获得不同的观测量,主要有:

(1)根据码观测得出的伪距。

(2)根据载波相位观测得出的伪距。

(3)由积分多普勒计数得出的伪距差。

(4)由干涉法测量得出的时间延迟。

其中,最广泛采用的基本观测量是码观测量和载波相位观测量。

(二)GNSS 定位的误差影响

GNSS 定位中出现的各种误差,按误差性质分为系统误差和偶然误差,其中系统误差无论从误差的大小还是定位结果的危害性都比偶然误差大得多,因此系统误差是 GNSS 定位中的主要误差来源。GNSS 定位中出现的各种误差大体上可分为:

(1)与卫星有关的误差,如卫星星历误差、卫星钟的钟误差、相对论效应等。

(2)与信号传播有关的误差,如电离层折射、对流层折射、多路径误差。

(3)与接收机有关的误差,如接收机的钟差、接收机的位置误差。

对于这些误差影响的消除措施,一是加以改正,建立合适的改正模型;二是利用其相关性,在观测值中间求差,削弱其影响;三是选择较好的硬件(如好的天线)和较好的观测条件。

(三)GNSS 定位测量设计

1. 影响 GNSS 测量技术设计的因素

GNSS 外业涉及面很广,因而外业阶段的技术设计是一个复杂的技术管理问题,经综合大致有以下一些因素应加以考虑:

(1)同测站有关的因素:网点密度,布网方案,时段分配、重复设站和重合点的设计。

(2)同观测卫星有关的因素:观测卫星数、卫星信号质量、图形强度因子、卫星高度角、星历来源。

(3)同仪器有关的因素:接收机,用于精密相对定位时至少为两台;天线,若天线设计质量和稳定性欠佳,会带来一系列的误差;记录设备,可以是盒式数据磁带或软磁盘。

(4)后勤方面的因素:动用接收机台数及其来源和使用期间;测区内各时段,机组的调度;其他外业装备,主要是效能工具和通信设备。

2. 布网方案

1)GNSS 网精度等级

各级 GNSS 网的定位精度,可按相邻间基线向量的中误差来衡量:

$$m_0 = \pm\sqrt{a^2 + (bD)^2} \tag{5-2}$$

式中 m_0——基线向量中误差;

a——固定误差;

b——比例误差系数;

D——相邻间距离。

GNSS 网按相邻点的平均距离和精度可划分为五个等级,见表 5-14。

表 5-14 GNSS 网的主要技术指标

等级	平均边长/km	a/mm	$b(1\times10^{-6})$	最弱边相对中误差
CORS	40	≤2	≤1	≤1/800 000
二等	9	≤5	≤2	≤1/120 000
三等	5	≤5	≤2	≤1/80 000
四等	2	≤10	≤5	≤1/45 000
一级	1	≤10	≤5	≤1/20 000
二级	<1	≤10	≤5	≤1/10 000

注:a 为固定误差,b 为比例误差系数。当边长小于 200 m 时,边长中误差应小于 20 mm,《卫星定位城市测量技术标准》(CJJ/T 73—2019)。

在实际工作中,应根据测区大小和 GNSS 网的用途来设计网的等级和精度标准。在具体布设中,可以分级布设,也可以越级布设,或布设同级全面网。

2) GNSS 网的图形布设

GNSS 网的图形布设通常有点连式、边连式、混连式三种基本方式。在此基础上可布设经典控制测量图形。具体布设主要取决于项目所要求的精度、野外条件及 GNSS 接收机台数等因素。

点连式[见图 5-3(a)]是指相邻同步图形之间仅有一个公共点的连接,在公共点上设站二次,其余点只设站一次,其工作量最小,但几何强度弱,无复测基线检核。

边连式[见图 5-3(b)]是指同步图形之间由一条公共基线连接,其工作量最大,检核条件亦最多,几何强度和可靠性均优于点连式。

混连式[见图 5-3(c)]是指把点连式与边连式有机地结合起来,组成 GNSS 网,既能保证网的几何强度,提高网的可靠性,又能减少外业工作量,降低成本,是一种较为理想的布网方法。

在 GNSS 网中,将同一时段内观测的基线边所构成的闭合图形称为同步环(图 5-3 中无填充的闭合图形);反之,构成闭合图形的基线边不全在同一时段内测得,称为异步环(图 5-3 中填有斜线的闭合图形)。将几个时段都被观测的基线,称为复测基线。公共基线都是复测基线。通过计算闭合环的闭合差和复测基线的较差,可以检核观测成果的质量。

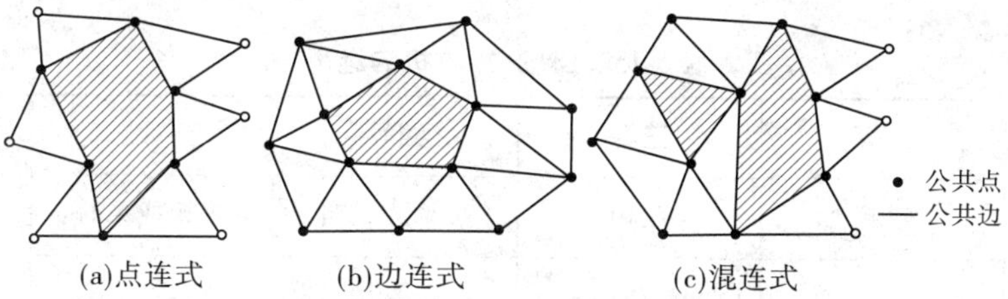

图 5-3 GNSS 网图形布设

一般通过点连式或边连式将 GNSS 控制点联结成三角形网、环形网、附合线路网及星形网等图形(见图 5-4)。三角形网和环形网及其混合网是大地测量和精密工程测量普遍采用的图形。当在 GNSS 高级网中需进一步加密控制点时,可采用附合线路。星形网在观测中通常只需要两台 GNSS 接收机,作业简单。因此,在快速静态定位和准动态定位等快速作业模式中,大都采用这种网形,它被广泛地应用于工程放样、边界测量、地籍测量和碎部测量等。

在实际布网设计时还要注意以下几个原则:

(1) GNSS 点应有一个以上通视方向,以便日后用常规方法联测或加密。

(2) GNSS 点尽量与原有的地面控制网点联测,联测点应尽量均匀分布在整个测区的里面和外围。联测点数应多于 3 个,以便可靠地确定 GNSS 网与地面网之间的转换参数。

(3) GNSS 网必须由非同步独立观测边构成若干个闭合环或附合路线,在完成各边的平差后,可检验闭合差是否满足相应等级要求。一等以上 GNSS 网中至少包含三个闭合环且彼此线性无关,二、三、四等也应有两个以上的闭合环,五等网也至少有一个闭合环。

(4) GNSS 点间距离应按规范要求设计,可考虑灵活变动,以便于低等级控制点加密。

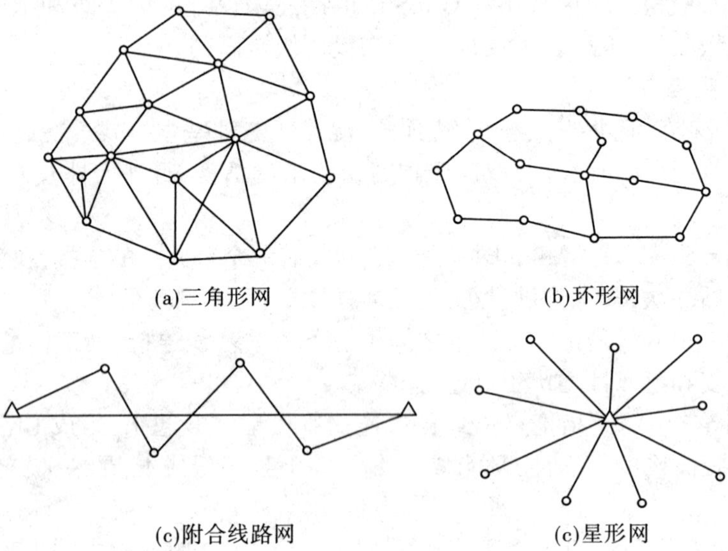

图 5-4　GNSS 网图形

3. GNSS 接收机的选择

对于不同的 GNSS 网的类级和控制等级,精度要求不一。选用接收机的基本要求见表 5-15。

表 5-15　GNSS 接收机的选用

等级	二等	三等	四等	一级	二级
接收机类型	双频	双频	双频或单频	双频或单频	双频或单频
标称精度	≤(5 mm+2×$10^{-6}D$)	≤(5 mm+2×$10^{-6}D$)	≤(10 mm+2×$10^{-6}D$)	≤(10 mm+5×$10^{-6}D$)	≤(10 mm+5×$10^{-6}D$)
观测量	载波相位	载波相位	载波相位	载波相位	载波相位
同步观测接收机数	≥4	≥4	≥3	≥3	≥3

注:《卫星定位城市测量技术标准》(CJJ/T 73—2019)。

4. GNSS 房产平面控制网的布设

房产平面控制网为满足房产测绘控制的需要而布设,一般在国家或城市一、二、三、四等控制网下加密一、二、三级房产控制点。当测区内没有高级控制网或原有控制网不符合规范规定的相应等级的精度要求时,则另行布设相应等级的全面网或对原有的老网进行全面改造。目前,GNSS 测量能满足各等级房产平面控制网的精度要求,故完全可以应用 GNSS 技术进行房产控制测量。各等级 GNSS 观测技术要求应符合表 5-16 的规定。

表 5-16 GNSS 测量各等级作业的基本技术要求

项目	观测方法	等级				
		二等	三等	四等	一级	二级
卫星高度角/(°)	静态	≥15	≥15	≥15	≥15	≥15
	快速静态					
有效观测同类卫星数	静态	≥4	≥4	≥4	≥4	≥4
	快速静态	—	≥5	≥5	≥5	≥5
平均重复设站数	静态	≥2	≥2	≥2	≥1.6	≥1.6
	快速静态	—	≥2	≥2	≥1.6	≥1.6
时段长度/min	静态	≥90	≥60	≥60	≥45	≥45
	快速静态	—	≥20	≥20	≥15	≥15
数据采样间隔/s	静态	10~60	10~60	10~60	10~60	10~60
	快速静态					

注:《卫星定位城市测量技术标准》(CJJ/T 73—2019)。

在原有控制网基础上加密的 GNSS 网,可采用闭合环或附合路线,并尽量和本区域的高等级控制点重合,以便较好地把新网同老网匹配好,避免控制点误差的传递。线路中包含的基线边数量应符合表 5-17 的规定。对于全面布设的 GNSS 网,宜采用三角形网、环形网或它们的混合网,以保证网的精度和可靠性,并考虑联测一定数量的常规大地测量控制点,使 GNSS 定位成果能转换到国家或地方坐标系中。此外,在 GNSS 测量选点发生困难的地方,可考虑用 GNSS 和经典大地测量组成混合网。房产要素和碎部测量普遍应用星形布网,既能满足精度要求,又能保证作业效率。

表 5-17 闭合环或附合路线的边数的规定

等级	二等	三等	四等	一级	二级
边数	≤6	≤8	≤10	≤10	≤10

注:《卫星定位城市测量技术标准》(CJJ/T 73—2019)。

在表 5-16 中,除二等网需采用静态相对定位外,其他各等级网均可采用快速定位法。目前,在 GNSS 接收系统硬件和软件的支持下,较为普遍采用的快速定位作业模式主要有快速静态相对定位、准动态相对定位、动态相对定位和 GNSS 实时动态测量等。实际工作中,可根据作业特点和要求以及设备条件来选用。

三、GNSS-RTK 控制测量

GNSS 作为一种新兴的高精度的定位工具,随着我国房产测绘工作的全面开展,已普遍用于建立房产平面控制网,也用于测定不动产界址点、房角点和某些房产要素的位置。GNSS 在房产测绘方面的应用与一般 GNSS 控制网测量在主要技术上没有什么不同,都是采用载波相位测量相对定位,但两者又各有其特点。GNSS 控制网的主要特点是边长较长、定位精度要求高,其主要目标是精度。因此,GNSS 网必须采用闭合图形构成连续网;在每一个观测站要观测几个时段,每个时段要观测较长时间(1~2 h),以便获取较多的多余观测,改善观测卫星的几何结构,提高解算整周模糊度和定位结果的精度。而一般房产测绘,其边长较短,定位精度要求不很高,效率往往成为主要问题。另外,房产测绘上的 GNSS 点一般在城市高级点控制下布测,其布测图形较灵活,定位方法广泛采用快速定位法。

(一)常规 GNSS-RTK 控制测量

GNSS-RTK 实时动态测量技术是集计算机技术、数字通信技术、无线电技术和 GNSS 测量技术为一体的组合系统,它是以载波相位测量为依据的实时差分测量技术。

常规 GNSS-RTK 点测量操作主要包含以下几个任务:RTK 测量系统的组成、测前资料的收集、基准站与流动站的设置启动、新建项目、坐标转换与高程拟合、RTK 控制测量。

1. RTK 控制测量等级划分与布设原则

RTK 平面控制点按精度划分等级为一级控制点、二级控制点、三级控制点。RTK 高程控制点按精度划分等级为五等高程点。

平面控制点可以逐级布设、越级布设或一次性全面布设,每个控制点宜保证有一个以上的等级点与之通视。

2. RTK 控制测量技术要求及规定

RTK 控制测量技术要求及规定如下:

(1)有条件采用网络 RTK 测量的地区,宜优先采用网络 RTK 技术测量。

(2)经、纬度记录精确至 0.000 01″,平面坐标和高程记录精确至 0.001 m。天线高量取精确至 0.001 m。

(3)RTK 测量卫星的状态应符合表 5-18 的规定。

表 5-18　RTK 测量卫星的状态

观测窗口状态	截止高度角 15°以上的卫星个数	PDOP 值
良好	≥6	<6
勉强可用	5	≤8
不可用	<5	>8

注:《卫星定位城市测量技术标准》(CJJ/T 73—2019)。

(4)RTK 平面控制点测量主要技术要求应符合表 5-19 的规定。

表 5-19　RTK 平面控制点测量主要技术要求

等级	相邻点间平均边长/m	点位中误差/cm	边长相对中误差	与基准站的距离/km	观测次数	起算点等级
二级	≥300	不超过±5	≤1/10 000	≤5	≥3	四等及以上
三级	≥200	不超过±5	≤1/6 000	≤5	≥3	二级及以上

注:1. 网络 RTK 测量可不受起算点等级、流动站到单基准站间距离的限制。

2. 困难地区相邻点间距离缩短至表中的 2/3,边长限差应不大于 2 cm。

3.《卫星定位城市测量技术标准》(CJJ/T 73—2019)。

(5)RTK 高程控制点测量主要技术要求应符合表 5-20 的规定。

表 5-20　RTK 高程控制点测量主要技术要求

等级	平原			山区		
	高程异常模型内符合中误差	高程测量中误差	限差	高程异常模型内符合中误差	高程测量中误差	限差
四等	不超过±1.0	不超过±2.0	不超过±4.0	不超过±1.5	不超过±3.0	不超过±6.0
图根	不超过±3.0	不超过±5.0	不超过±10.0	不超过±4.5	不超过±7.5	不超过±15.0
碎部	不超过±5.0	不超过±7.5	不超过±15.0	不超过±7.5	不超过±11.5	不超过±23.0

注:《卫星定位城市测量技术标准》(CJJ/T 73—2019)。

GNSS 高程测量按精度等级划分为四等、图根和碎部。四等 GNSS 高程测量最弱点的高程中误差(相对于起算点)不得超过±2 cm。

3. 测区坐标系统转换参数的获取

测区坐标系统转换参数获取基本规定如下:

(1)在获取测区坐标系统转换参数时,可以直接利用已知的参数。

(2)在没有已知转换参数时,可以自己求解。

(3)2000 国家大地坐标系与参心坐标系(如 1980 西安坐标系或地方独立坐标系)转换参数的求解,应采用不少于 3 点的高等级起算点两套坐标系成果,所选起算点应分布均匀,且能控制整个测区。

(4)转换时应根据测区范围及具体情况,对起算点进行可靠性检验,采用合理的数学模型,进行多种点组合方式分别计算和优选。

(5)RTK 控制点测量转换参数的求解,不能采用现场点校正的方法进行。

4. RTK 控制测量基准站技术要求

RTK 控制测量基准站技术要求如下:

RTK 控制测量基准站、流动站技术要求

(1)采用网络 RTK 时,基准站网点的设立要求按《全球导航卫星系统连续运行基准站网技术规范》(GB/T 28588—2012)的要求。

(2)自设基准站如需长期和经常使用,宜埋设有强制对中的观测墩。

(3)自设基准站应选择在高一级控制点上。

(4)用电台进行数据传输时,基准站宜选择在测区相对较高的位置。

(5)用移动通信进行数据传输时,基准站必须选择在测区有移动通信接收信号的位置。

(6)选择无线电台通信方法时,应按约定的工作频率进行数据链设置,以避免串频。

(7)应正确设置随机软件中对应的仪器类型、电台类型、电台频率、天线类型、数据端口、蓝牙端口等。

(8)应正确设置基准站坐标、数据单位、尺度因子、投影参数和接收机天线高等参数。

5. RTK 平面控制点测量流动站技术要求

平面控制点测量流动站技术要求如下：

(1)网络 RTK 测量的流动站获得系统服务的授权。

(2)网络 RTK 测量流动站应在有效服务区域内进行，并实现与服务控制中心的数据通信。

(3)用数据采集器设置流动站的坐标系统转换参数，设置与基准站的通信。

(4)RTK 的流动站不宜在隐蔽地带、成片水域和强电磁波干扰源附近观测。

(5)观测开始前应对仪器进行初始化，并得到固定解。当长时间不能获得固定解时，宜断开通信链路，再次进行初始化操作。

(6)每次观测之前流动站应重新初始化。

(7)作业过程中，如出现卫星信号失锁，应重新初始化，并经重合点测量检测合格后，方能继续作业。

(8)每次作业开始前或重新架设基准站后，均应进行至少一个同等级或高等级已知点的检核，平面坐标较差不应大于 7 cm。

(9)RTK 平面控制点测量平面坐标转换残差不应超过±2 cm。

(10)数据采集器设置控制点的单次观测的平面收敛精度不应大于 2 cm。

(11)RTK 平面控制点测量流动站观测时应采用三角架对中、整平，每次观测历元数应不小于 20 个，采样间隔为 2~5 s，各次测量的平面坐标较差应不大于 4 cm。

(12)应取各次测量的平均坐标中数作为最终结果。

(13)进行后处理动态测量时，流动站应先在静止状态下观测 10~15 min 获得固定解，然后在不丢失初始化状态的前提下进行动态测量。

6. RTK 高程控制点测量流动站技术要求及规定

高程控制点测量流动站技术要求如下：

(1)RTK 高程控制点测量流动站的技术要求，按照 RTK 平面控制点测量流动站技术要求中 1 款至 8 款执行。

(2)RTK 高程控制点测量高程异常拟合残差不应大于 3 cm。

(3)RTK 高程控制点测量设置高程收敛精度应不超过±3 cm。

(4)RTK 高程控制点测量流动站观测时应采用三角架对中、整平，每次观测历元数应不少于 20 个，采样间隔为 2~5 s，各次测量的大地高较差应不大于 4 cm。

(5)应取各次测量的大地高中数作为最终结果。

(6)流动站的高程异常可以采用数学拟合方法、似大地水准面精化模型内插等方法获取，拟合模型及似大地水准面模型的精度根据实际生产需要确定。

7. 成果数据处理与检查

RTK 控制点测量质量控制与检查要求如下：

(1)RTK 控制测量外业采集的数据应及时进行备份和内外业检查。

(2)RTK 控制测量外业观测记录采用仪器自带内存卡或测量手簿，记录项目及成果输出包括下列内容：

①转换参考点的点名(号)、残差、转换参数；

②基准站点名(号)、天线高、观测时间;

③流动站点名(号)、天线高、观测时间;

④基准站发送给流动站的基准站地心坐标、地心坐标的增量;

⑤流动站的平面、高程收敛精度;

⑥流动站的地心坐标、平面和高程成果;

⑦测区转换参考点、观测点网图。

在进行网络 RTK 时,①~④项可根据项目要求部分提供。

(3)用 RTK 技术施测的控制点成果应进行 100%的内业检查和不少于总点数 10%的外业检测,平面控制点外业检测可采用相应等级的卫星定位静态(快速静态)技术测定坐标,全站仪测量边长和角度等方法,高程控制点外业检测可采用相应等级的三角高程、几何水准测量等方法,检测点应均匀分布测区。

对应成果的检测结果应满足表 5-21 和表 5-22 的要求。

表 5-21　平面控制测量成果检测要求

等级	边长校核		角度校核		坐标校核
	测距中误差/mm	边长较差的相对误差	测角中误差/(″)	角度较差限差/(″)	坐标较差中误差/cm
二级	不超过±15	≤1/7 000	不超过±8	20	不超过±5
三级	不超过±15	≤1/5 000	不超过±12	30	不超过±5

注:《卫星定位城市测量技术标准》(CJJ/T 73—2019)。

表 5-22　高程控制测量成果检测要求

等级	四等	图根			碎部	
方法	四等及以上水准	图根水准	图根 RTK	三角高程	三角高程	碎部 RTK
检测较差	不超过$\pm30\sqrt{L}$	不超过$\pm60\sqrt{L}$	100	$0.4S$	不超过±150	

注:1. L 为水准检测线路长度,以 km 为单位。小于 0.5 km 的按 0.5 km 计。
2. S 为三角高程边长,以 m 为单位。
3. 在山区上述限差可放宽 1.5 倍。
4. 在山区可采用四等电磁波测距三角高程检测。
5.《卫星定位城市测量技术标准》(CJJ/T 73—2019)。

(二)基于 CORS 系统的网络 RTK 技术

GNSS-RTK 技术一般可分为常规 GNSS-RTK 测量技术和网络 RTK 测量技术。网络 RTK 测量突破了常规 GNSS-RTK 的作业距离与作业模式,具有作业距离更长、覆盖范围更广、精度和可靠性更高、应用范围更广、效率更高、操作更方便等特点,是目前 GNSS 作业测量的主要手段。

连续运行卫星定位服务系统(continuous operational reference system,简称 CORS 系统)是 GNSS 测量技术发展的热点之一。网络 RTK 是 CORS 系统产生的主要原因和最主要的应用之一,其重要的目的之一就是进行网络 RTK 测量作业。该技术的出现,得益于现代高科技的发展，它是集 Internet 技术、无线通信技术、计算机网络管理和 GNSS 定位技术于一身的系统。

在不动产测绘的过程中需要进行控制测量工作，CORS 的应用极大地方便了不动产控制测量。当然，不动产控制测量的精度要求较高，末级平面控制网相邻控制点的相对点位中误差不超过±0.025 m，最大误差不超过±0.05 m。在 CORS 环境下，以 CORS 基准站为起算点进行测量，该方法省去了寻找控制点、验证起算点精度的要求，无须在起算点架设仪器，节省了工作时间，减轻了劳动强度，提高了工作效率，同时，由于相邻控制点一般同步观测，相对精度较高，完全可以满足不动产测绘平面控制点的精度要求。

1. CORS 系统概述

CORS 系统是现代 GNSS 发展的热点之一，CORS 系统将网络化概念引入到大地测量应用中，该系统的建立不仅为测绘行业带来深刻变革，而且将为现代网络社会中的空间信息服务带来新的思维和模式。

连续运行参考站系统可以定义为一个或若干个固定的、连续运行的 GNSS 参考站，利用现代计算机、数据通信和互联网技术组成的网络，实时地向不同类型、不同需求、不同层次的用户自动地提供经过检验的不同类型的 GNSS 观测值（载波相位、伪距），各种改正数、状态信息，以及其他相关的 GNSS 服务项目的系统。

CORS 系统按基站数量主要分成以下几类。

1）单基站 CORS

单基站 CORS 是单参考站模式，采用常规 RTK 技术，由每一个参考站服务于一定作用半径内所有的 GNSS 用户。就是只有一个连续运行站，类似于一加一的 RTK。

2）多基站 CORS

多基站 CORS 分布在一定区域内的多台连续运行的基站，每一个基站都是一个单基站系统，由控制软件自动计算流动站与基站间的距离，将距离近的基站差分数据发送给流动站。

3）网络 CORS

用多个基准站构成一个基准站网，通过各基准站的相关数据计算出改正数，对流动站的观测值进行改正。网络 CORS 的精度覆盖范围为网内及网外 30 km，且精度分布均匀。

CORS 系统按应用技术可以分为虚拟参考站（VRS）、区域改正参数（FKP）、主辅站技术（MAX/MAC 技术）、FKP 技术、综合内插技术（CBI）、联合单站 RTK 技术等。

2. CORS 应用系统

CORS 应用系统彻底改变了传统 RTK 测量作业方式，其主要优势体现在：

（1）改进了初始化时间、扩大了有效工作的范围。

（2）采用连续基站，用户随时可以观测，使用方便，提高了工作效率。

（3）拥有完善的数据监控系统，可以有效地消除系统误差和周跳，增强差分作业的可靠性。

（4）用户不需架设参考站，真正实现单机作业，减少了费用。

（5）使用固定可靠的数据链通信方式，减少了噪声干扰。

（6）提供远程 Internet 服务，实现了数据的共享。

（7）扩大了 GNSS 在动态领域的应用范围，更有利于车辆、飞机和船舶的精密导航。

(8)为建设数字化城市提供了新的契机。

CORS 系统不仅是一个动态的、连续的定位框架基准,同时也是快速、高精度获取空间数据和地理特征的重要的城市基础设施,CORS 向大量用户同时提供高精度、高可靠性、实时的定位信息,并实现不动产测绘数据的完整统一,在不动产要素测量、不动产控制测量中有广泛的应用。

3. 网络 RTK 的特点

网络 RTK 技术就是利用 CORS 各个参考站的观测信息,以 CORS 网络体系结构为基础,建立精确的差分信息解算模型,解算出高精度的差分数据,然后通过无线通信数据链路将各种差分改正数发送给用户。网络 RTK 技术集 Internet 技术、无线通信技术、计算机网络管理技术和 GNSS 定位技术于一体,是 CORS 网络服务系统的核心支持技术和解决方案。

网络 RTK 的特点

与传统 RTK 技术相比,网络 RTK 技术优势主要表现如下:

(1)服务范围大。虚拟参考站技术的诞生,打破了传统的 RTK 测量中基准站与流动站之间的距离的限制。传统的 RTK 基准站与流动站之间的距离一般不大于 15 km,而网络 RTK 技术基准站与流动站之间的距离可达 50~70 km,且具有很高的精度。与传统 RTK 相比,网络 RTK 差分服务范围提高了 100%以上。

(2)网络 RTK 成本低。传统的 RTK 由于基线长度的限制,为保证精度,不得不多次架设基准站;而网络 RTK 技术不需要架设基准站,同样大小的测区,网络 RTK 成本远远小于传统的 RTK 测量。

(3)网络 RTK 技术作业精度高。传统的 RTK 由于多次架设基准站,基准站误差累积。而网络 RTK 不需要架设基准站,虚拟基准站总是在流动站几米或者几十米的附近,避免了误差的累积,整个测区误差均匀。

单点定位常规 RTK 采用单点差分解算,且解算模型与用户位置和状态无关,差分信息为通用差分信息,解算精度低;网络 RTK 解算是采用 3 个以上的基准站数据和坐标基准数据,并且结合了用户位置和环境情况进行差分解算,极大地提高了差分解算精度。

(4)网络 RTK 系统可靠性高。网络 RTK 系统的可靠性是由整个网络来维护的,当某个基准站出现问题时,系统很容易检测出。而传统的 RTK 的可靠性是靠单个基准站来维护的,当这个基准站出现问题时,则无法检测出,这样使得所测的结果存在严重的误差。与传统常规 RTK 相比,网络 RTK 系统的可靠性很高。

(5)网络 RTK 应用更为广泛。网络 RTK 现在已广泛应用于控制测量、不动产测绘、工程测量、车辆导航等各个领域。

活动一　GNSS 测量外业工作

【资源与器材】

课件、测区概况、测区已有控制资料、测区影像图、GNSS 点之记、GNSS 外业记录、控制点标石、锤子、喷漆、GNSS 接收机等。

本活动对河南测绘职业学院象湖校区进行 GNSS 二级房产平面控制测量,根据任务二提供的已知数据,参考规范,编制 GNSS 控制测量技术方案并上交;GNSS 选点和建立标志,可与任务一导线点有部分重合,便于后期精度对比,完成 GNSS 点之记编写并上交成果;按照观测方案进行外业观测,设置仪器设备,记录 GNSS 测量手簿,数据传输并提交各项成果。

【知识导航】

GNSS 测量的外业工作包括 GNSS 选点和建立标志、外业观测及观测成果的检核等。

一、GNSS 选点和建立标志

由于 GNSS 观测站之间不要求通视,所以选点工作较常规测量简便得多。在选点工作开始前,除收集和了解有关测区的地理情况和原有测量控制点分布及完好状况,确定适宜的点位外,选点工作还应遵守以下原则:

(1)点位周围应便于安置天线和 GNSS 接收机。视野开阔,视场内周围障碍物的高度角一般应小于 15°。

(2)点位应远离大功率无线电发射源(如电视台、微波站等),其距离不小于 200 m;远离高压输电线,其距离不得小于 50 m。以避免电磁场对 GNSS 信号的干扰。

(3)点位附近不应有大面积水域或强烈干扰卫星信号接收的物体,以减弱多路径效应的影响。

(4)地面基础稳定,易于点的保存。

(5)网形应有利于同步观测边、点联结。

选定点位后,应按要求埋置标石,以便保存,并绘制点之记、测站环视图和 GNSS 网选点图,编写选点技术总结等(见表 5-23)。

表 5-23　GNSS 点点之记

网区:　　　　　　　　　　所在图幅:　　　　　　　　　　点名:

<table>
<tr><td>点名</td><td></td><td>级别</td><td></td><td colspan="2">概略位置</td><td colspan="3"></td></tr>
<tr><td>所在地</td><td colspan="3"></td><td colspan="2">最近住所及距离</td><td colspan="3"></td></tr>
<tr><td>地类</td><td></td><td>土质</td><td></td><td colspan="2">冻土深度</td><td></td><td>解冻深度</td><td></td></tr>
<tr><td colspan="2">最近电信设施</td><td colspan="2"></td><td colspan="2">供电情况</td><td colspan="3"></td></tr>
<tr><td colspan="2">最近水源及距离</td><td colspan="2"></td><td colspan="2">石子来源</td><td></td><td>沙子来源</td><td></td></tr>
<tr><td colspan="2">本点交通情况(至本点通路与最近车站、码头名称及距离)</td><td colspan="3"></td><td>交通路线图</td><td colspan="3"></td></tr>
</table>

<table>
<tr><td colspan="4">选点情况</td><td>点位略图</td></tr>
<tr><td>单位</td><td colspan="3"></td><td rowspan="5"></td></tr>
<tr><td>选点员</td><td></td><td>日期</td><td></td></tr>
<tr><td colspan="2">是否需联测坐标与高程</td><td colspan="2"></td></tr>
<tr><td colspan="2">联测等级与方法</td><td colspan="2"></td></tr>
<tr><td colspan="2">起始水准点及距离</td><td colspan="2"></td></tr>
</table>

续表 5-23

<table>
<tr><td colspan="4">地质概要、构造背景</td><td colspan="2">地形地质构造略图</td></tr>
<tr><td colspan="4"></td><td colspan="2"></td></tr>
<tr><td colspan="4">埋石情况</td><td>标石断面图</td><td>接收天线计划位置</td></tr>
<tr><td>单位</td><td colspan="3"></td><td rowspan="6"></td><td rowspan="6"></td></tr>
<tr><td>埋石员</td><td></td><td>日期</td><td></td></tr>
<tr><td colspan="2">利用旧点及情况</td><td colspan="2"></td></tr>
<tr><td colspan="2">保管人</td><td colspan="2"></td></tr>
<tr><td colspan="2">保管人单位及职务</td><td colspan="2"></td></tr>
<tr><td colspan="2">保管人住址</td><td colspan="2"></td></tr>
<tr><td colspan="2">备注</td><td colspan="4"></td></tr>
</table>

注:《全球定位系统(GPS)测量规范》)(GB/T 18314—2009)。

二、外业观测

GNSS 数据采集就是通常所说的野外测量作业工作。GNSS 野外作业一般分为以下几个步骤。

(一)准备工作

(1)选用合适的 GNSS 信号接收机。

(2)GNSS 定位网的技术设计。

(3)观测计划的拟订。

(4)选择 GNSS 作业模式。

(5)选择合适的站址。

(二)天线安置与量测天线高

天线的相位中心是 GNSS 测量的基准点,天线的妥善安置是实现精密定位的条件之一。天线安置包括对中、整平、定向,对中、整平同常规测量仪器一致,定向是使天线顶面的定向标志指向正北,并顾及当地磁偏角影响。定向的误差一般应不超过±(3°~5°)。

所谓天线高,是指天线的相位中心至观测点标志中心顶端的垂直距离。一般分为上、下两段,上段是从相位中心至天线底面的距离,其数值由厂家给出,并作为常数;下段是从天线底面至标志中心顶端的距离,由用户测定。天线高的量测值应为上、下两段距离之和。在各观测时段前后,要各量天线高一次,两次之差不应超过 3 mm,并取其平均值。

正确安置天线是实现精密定位的重要条件之一,其安置工作应符合下列要求:

(1)一般情况下,天线尽量利用脚架安置在标志中心的垂线方向上,直接对中。在特殊情况下,偏心观测时,归心元素应以解析法精确测定。

(2)需在觇标的基板上安置天线时,应先卸去觇标顶部,以防止对信号产生干扰,并将标石中心投影到基板上,作为安置天线的依据。

(3)GNSS 点上建有寻常标时,应在安置天线前,先放倒觇标或采取其他措施,防止干扰卫星信号。

(4)天线定向标志线应指向正北,顾及当地磁偏角影响后,定向误差不应超过±5°,以减弱相位中心偏差的影响。

(5)天线底板上的圆水准器气泡必须居中。

(6)雷雨天气安置天线时,应注意将其底盘接地,雷雨过境时应暂停观测,并卸下天线,防止雷击。

(三)开机观测

观测作业的主要任务,是捕获 GNSS 卫星信号并对其进行跟踪、接收和处理,以获取所需要的定位信息和观测数据。

天线安置完成后,在离开天线适当位置的地面上安放 GNSS 接收机,接通接收机与电源、天线、控制器的连接电缆,并经过预热和静置,即可启动接收机进行观测。

接收机锁定卫星并开始记录数据后,观测员可按照仪器随机提供的操作手册进行输入和查询操作。在观测过程中,接收机不得关闭并重新启动,并禁止更改任何设置参数。每一观测时段中,气象资料一般应在时段始末及中间各观测记录一次。观测站的全部预定作业项目,经检查均已按规定完成,且记录与资料均完整无误后,方可迁站。

观测具体要求如下:

(1)观测组必须按规定的时间作业,同步观测同一组卫星。

(2)经检查测站上各项连接无误,且接收机预置状态正确时,方可接通电源。

(3)每一观测时段,气象观测不少于 2 次,观测时段较长(超过 60 min)应适当增加观测次数。

(4)观测期间要严防人员和其他物体碰动天线和阻挡信号。

(5)测站全部作业完成后,方可迁站。

(四)观测记录

在外业观测过程中,所有的观测数据和资料均须妥善记录。记录的形式主要有两种:一种由接收机自动形成,并保存在机载存储器中,供随时调用和处理,这部分内容主要包括接收到的卫星信号、实时定位结果及接收机本身的有关信息。另一种是测量手簿,由操作员随时填写,其中包括观测时的气象元素等有关信息。观测记录是 GNSS 定位的原始数据,也是进行数据后处理的唯一依据,必须妥善保存。

(1)观测记录。

观测记录由接收机自动完成,均记录在存储介质上,其主要内容包括:

①载波相位观测值及相应的观测历元。

②GNSS 卫星星历参数。

③实时绝对定位结果。

④测站控制信息及接收机工作状态信息。

(2)观测手簿。

观测手簿是在接收机启动前及观测过程中,由作业人员随时填写的。其格式和内容如表 5-24 所示。填表具体要求见《全球定位系统(GPS)测量规范》(GB/T 18314—2009)。

表 5-24　GNSS 测量记录手簿

点号		点名		图幅编号	
观测记录员		观测日期		时段号	
接收机型号及编号		天线类型及其编号		存储介质类型及编号	
原始观测数据文件名		Rinex 格式数据文件名		备份存储介质类型及编号	
近似纬度	°　′　″N	近似经度	°　′　″E	近似高程	m
采样间隔	s	开始记录时间	h　min	结束记录时间	h　min
天线高测定		天线高测定方法及略图		点位略图	
测前：　　测后： 测定值______m　______m 修正值______m　______m 天线高______m　______m 平均值______m　______m					
时间(UTC)		跟踪卫星数		PDOP	
记事					

活动二　GNSS 测量数据处理

【资源与器材】

实训数据、已知数据、GNSS 平差软件、实训室等。

本活动以活动一采集数据为原始数据，采用相应 GNSS 平差软件进行结算，生成平差报告并提交成果。

【知识导航】

GNSS接收机采集的数据是接收天线至卫星的距离和卫星星历等数据,而不是常规测量技术所得到的角度、距离和高差等。因此,要得到有实际意义的定位信息,还必须进行一系列的处理。

GNSS测量数据处理可以分为观测值的粗加工、预处理、基线向量解算(相对定位处理)和GNSS基线向量网与地面网数据的联合处理等基本步骤。粗加工是将接收机采集的数据通过传输、分流、解译成相应的数据文件,并通过预处理将各类接收机的数据文件标准化,形成平差计算所需的文件。粗加工和预处理的主要目的是净化观测值,提高观测值的精度。基线向量解算是利用预处理后的数据求解接收机所在测站之间的坐标差,提供GNSS基线向量网平差的观测值。经过一系列处理,各类数据文件化后就可以调用平差程序进行计算。平差计算完毕后,还应对成果进行分析,剔除一些粗差,对成果进行比较、检核,各项分析数据均满足网的设计精度要求时,平差成果可以交付使用。GNSS数据处理的基本流程如图5-5所示。

图5-5　GNSS数据处理的基本流程

在数据采集的同时,可通过随机软件实时解算测站点的位置或接收机的运动速度,实现动态定位。数据传输至基线解算一般是用后处理软件将接收机记录的数据传输到计算机,在计算机上进行预处理和基线解算。GNSS网平差包括GNSS基线向量网平差、GNSS网与地面网联合平差等内容。整个数据处理过程如下。

一、数据传输

数据传输是用专用电缆将接收机与计算机连接,并在后处理软件的菜单中选择传输数据选项,将观测数据由接收机的内存模块传输至计算机。数据传输的同时进行数据分流,生成四个数据文件:载波相位和伪观测值文件、星历参数文件、电离层参数和UTC参数文件、测站信息文件。

二、数据预处理

包括对分流后的数据进行平滑滤波检验,剔除粗差;统一数据文件格式并将各类数据文件加工成标准化文件(如GNSS卫星轨道方程的标准化、卫星时钟钟差标准化、观测值文件标准化等),找出整周跳变点并修复观测值;对观测值进行各种模型改正等。

三、基线向量的解算

在GNSS网中,两点(如i点和j点)之间的三维直角坐标差($\Delta x_{ij}, \Delta y_{ij}, \Delta z_{ij}$)或大地坐标差($\Delta B_{ij}, \Delta L_{ij}, \Delta H_{ij}$)可以构成一个向量,称为GNSS基线向量。由GNSS向量可得到两点间的空间距离以及它们之间的方位和高差信息。基线解算一般由双差相位观测值列出误差方程式,然后利用最小二乘平差原理求解基线。解算时,可采用多基线模式,对多点的同步相位观测值进行统一的平差计算,直接求得其中全部独立的 GNSS 基线向量及其方差与协方差,其他的向量可由它们推算出来;也可采用单基线模式,每次只取两点,根据在两点的同步相位观测值计算两点间的三维坐标差和它们的方差与协方差。基线处理完成后应对其进行精度分析。

四、GNSS 网平差

(一)GNSS 基线向量网的平差

为了提高定位结果的可靠性,通常将不同时段观测的基线向量联结成网,称为 GNSS 基线向量网。网中含有许多图形闭合条件(如三角形、多边形或导线环)。GNSS 基线向量网的平差是以 GNSS 基线向量为观测值,以其方差阵的逆阵为权,进行平差计算,消除图形闭合条件不符值,求定各 GNSS 网点的坐标并进行精度评定。对 GNSS 网可进行三维或二维平差,当进行二维平差时,应首先将三维 GNSS 基线向量坐标及其方差阵转换至二维平差计算面(椭球面或高斯投影平面等)。

GNSS 网的平差分为三种类型:一是经典的自由网平差,又叫无约束平差,平差时固定网中某一点的坐标,平差的主要目的是检验网本身的内部符合精度以及基线向量之间有无明显的系统误差和粗差,同时为用 GNSS 大地高与公共点正高(或正常高)联合确定 GNSS 网点的正高(或正常高)提供平差处理后的大地高程数据;二是非自由网平差,又叫约束平差,平差时以国家大地坐标系或地方坐标系的某些点的坐标、边长和方位角为约束条件,顾及 GNSS 网与地面网之间的转换参数进行平差计算;三是 GNSS 网与地面网联合平差,即除了 GNSS 基线向量观测值和约束数据,还有地面常规测量值如边长、方向和高差等,将这些数据一并进行平差。非自由网平差与联合平差一般是在国家坐标系或地方坐标系内进行的,平差完成后网点坐标已属于国家坐标系或地方坐标系,因而这两种平差方法是解决 GNSS 成果转换的有效手段。

(二)定位成果的坐标转换

将 GNSS 定位成果由 WGS-84 坐标系转换至国家大地坐标系或地方独立坐标系,通常有两种方法:一种方法是进行 GNSS 基线向量网的约束平差(约束条件为地面网坐标、边长和方位角)或进行 GNSS 基线向量网与地面网常规观测值的联合平差。另一种方法是利用若干具有精密国家大地坐标和 WGS-84 地心坐标的公共点,精确求出 WGS- 84 坐标系与国家大地坐标系之间的转换参数,将 WGS-84 坐标化算到国家坐标系中去。转换参数有 7 个:3 个平移参数、3 个旋转参数、1 个尺度参数,一般来说,有 3 个公共点就可以求得 7 个转换参数。

思政课堂

国测一大队当选“感动中国 2020 年度人物”

“六十多年了,吃苦一直是传家宝,奉献还是家常饭。人们都在向着幸福奔跑,你们偏向艰苦挑战。为国家苦行,为科学先行。穿山跨海,经天纬地。你们的身影,是插在大地上的猎猎风旗。”2 月 17 日晚,《感动中国 2020 年度人物颁奖盛典》在央视播出,不畏艰险丈量祖国山河、六十七年初心不改的自然资源部第一大地测量队(以下简称国测一大队)当选

"感动中国2020年度人物"。当主持人念起这段颁奖词时,现场和电视机前的观众们被深深打动。

国测一大队组建于1954年,主要负责国家测绘基准体系的建设与维护,包括国家和省级大地控制网、高程控制网和重力控制网的布测。其测绘业务能力代表着我国大地测量工作最高水准,是我国基础测绘的主力军,多年来为国家经济社会发展提供了坚强的测绘保障。

67年来,国测一大队坚持用双脚丈量祖国大地,先后七测珠峰、两下南极、39次进驻内蒙古荒原、52次深入西藏无人区、52次踏入新疆腹地,徒步行程6 000多万千米。近年来,该大队承担完成的各项生产项目,一次上交合格率均为100%,产品优良级品率达95%以上,项目和科研成果多次获国家测绘科技进步奖、全国优秀测绘工程奖。

67年来,国测一大队累计完成国家各等级三角测量1万余点,建造测量觇标10万多座,提供各种测量数据5 000多万组,先后承担和参与完成了全国大地测量控制网布测,完成了中蒙、中苏、中尼边境联测,京津唐张地震水准会战,2000国家重力基本网布测,全国天文主点联测,国家GPS A、B级网以及国家高程控制网、中国公路网GPS测绘工程,中华人民共和国大地原点的建设和管理,海岛礁测绘、第一次全国地理国情普查等一系列重大测绘项目。

67年来,以吴昭璞、宋泽盛、钟亮其等英雄模范为代表的国测一大队几代测绘队员,用理想凝聚力量,用信念铸就坚强,擎起自然资源事业测绘工作的光荣旗帜;有46名职工在野外作业时牺牲,还有许多人的姓名难寻,连一块墓碑也没来得及立。因长期以来的突出贡献和卓越成就,国测一大队先后58次受到国家、省部级表彰,有78人次获得国家、省部级荣誉称号。

2015年7月1日,习近平总书记给国测一大队参加首次珠峰测量的老队员、老党员回信,充分肯定他们爱国报国、勇攀高峰的感人事迹和崇高精神,并强调"不忘初心",向全国共产党员提出"在党爱党、在党为党,心系人民、情系人民,忠诚一辈子,奉献一辈子"的要求。

2020年12月8日,国家主席习近平同尼泊尔总统互致信函,代表中尼两国向全世界正式宣布:珠穆朗玛峰的最新高程为8 848.86 m。这是国测一大队第7次深入生命禁区测量珠峰,并创造了中国人在珠峰峰顶停留时长新纪录。

在中国共产党波澜壮阔的伟大征程中,在中华人民共和国举世瞩目的发展历程中,涌现出一批顽强奋斗的英雄人物、一批杰出的建设楷模,形成了一系列伟大精神,构筑起了中国共产党人的精神谱系,为我们立党兴党强党提供了丰厚滋养。国测一大队就是其中之一,以国测一大队为代表的一代代测绘人所诠释的"热爱祖国、忠诚事业、艰苦奋斗、无私奉献"的测绘精神,已成为建党百年共产党人精神财富的组成部分。

摘自《中国自然资源报》第748期

项目六　房产要素测量

【项目说明】

房产要素测量是房产测绘工作的重要组成部分，为房产图的测绘提供外业观测数据。房产要素测量应统筹考虑基础条件、工作需求、经济可行性和技术可能性，在确保房产权益安全的前提下，依据房产的类型、位置和房产单元的构成方式，因地制宜、审慎科学地选择符合本地区实际的测量方法，确保房产单元的界址清楚、面积准确。

【项目目标】

1. 知识目标

- 掌握房产要素测量的方法。
- 掌握房产要素测量的主要内容。
- 掌握界址点的精度等级分类及测量方法。
- 理解界址点及建筑物房角点外业施测过程。

2. 能力目标

- 使用全站仪等仪器进行界址点测量。
- 利用钢卷尺、测距仪等仪器进行界址边长精度检核。
- 利用全站仪等仪器进行界址点检核。
- 会填写界址说明表。

3. 素质目标

- 培养遵守良好的职业道德、具有工作责任心的工匠精神。
- 培养实践动手能力，有分析问题、解决问题的良好习惯。
- 提升团队合作精神和协调能力，培养善于沟通、团结、具有良好心理素质的技术型人才。

【项目任务】

任务一　房产要素测量内容认知

任务二　房产界址点及建筑物房角点测量

【项目成果】

1. 界址点坐标成果表。
2. 界址边长间距误差记录表。
3. 界址点点位精度检查记录表。

任务一　房产要素测量内容认知

【任务目标】

1. 掌握房产要素测量的方法。
2. 掌握房产要素测量的主要内容。

【学习过程】

1. 教师讲授。
2. 课件展示。
3. 分组讨论。

活动一　房产测量主要内容

【资源与器材】

PPT、图片、相关视频。

观看房产测量外业工作相关视频。

【知识导航】

房产要素测量的主要内容包括以下几个方面。

一、界址测量

界址测量是指对界址点和界址线所进行的测量,最主要的就是测定出界址点的坐标。

(一)界址点坐标的测量

界址点坐标测量所用到的起算点,应是邻近的基本控制点或高级界址点。界址点的测量方法,可采用极坐标法、交会法、支导线法、正交法等野外解析法测定。使用支导线法测定界址点坐标时,导线边的边数应不超过3条,导线转折角应测左、右角,各测一测回。使用支导线法测量时,必须加强检测,以保证测量成果的准确性、可靠性。

界址点坐标可以单独进行测量,也可以在全野外数据采集时和其他房地产要素测量同时进行测定,一级界址点应单独测量。

(二)丘界线测量

如需要丘界线的边长,可直接用界址点的纵坐标反算求得。如没有界址点的坐标,可采用测距仪或钢尺进行丈量,将丘界测量结果标示在房产分丘图上。对于不规则的弧形丘界,可按折线分段计算或分段丈量,并将其折线分段标注于分丘图上。

二、境界测量

对于行政境界的测量,主要包括国界线及各级行政区划界线、特殊地区界线和保护区界线的测绘。测绘国界要根据国家正式签订的边界条约或有关边界的正式文件精神测定,国界线上的界桩点应按坐标值展绘,注出编号,并尽量注出高程。国内各级行政区境界应根据勘界协议、有关文件精神准确测绘,按坐标值展绘。其成果主要有:

(1)界桩登记表。

(2)界桩成果表。

(3)边界点位置和边界线走向说明。

(4)边界协议书及附图。

(5)各级行政区域和特殊地区及保护区界线详图集部分。

在收集和使用上述成果时,要特别注意更新与修测的成果资料,同时应该注意上述成果资料的批准部门和批准时间。

境界线分已定界和未定界这两种情况,描绘时应按实际情况用不同的符号进行描述。房地产测绘工作人员将各级境界线描述或测绘至房产分幅图上或分丘图上,并使房地产测绘成果与其保持一致,不得产生矛盾。

三、房屋及其附属测量

(一)房屋的测量

进行房屋的测量时,应逐幢测绘,对于不同产别、不同建筑结构、不同层数的房屋应分别测量和标示。房屋按外墙勒脚以上墙角为准,依水平投影进行测量。在测量房屋四面墙体外侧或测量房屋墙角点坐标时,应标明房屋墙体的归属。

(二)房屋附属设施的测量

(1)有柱走廊:应按柱子的外围为准进行测绘。

(2)无柱走廊:应按围护结构外围或外轮廓的投影进行测绘。

(3)架空通廊:应按围护结构的外围进行测绘。

(4)门廊:应以柱或围护物的外围进行测绘。

(5)挑廊和阳台:均以围护结构外围为准,围护结构不规则的或难以确定的,以底板投影为准进行测绘。

(6)独立柱和单排柱的门廊、雨篷、货棚、车棚、站台:均应以顶盖的投影为准,并测绘出柱子的位置。

(7)门墩、台阶:均以外围投影为准进行测绘。

(8)门顶:应以顶盖的投影为准进行测绘。

(9)室外楼梯:应以外围投影为准进行测绘。

(三)房角点的测量

房角点的测量与界址点的测量相同,房角点的类别代码为4。房角点测量可在墙角设置标志,也可以不设标志,可以房角外墙勒角以上(100±20)cm 处的墙角为测点,测定其坐标。正规的矩形房屋,可直接测定房屋的三个房角点的坐标,另一个房角点的坐标可通过计算求出。

(四)独立地物的测量

对于独立地物的测量,应根据地物的几何图形测定出定位点的位置。

(1)亭:应以柱子的外围为准进行测绘。

(2)塔、烟囱、罐:应以底部外围轮廓为准进行测绘。

(3)水井、消火栓:应以该地物的中心为准进行测绘。

四、陆地交通、水域测量

(一)铁路、道路、桥梁的测绘

(1)铁路:应以两铁轨外沿为准进行测绘。

(2)道路、公路:应以两边路沿为准进行测绘。

(3)桥梁:应以桥头和桥身的外围投影为准进行测绘。

(二)水域的测绘

(1)河流、湖泊、水库等水域:均应以岸边线为准进行测绘。

(2)沟渠、池塘:均应以坡顶为准进行测绘。

活动二　收集资料

【资源与器材】

PPT、图片、相关视频、地形图、航片、影像图等。

首先阅读知识导航,然后分组讨论,以活动一为例,列举出不同种类房产要素的测绘方法,见表6-1。

表6-1　房产要素测绘方法

房产要素	测绘方法
界址点坐标的测量	
丘界线测量	
境界测量	
房屋的测量	
房屋附属设施的测量	
房角点测量	
独立地物测量	
铁路、道路、桥梁的测绘	
水域的测绘	

任务二　房产界址点及建筑物房角点测量

【任务目标】

1. 掌握界址点的精度等级分类及测量方法。
2. 理解界址点外业施测过程。

【学习过程】

1. 教师讲授。
2. 课件展示。
3. 分组讨论。
4. 场地实训。

【学习成果】

1. 极坐标法界址点观测记录手簿。

2. 界址点坐标计算表。

3. 解析界址点点位精度检查记录表。

4. 界址点间距误差记录表。

【知识导航】

房产权属界址包括界址线、界址点和界标。界址点测量不仅能确定房产权属界址或边界在实地的地理位置，为今后可能产生的房产权属纠纷提供直接依据，同时也是量算房产面积的基础数据；也可以方便房产管理和规划设计。因此，界址点测量工作是房产要素测量最重要的工作内容。

建筑物房角点是建筑物的房角点，需要测定建筑物房角点的坐标时，其精度等级和限差要求与界址点相同；不要求测定建筑物角点坐标时，可按地物点精度要求表示在不同类别的房产单元图上。同时，房角点测量工作也是房产要素测量的主要工作。

房产界址点，简称界址点或拐点，即是房屋用地界线的转折点处设置的界桩点。每一丘的位置、形状、面积、界线和它们之间的关系，都是通过界址点的测设来实现的。同时，通过界址点坐标，可以获得房地产数量及房地产的质量等级状况，因此界址点及房角点是房地产测量中最主要的测量工作。

活动一　界址点测量的主要内容

一、界址点精度

界址点的精度分三级，等级的选用应根据土地用途、价值、开发利用程度和规划的长远需要而定。大中城市的繁华地区、商业区，小城市的中心地区一般选用一级，其他街区选用二级，郊区一般选用二级或三级。

(一)《地籍调查规程》(TD/T 1001—2012)中的规定

各级界址点相对于邻近控制点的点位误差和间距超过 50 m 的相邻界址点间的间距误差不超过表 6-2 的规定；间距未超过 50 m 的界址点间的间距误差限差不应超过式(6-1)的计算结果。

表 6-2　界址点的精度要求

界址点的等级	界址点相对于邻近控制点的点位误差和相邻界址点间的间距误差限制	
	限差/m	中误差/m
一级	±0.10	±0.050
二级	±0.15	±0.075
三级	±0.20	±0.100

$$\Delta D = m_j + 0.02 m_j D \tag{6-1}$$

式中　ΔD——界址点坐标计算的边长和实量边长较差的限差，m；

m_j——相应等级界址点规定的点位中误差，m；

D——相邻界址点间的距离,m。

(二)《地籍测绘规范》(CH 5002—1994)中的规定

各级界址点相对于邻近控制点的点位误差和间距超过 50 m 的相邻界址点间的间距误差不超过表 6-3 的规定,间距未超过 50 m 的界址点间的间距误差限差不应超过式(6-1)的计算结果。

表 6-3 界址点的精度要求

界址点的等级	界址点相对于邻近图根控制点的点位误差和相邻界址点间的间距误差限制	
	限差/m	中误差/m
一级	±0.10	±0.05
二级	±0.20	±0.10
三级	±0.30	±0.15

(三)《房产测量规范 第1单元:房产测量规定》(GB/T 17986.1—2000)中的规定

《房产测量规范 第1单元:房产测量规定》(GB/T 17986.1—2000)中规定,房产界址点的精度分三级,各级界址点相对于邻近控制点的点位误差和间距超过 50 m 的相邻界址点间的间距误差不超过表 6-4 的规定;间距未超过 50 m 的界址点间的间距误差限差不应超过式(6-1)的计算结果。

表 6-4 界址点的精度要求

界址点的等级	界址点相对于邻近控制点的点位误差和相邻界址点间的间距误差限制	
	限差/m	中误差/m
一级	±0.04	±0.02
二级	±0.10	±0.05
三级	±0.20	±0.10

通常情况下,对大中城市繁华地段的界址点和重要建筑物的界址点,一般要选用一级或二级,其他地区则可选用三级。例如城镇街坊的街面、中外合资企业、大型工矿企业及大型建筑物的界址点,一般选用一级或二级;而街坊内部隐蔽地区及居民区内部的界址点,则可选用三级。

一个房屋用地地块内的界址点原则应选用同一等级,但由于测量的野外条件有时从技术上限制了界址点上的施测,因此允许存在一个地块内选用两个等级的界址点。

此外,采用比三级界址点精度更低的界址点,可视为等外界址点,等外界址点不能作为实测房地产面积的资料。在进行城市房地产基础测绘时界址点等级的选用,应根据房屋用地的等级在测绘技术设计书中做出明确的规定。在产权管理测绘中,也可由房地产主管部门或用户根据实际需要协商决定。

二、界址点的标定、埋设及标志种类

(一)界址点的标定

为了准确划定房屋用地界线,确定权属界线,计算房屋用地面积,减少用地纠纷,必须很慎重地做好界址点的确定工作。在确界时,必须由相邻双方指界人到现场指界。单位使用的土地和房屋,要由单位法人代表出席指界;组合丘用地,要由该丘各户共同委派的代表指界;房屋用地人或法人代表不能出席指界时,应由委托的代理人指界,并且均需出具身份证明书或委托书。法人代表身份证明书如图 6-1 所示。指界授权委托书见图 6-2。经双方认定的界址,必须由双方指界人在房屋用地调查表上签字盖章。

__________同志,在我单位任__________职务,系我单位法人代表,特此证明。

单位全称(盖章)

年　　月　　日

图 6-1　法人代表身份证明书

____________县(市、区)房地产管理局:

今委托____________同志(性别:____________　年龄:____________

职务:__________)全权代表本人出席____区____街____号房屋用地权属界线现场指界。

委托人(盖章)

单位(盖章)

委托代理人(盖章)

委托日期　　　年　　月　　日

图 6-2　指界授权委托书

(二)界址点的埋设及标志种类

界址点的位置,应在权属调查确定界址线的同时通过规定的法定程序标定。所有界址点均应埋设标志,并记载标石类型和方位。无法埋设界标的,应在建筑物上以红漆注记界址点符号,示意界址点位置,并在调查表中注明墙中线、墙外或墙内。对提供不出证据或有争议的,应根据实际使用范围标出争议部位,按未定界处理。

界标的种类大致有混凝土界址标桩、带铝帽的钢钉界址标桩、石灰桩、带塑料套的钢棍界址标桩及喷漆标志等几种。

图 6-3 为地面上埋设的用混凝土浇筑而成的界址标桩,其尺寸如图中所示,顶部中心用铝合金或其他金属材料制成,圆直径为 30 mm。十字线中心钻一小孔,直径为 1.5 mm,小孔中心表示界址点的精确位置。图 6-4 为地面上埋设的用石灰浇筑而成的界址标桩,其高度为 500~700 mm,宽度为 30~50 mm。图 6-5 为路上用带塑料套的钢筋界址标桩,主要适用

于房角或墙角浇筑。图6-6为带铝帽的钢钉界址标桩,主要适用于坚硬地面上钉设。

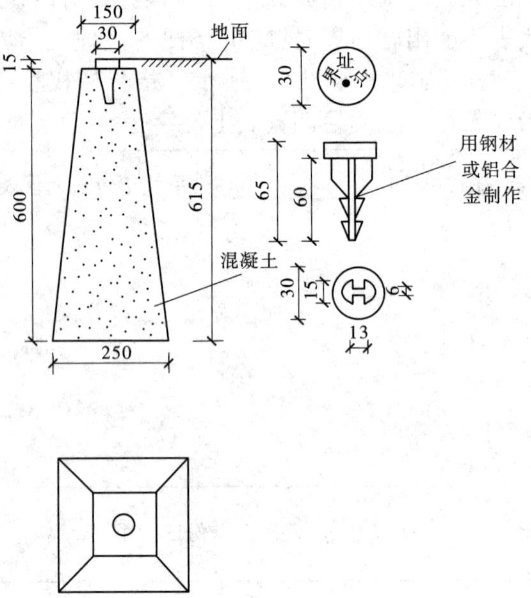

图6-3　混凝土界址点标志　(单位:mm)

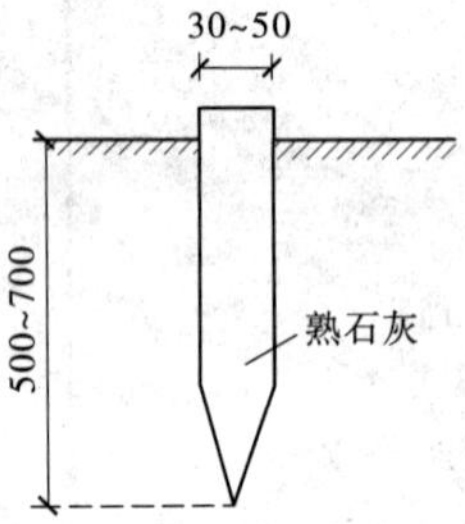

图6-4　石灰界址点标志
(单位:mm)

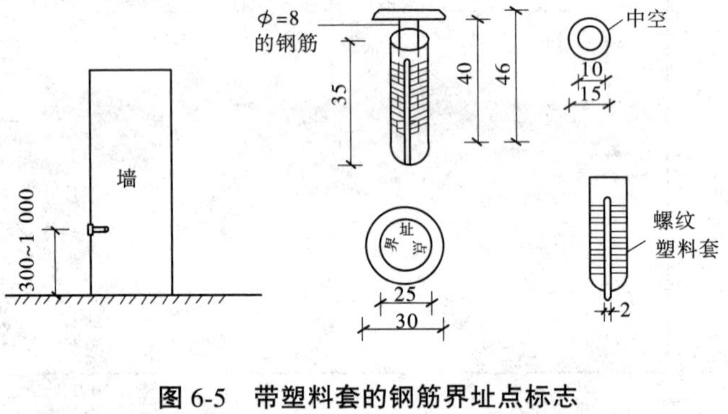

图6-5　带塑料套的钢筋界址点标志

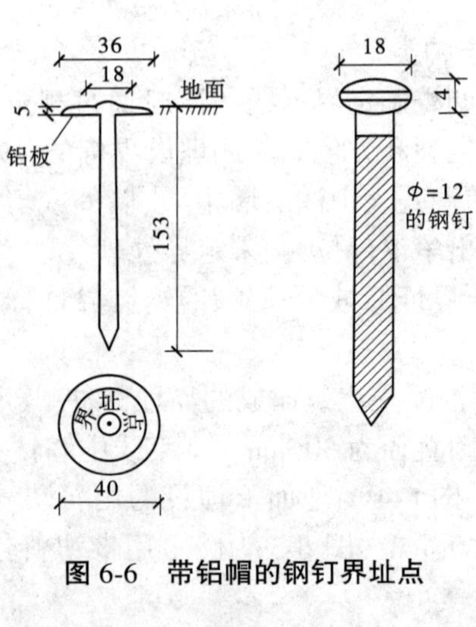

图6-6　带铝帽的钢钉界址点

选用哪一种界标,应根据各地的具体情况而定,一般在较为空旷地区的界址点和占地面积较大的机关、团体、企业、事业单位的界址点,应埋设预制混凝土界址标桩或现场浇筑混凝土界址标桩。在坚硬的路面或地面上的界址点,应钻孔浇筑钉设带铝帽的钢钉界址标桩。泥土地面也可埋设石灰桩。在坚固的房墙(角)或围墙(角)等永久性建筑物处的界址点,应钻孔浇筑带塑料套的钢棍界址标桩。也可设置喷漆界址标志,如图 6-7 所示。

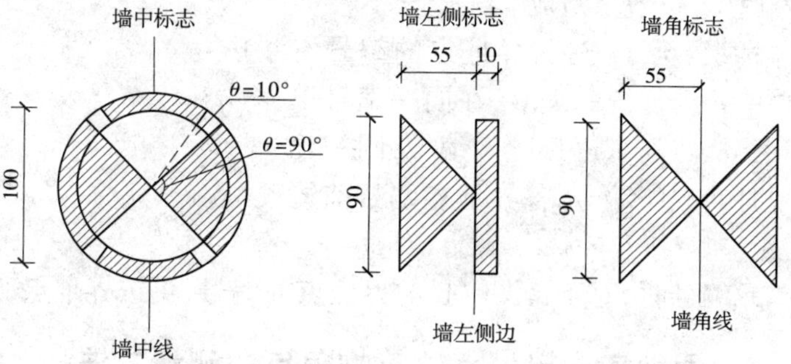

图 6-7　喷漆界址标志

埋设界址点标桩时,应先在坑底填以砂石,并整平夯实。标石埋稳后,周围的土也应夯实,以防界标位移和倾斜。桩端露出地面约 0.2 m,桩号字样朝向用地范围外面。埋设后的界标应稳固、耐久、顶面水平。埋设墙上界址标桩时,界址钉须露出墙体 1.0 mm 左右,并用红漆在点位旁以箭头指示,使之醒目易找。在喷漆界址标志时,漆应尽量喷浓一点,以免风吹日晒使漆面不清晰。

三、界址点的编号

点的编号(包括界址点、建筑物角点、基本控制点和地籍控制点)是以高斯-克吕格的整千米格网为编号区,每个编号区的代码以该千米格网西南角的横纵坐标千米值表示。点的编号在一个编号区内从 1 至 99999 连续顺编。点的完整编号由编号区代码、点的类别代码、点号三部分组成,编号形式如下:

×××××××××	×	×××××
编号区代码(9 位)	类别代码(1 位)	点的编号(5 位)
例:375384662	3	00028

点的完整编号为 375384662300028。

编号区代码由 9 位数组成,第 1、2 两位数为高斯坐标投影带的带号或代号,第 3 位数为横坐标的百千米数,第 4、5 位数为纵坐标的千千米和百千米数,第 6、7 位和第 8、9 位数分别为横坐标和纵坐标的十千米和个千米数。例如“375”的“5”为横坐标的百千米坐标数值,“37”为 3°带带号;“38”为纵坐标的百千米坐标数值;“46”为横坐标的十千米和个千米的坐标数值;“62”为纵坐标的十千米和个千米的坐标数值,如图 6-8 所示。

编号区代码为:375 38 46 62(共 9 位)。

类别代码用 1 位数字表示,其中:

1——基本控制点,包括一、二、三、四等平面控制点。

2——地籍控制点,包括一、二、三级地籍平面控制点。

3——界址点,包括一、二、三级界址点。

4——建筑物角点,包括各级精度测定坐标的建筑物角点。

点的编号用5位数字表示,从1~99999连续顺编。

点的完整编号由15位数字组成。

根据各地具体情况,为了方便,界址点的编号有时也以丘号的编立单元进行统一编号,在同一编号单元内,则按从北到南,从西到东逐丘顺序编号,同一丘内的界址点则按顺时针顺序编号,各界址点编号前冠以大写字母“J”注记。

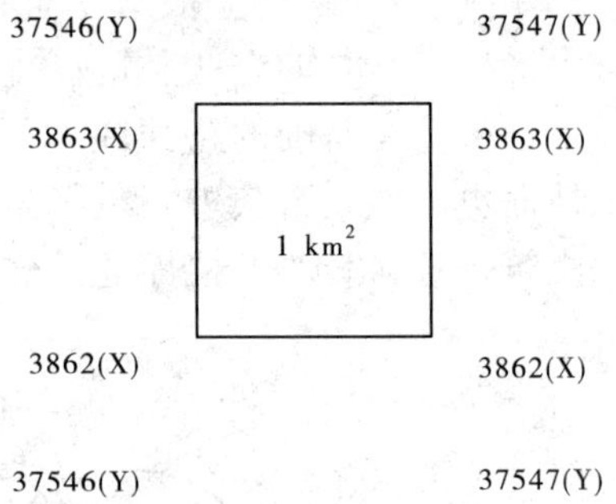

图 6-8 编号区

当以图幅为单元编号时,对于跨图幅丘的界址点的编号,仍按界址点所在的图幅编号。

活动二 界址点建筑物角点的测量方法

一、界址点测量相关要求

(1)利用全站仪、GNSS接收机和钢尺等测量工具野外实测界址点坐标。主要有极坐标法、直角坐标法(正交法)、截距法(内外分点法)、距离交会法、角度交会法等测量方法。可根据界址点的观测环境选用不同的方法。

当采用全站仪测量时,观测时应做测站检查,检查点可以是定向点、邻近控制点或已测设的界址点。

当采用钢尺量距时,宜丈量两次并进行尺长改正,两次较差的绝对值应小于5 cm。

无论采用哪种方法测量界址点,都应进行有效检核。有两种检核界址点测量误差的方法:一是界址点坐标点位检核,二是界址点间距检核。检核结果应符合相关规范的规定。

(2)如果测量员没有参与现场指界,施测界址点之前应根据房屋用地调查表、房屋调查表、房产测量草图和工作底图到现场细致勘查界址点的位置及其周围的环境,为测量控制点的选取、界址点和房产图施测方法的选择做好充分的准备。

(3)经房产调查确认的已有界址点,现场核实界标未损坏、移动,并进行检测。若检测结果在表6-4规定的允许误差范围内,应使用原界址点坐标成果;若检测结果超过表6-4规定的允许误差,经相关房产权利人同意后,采用检测的界址点坐标,并在房屋调查表的测量记事中说明。

(4)如果房产权属来源资料中给定了满足精度要求的新增界址点几何条件或解析坐标等参数,可根据给定的参数计算放样参数,在实地放样埋设界桩。界址点放样的精度应符合表6-4的规定。

(5)测量界址点所使用的测量工具应检定合格并在有效期内才能用于作业。观测角度的仪器级别不低于J6级。全站仪的对中、整平、观测等技术要求按照《城市测量规范》(CJJ/T 8—2011)执行。GNSS接收机的架设、观测和计算按照《全球导航卫星系统连续运行基准站网技术规范》(GB/T 28588—2012)执行。

(6)界址点坐标取位至0.001 m。

二、界址点、建筑物角点的测量方法

界址点测量应从邻近基本控制点或高级界址点起算，以极坐标法、边长交会法或正交法等野外解析法测定，也可在全野外数据采集时和其他房地产要素同时测定。界址点的坐标一般应有两个不同测站点测定的结果，取两成果的中数作为该点的最后结果。对间距很短的相邻界址点，应由同一条线路的控制点进行测量。需要测定丘界线边长时，应用预检过的钢尺丈量其边长，丘界线丈量精度应符合《房产测量规范 第 1 单元：房产测量规定》(GB/T 17986.1—2000)的规定。在较开阔的地方，可用测距仪或全站仪测定界线边长，也可由相邻界址点的解析坐标计算丘界线长度。对不规则的弧形丘界线，可按折线分段丈量。测量结果应标示在分丘图上，供计算丘面积及作为复丈检测的依据。界标地物测量，应根据设立的界标类别、权属界址位置(内、中、外)选用各种测量方法测定，其测量精度应符合《房产测量规范 第 1 单元：房产测量规定》(GB/T 17986.1—2000)的规定，测量结果应标示在分丘图上。界标宜与邻近较永久性的地物进行联测。这里简要介绍几种测量方法。

(一)极坐标法

如图 6-9 所示，设 O 为测站点，A 为定向点，P 为待定点。在 O 点安置仪器，照准 A 点，读取定向点的方向值 L_0(通常配置为零)，然后照准碎部点 P，读取碎部点的方向值 L_P，再测出 OP 之间的距离 D_{OP}，则

$$\left.\begin{aligned} x_P &= x_O + D_{OP}\cos\alpha_{OP} \\ y_P &= y_O + D_{OP}\sin\alpha_{OP} \end{aligned}\right\} \quad (6\text{-}2)$$

其中，$\alpha_{OP}=\alpha_{AO}+(L_P-L_O)-180°$为 OP 边的坐标方位角。

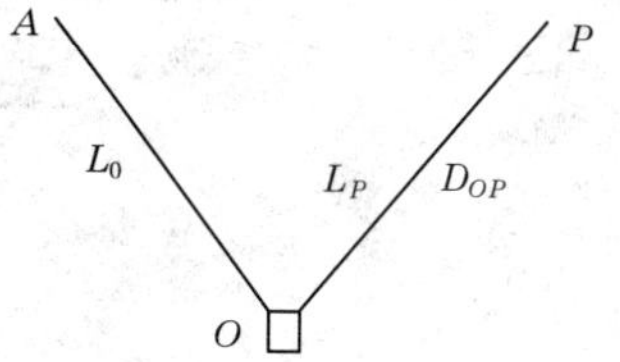

图 6-9　极坐标法

该法是测定界址点的主要方法。当使用不低于 5″的全站仪测定界址点或建筑物角点坐标时，角度和距离均测一测回。用钢尺丈量界址间距时，钢尺要经过检定，钢尺精度应优于 1/10 000，当尺长改正和尺长温度改正大于 1/10 000 时，丈量结果应进行改正。

测站点附近的界址点、建筑物角点均应进行观测，观测困难时，可直接量取距离，以便于检查和比较。界址点和需要测定坐标的建筑物角点一般应有两个不同测站点测定的结果。对用两个不同测站点测定很困难的点，应通过一次独立的检核。

(二)正交法

如图 6-10 所示，已知 A、B 两点，欲测定碎部点 P_i。则以 AB 为轴线，自碎部点 i 向轴线作垂线(垂足由直角棱镜或设角器定出)，设以一个已知点为原点(图中 A 为原点，只要量出原点 A 至垂足 S 的距离 a_i 和各垂线长度 b_i，即可确定 i 点的坐标。

$$\left.\begin{aligned} y_i &= y_A + D_i\sin\alpha_i \\ x_i &= x_A + D_i\cos\alpha_i \\ \alpha_i &= \alpha_{AB} \pm \arctan\frac{b_i}{a_i} \\ D_i &= \sqrt{a_i^2+b_i^2} \end{aligned}\right\} \quad (6\text{-}3)$$

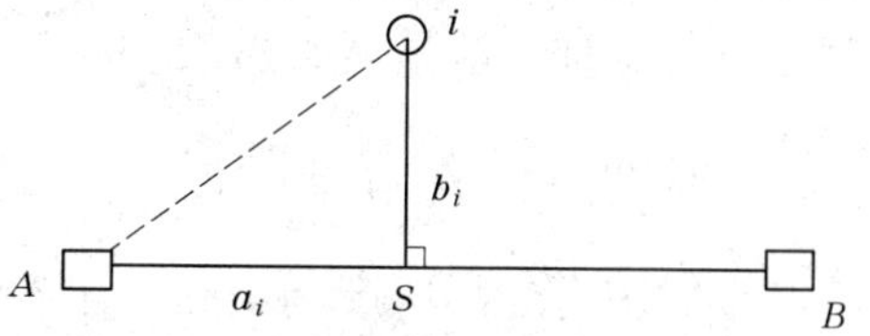

图 6-10　正交法

所测碎部点 i 位于轴线 AB 方向的左侧时取“-”，右侧时取“+”。用正交法测定界址点

或建筑物角点的坐标时,直角棱镜和测距用的钢尺均应进行检定,对量测结果和直角距离进行有效的检查。

正交法测站点至三目标的距离,不应大于一个尺长,即使用 30 m 的钢尺量距时不大于 30 m,使用 50 m 的钢尺量距时不大于 50 m。但不论使用何种钢尺量距,测站点至三目标的距离均不应超过 50 m。

(三)边长交会法

由于目前电磁波测距仪已在测量工作中普遍采用,所以在图 6-11 中,A、B、C 的坐标已知,为了求出 P 点的坐标,测量边长 S_a 和 S_b 即可。但在工作中为了检核,同时也为了提高 P 点坐标的精度,通常采用三边交会法。其中两条边是求 P 点坐标的,另外一条边作为检核。测边交会可由以下公式算出:

$$\left.\begin{aligned} L &= \frac{S_a^2 + S_{AB}^2 - S_b^2}{2S_{AB}} \\ H &= \sqrt{S_a^2 - L^2} \\ x_P &= x_A + \frac{L(x_B - x_A)}{S_{AB}} + \frac{H(y_B - y_A)}{S_{AB}} \\ y_P &= y_A + \frac{L(y_B - y_A)}{S_{AB}} + \frac{H(x_B - x_A)}{S_{AB}} \end{aligned}\right\} \tag{6-4}$$

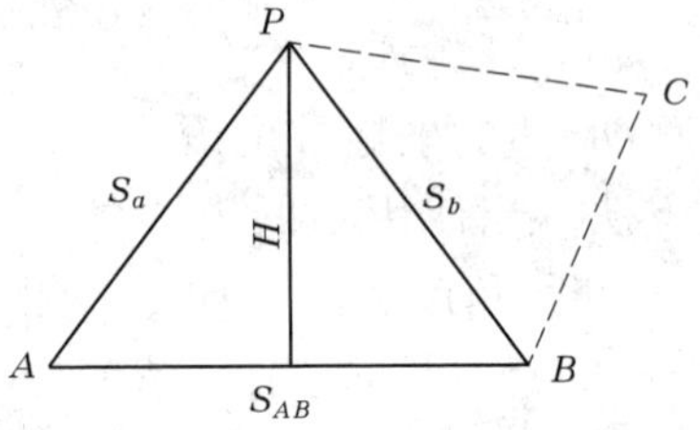

图 6-11　边长交会法

活动三　界址点、建筑物角点测量的外业实施

一、界址点位的确定

一般是在进行房屋调查和房屋用地调查时进行的。房产调查表中详细地说明了界址点实地位置的情况,并丈量了大量的界址边长,预编了房产分区号,绘有详细的草图。这些资料都是进行界址点测量所必需的。

二、界址点位置野外踏勘

踏勘时应有参加房产调查的工作人员引导,实地查找界址点的位置,了解各房产单元的用地范围,并在蓝图上(最好是现势性较强的大比例尺图件)用红笔清晰地标记出界址点位置和房产单元的用地范围。如无参考图件,则要详细绘好踏勘草图,对于面积较小的房产单元,最好能在一张纸上连续画上若干个相邻房产单元的用地情况,并充分注意界址点的共用情况。在画好的草图上标记权属主的姓名和预编宗地号。在未定界线附近则可选择若干固定的地物点或埋设参考标志。测定时按界址点坐标的精度要求测定这些点的坐标值,待权属界线确定后,可据此来补测确认后的界址点坐标。这些辅助点也要在草图上标注。

三、踏勘后的资料整理

这里主要指预编界址点号和制作界址点观测及面积计算草图。进行房产调查时,一般不知道各地房产调查区内的界址点数量,只知道每宗地有多少界址点,其界址点编号只在本宗地内进行。因此,在房产调查区内统一编制界址点观测草图,并统一编上预编界址点号,在草图上注记出与房产调查表一致的实量边长及预编宗地号或权属主姓名。这样就给外业观测记录和内业计算带来方便。

四、制作界址边长误差表

一般对界址点坐标的精度要求都比较高,在城镇的主要地区,要求界址点的相对中误差要达到±5 cm,限差为±10 cm。界址边长误差表可以反映出界址点的观测精度,误差表的形式见表 6-5。

表 6-5 界址点边长误差

界址边号	实量边长/m	反算边长/m	图解边长/m	Δ_1/cm	Δ_2/cm	说明

其中,界址编号由两个预编的界址点号组成,其形式如“ ×××—×××”,或由宗地草图上的界址点号构成,即“J××—J××”;Δ_1=实量边长-反算边长,Δ_2=实量边长-图解边长。

在误差表中,界址点观测前应根据房产调查表中宗地和房屋草图的勘丈结果把各界址边的实量边长填入相应的栏中,界址点观测完毕,则把坐标反算边长和图解边长填入相应栏中。

界址边长误差表给误差检验带来方便,使内外业的工作连接得清清楚楚,在整个界址点测定过程中起到了质量控制作用。

五、野外界址点测量的实施

界址点坐标的测量可以单独进行,也可以和房产图的测量同时进行。应有专用的界址点观测手簿。记录时,界址点的观测序号直接用观测草图上的预编界址点号。观测用的仪器设备有测距仪、全站仪、GNSS 及钢尺等,这些仪器必须进行严格的检验。

测角时,仪器应尽可能照准界址点的实际位置,方可读数。角度采用一测回观测,距离读数至少两次,当用钢尺量距时,量距长度不超过一个尺段,钢尺必须经过检验并对丈量结果进行尺长改正。

六、野外观测成果的内业整理

界址点外业测量结束后通过内业平差计算得出各界址点坐标成果。对界址点一般应以编号单元为单位编制成果表,格式见表 6-6。

表 6-6 中标志类型据实填写“混凝土、石灰、钢筋、钢棍、喷涂”等,间距为同一权属界线

上相邻界址点之间的距离;点位说明,主要对界标进行说明,有时也可说明界址点与相对地物的相对关系。

表 6-6 界址点成果表

编号单元(房产分区号或图幅号)

丘号	界址点编号	标志类型	等级	坐标		间距	点位说明
				X	Y		

测绘单位: 填表者: 检查者: 填表日期: 年 月

当一丘内的所有边长都在限差内才可以计算面积。

当一个房产分区内的所有界址点坐标都经过检查合格后,按界址点的编号方法编号,并计算出全部房产面积,然后把界址点坐标和面积都填入标准的表格中,并整理成册。

活动四 界址点成果检核

一、钢尺丈量检核

采用检定合格的钢尺,实地丈量若干相邻界址点间距,以此检核界址点测量精度,见表 6-7。

表 6-7 界址边长间距误差记录表(外业检查)

房产分区号	丘号	界址点号		原测距离/m	比较距离/m	较差 d/cm	d^2
检查结果		$[dd]=\sum d^2$				解析点位中误差 $m=\pm$	

检查者: 年 月 日

注:$m=\pm\sqrt{\frac{[dd]}{2n}}$,要求 $m\leqslant 5$ cm(±7.5 cm)。

当 $D\leqslant 50$ m 时:

$$\Delta D = D - S \leqslant \pm(m_j + 0.02m_j \times D) \tag{6-5}$$

当 $D>50$ m 时:

$$\Delta D = D - S \leqslant \pm 2m_j \tag{6-6}$$

式中 S——界址点坐标反算边长;

D——实地丈量界址边长。

二、全站仪实测检核

以不低于原测精度的全站仪检测若干界址点坐标，利用表 6-8 计算中误差。

表 6-8　界址点点位精度检查记录表

仪器设备：NTS-362RL　　所在测区：　　图幅号：　　检查日期：

序号	原测坐标		检测坐标		坐标较差/cm		Δ^2/cm	备注
	X	Y	X_1	Y_1	ΔX	ΔY		
1	3 878 186.070	449 572.448	3 878 186.058	449 572.439	1.2	0.9	2.2	
2								
3								
4								
5								
6								
7								
8								
9								
10								
		使用公式 $m=\sqrt{\frac{\sum\Delta^2}{2n}}$		检查点位中误差/cm=				

检查者：　　计算者：　　检核者：

表 6-8 中：原测坐标：(X,Y)；检测坐标：(X_1,Y_1)，$\Delta X=X-X_1$，$\Delta Y=Y-Y_1$，$\Delta^2=\Delta X^2+\Delta Y^2$。

注意：(1) 高精度方法检测时，$[\Delta\Delta]$ 为 Δ^2 之和，中误差计算公式为：$m=\pm\sqrt{\frac{[\Delta\Delta]}{n}}$，$m$ 不超过 ±5 cm（±7.5 cm）。同精度方法检测时 $[dd]$ 为 d^2 之和，中误差计算公式为：$m=\pm\sqrt{\frac{[dd]}{2n}}$，$m$ 不超过 ±5 cm（±7.5 cm）。

(2) 允许误差为 2 倍中误差。

(3) 解析界址点点位误差检查必须在野外进行，尽量以原已知点为依据，利用高精度或同精度方法重新施测 20 个以上解析界址点的坐标进行比较，填写附表并计算中误差。

项目七　房产图测绘

【项目说明】

本项目主要讲述房产图测绘的相关内容知识,如房产图的基础知识、房产图测绘内容及成图方法等,共包括任务一确定房产图测绘技术方案、任务二房产图测绘 2 个任务。通过学习,使同学们具有编制房产图测绘技术设计书、房产图测绘内外业工作的能力,同时具有一定的理解能力和相关软件的操作能力。同时培养学生的实践动手能力,分析问题、解决问题的能力。

【项目目标】

1. 知识目标

- 掌握房产图基本知识。
- 掌握房产图测绘技术设计书主要内容。
- 掌握房产图测绘的施测方法。
- 掌握房产分幅图、分丘图、分户图、宗地图的绘制要求及主要内容。
- 掌握全野外数字测图的外业工作流程。

2. 能力目标

- 能够编写房产图测绘技术设计书。
- 具有独立进行房产图测绘外业工作的能力。
- 具有利用软件编制房产图的能力。

3. 素质目标

- 养成查阅各项规范、论文、文献等参考资料的习惯,并理论联系实际。
- 培养学生具有良好的职业素养和工作责任。
- 培养实践动手能力,分析问题、解决问题的能力。

【项目任务】

任务一　确定房产图测绘技术方案

任务二　房产图测绘

【项目成果】

1. 房产图与地形图测绘相关技术路线对比表。
2. 房产图测绘方法对比表。
3. 河南测绘职业学院象湖校区房产图测绘技术设计书。

任务一　确定房产图测绘技术方案

【任务目标】

1. 掌握房产图基本知识。
2. 掌握房产图测绘技术设计书主要内容。
3. 掌握房产图测绘的施测方法。
4. 能够编写房产图测绘技术设计书。
5. 养成查阅各项规范、论文、文献等参考资料的习惯,并理论联系实际。
6. 培养学生具有良好的职业素养和工作责任。

【学习过程】

1. 观看短片。
2. 规范查阅。
3. 讲师讲解。
4. 分组讨论。
5. 编制技术设计书。

【学习成果】

1. 房产图与地形图测绘相关技术路线对比表。
2. 房产图测绘方法对比表。
3. 河南测绘职业学院象湖校区房产图测绘技术设计书。

【知识导航】

房产图测绘是在房产平面控制测量和房产调查工作的基础上,对各房产要素的信息进行采集和表述的一项房产测绘工作。

房产图是房产产权、产籍管理的基本资料,是一套与城镇实地房屋相符的总平面图,通过它可以全面掌握房屋建筑状况和土地使用情况,可以依据图形逐块土地、逐幢房屋清理房地产产权,计算和统计面积,并以房屋和房屋用地调查表来辅助不动产图图面显示的不足之处。

按房产管理的需要可分为房产分幅平面图(简称分幅图)、房产分丘平面图(简称分丘图)和房屋分户平面图(简称分户图)。

活动一　房产图测绘准备工作

【资源与器材】

课件、影像图。

观看视频,分组讨论,小组发言,总结房产图测绘需要哪些准备工作。

【知识导航】

一、收集资料

资料收集是房产图测绘准备的关键工作,主要收集测区控制点成果,测区已有地籍图、地形图、影像图等图形资料,测区已有调查资料等。

二、已有资料分析

对收集资料的数量、形式、质量情况(包括已有资料的主要技术指标和规格等)进行统计,通过内外业核查方法评价已有资料的质量情况,说明已有资料利用的可能性和利用方案等。

三、实地踏勘,制定房产图测绘技术设计书

实地踏勘的目的是了解测区的位置范围、地形地貌等情况。通过对测区踏勘,了解测区基本情况,制订测绘技术设计书,进行仪器设备和人员准备工作。

四、作业中软件、硬件配置准备

根据作业方法,准备对作业中所需的测量仪器设备、数据处理设备、数据处理软件、数据存储设备,以及作业所需交通工具、物资、通信设备等。

活动二　确定房产图测绘技术路线

【资源与器材】

课件、视频、影像图、测区踏勘情况等。

本活动以河南测绘职业学院象湖校区为测区,收集前期控制测量成果资料以及其他相关资料,实地踏勘,掌握测区状况。读者通过对房产图测绘基础、房产图比例尺、房产图精度指标、房产图的分幅与编号、房产图测绘方法的学习,分组讨论,结合测区情况,选择合适的测图方法,制订河南测绘职业学院象湖校区房产图测绘技术方案并上交。

【知识导航】

一、房产图的测绘基础

根据《房产测量规范 第 1 单元:房产测量规定》(GB/T 17986.1—2000)的规定,房产图的测绘采用高斯-克吕格正形投影,按照 3°分带,平面坐标系统可以根据当地情况宜采用 2000 国家大地坐标系统或者地方坐标系统,采用地方坐标系时,应该和国家坐标系联测。具体参数详见项目五。

二、房产图的比例尺

根据房产图的不同分类,其采用的比例尺也不尽相同。

房产分幅图一般采用 1∶500 和 1∶1 000 两种比例尺,主要视建筑物的密集稀疏程度而定,为了翔实地表示房产要素,采用 1∶500 比例尺的多一些,城镇建成区的分幅图一般采用 1∶500 比例尺,远离城镇建成区的工矿企事业等单位及其相毗连的居民点也可采用 1∶1 000 比例尺。

房产分丘图的比例尺是根据丘的大小选择的,一般在 1∶100～1∶1 000。分户图的比例尺一般为 1∶200 左右。

三、房产图的精度指标

房产图的精度主要考虑两部分:一是房产图上的界址点和房角点相对于邻近控制点的

点位中误差。二是房产要素点与地物点相对于邻近控制点的点位中误差。

(一)房产界址点和房角点的精度要求

房产界址点和房角点的精度要求已经在项目六任务二中介绍过,见表 6-2。根据界址点等级,其相对于邻近控制点的点位中误差分别为±0.02 m(一级)、±0.05 m(二级)、±0.10 m(三级)。房角点坐标的精度等级和限差执行界址点的标准。

(二)房产要素点与地物点相对于邻近控制点的点位中误差

(1)全野外采集数据或野外解析测量等方法所测的房地产要素点与地物点,相对于邻近控制点的点位中误差应不超过±0.05 m。

(2)模拟方法测绘的房产分幅平面图上的地物点,相对于邻近控制点的点位中误差应不超过图上±0.5 mm。

(3)利用已有地籍图、地形图编绘房产图时,地物点相对于邻近控制点的点位中误差应不超过图上±0.6 mm。

(4)采用已有坐标或有图件展绘成房产分幅图时,展绘误差应不超过图上±0.1 mm。

四、房产图的分幅与编号

房产图的分幅采用分幅图形式。为了适应数据管理的要求和国家标准《房产测量规范 第 1 单元:房产测量规定》(GB/T 17986.1—2000)规定的协调一致性,统一采用 50 cm×50 cm 的分幅图分幅规格。房产分丘图和分层分户图没有分幅的问题。

国家标准《房产测量规范 第 1 单元:房产测量规定》(GB/T 17986.1—2000)改变了过去惯用的分幅图编号方法,采用了和点的编号一样的数码形式的编号方法。这种编号代码由两部分组成,即由编号区代码和图幅比例尺代码组成。编号区代码和点的编号区代码相同,以高斯投影坐标的整千米格网为一个编号区;编号代码以千米格网西南角格网点的横、纵坐标的整千米值表示。1:2 000、1:1 000、1:500 比例尺的房产分幅图的编码用两位数字代码表示,类似于二级代码形式。现以带晕线的图幅为例,举例说明如下(见图 7-1)。

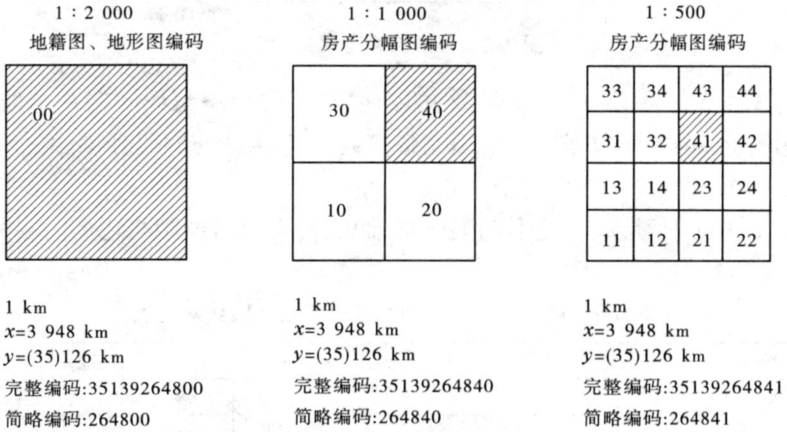

图 7-1 分幅图编号方法

当分幅的比例尺为 1:2 000 时,一个分幅图的范围正好是一个千米格网,其长宽均为 1 km,此时分幅图的代码以“00”表示。将千米格网等分为 4 个格网,将“00”一分为 4,分为“10”“20”“30”“40”四个 1:1 000 比例尺分幅图的代码。再将 1:1 000 比例尺分幅图(0.5

km)格网各等分为4个格网,其格网边长均为250 m,此时这些格网(0.25 km格网)为1∶500比例尺的分幅图,分别将它们一分为4,将“10”分割成“11”“12”“13”“14”;将“20”分割成“21”“22”“23”“24”;将“30”分割成“31”“32”“33”“34”;将“40”分割成“41”“42”“43”“44”,共16幅1∶500比例尺的分幅图。这样在1个千米格网范围内,这三种比例尺分幅图的代码都是固定不变的,第1位数表示1∶1 000的比例尺及其在千米格网中的位置;第二位数表示1∶500的分幅图的分比例尺及其在1∶1 000分幅图中的位置。这些代码的数值代表着不同分幅图的比例尺和所在的相对位置,它们都是固定不变的,而变化的是编号区,即千米格网的代码。千米格网的代码,即分幅图编号区的代码以千米格网的西南角格网角点的横、纵坐标表示,共9位数,第1位数、第2位数代表高斯投影带的带号(任意带投影时为代号),第3位数为横坐标的百千米数,第4数、第5位数为纵坐标的千千米和百千米数,第6位数、第7位数为横坐标的十千米与千米数,第8位数、第9位数为纵坐标的十千米数与千米数。举例说明如下(见图7-2)。

位数	1、2	3	4、5	6、7	8、9
代码	35	1	39	26	48

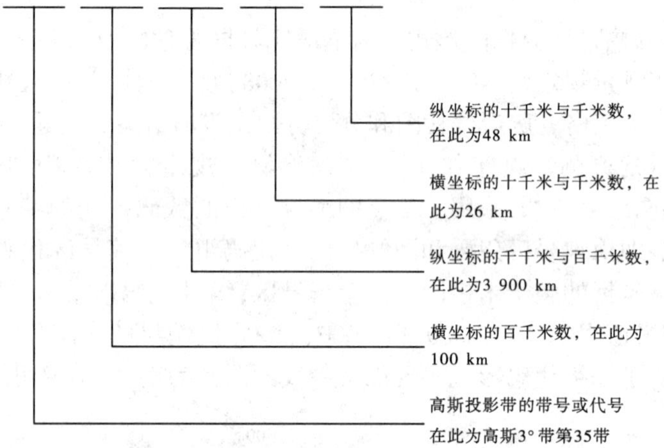

图7-2　分幅图编号区的代码

省略1、2、3、4、5位数,取最后4位数,即为编号区的简略编码。在一个城市(镇)实际工作中可使用简略编码,在数据库中使用完整编码。这样点的编码和图幅的编号都统一在千米格网框架之内,编号、方法也完全一致。

根据以上知识的学习,结合地形图测绘基础知识,完成房产图与地形图测绘相关技术路线对比表(见表7-1)。

表7-1　房产图与地形图测绘相关技术路线对比表

技术路线类型	房产图测绘	地形图测绘
测绘基准		
比例尺大小		
精度指标		
分幅与编号		
用途		

五、房产图测绘方法

（一）全野外数字测图

全野外数字测图是利用全站仪、GNSS 接收机等在野外采集各种点位信息、图形信息，通过通信接口与计算机连接，由测图软件自动处理获得不动产图的方法。在已知控制点上架设全站仪或 GNSS，同时采集测站点与界址点、地物点、其他细部点之间的距离、角度等数据或直接采集界址点坐标；将其自动传输到电子手簿、IC 卡或便携式微机记录，现场绘制草图。内业借助计算机及其配套的数字测图软件，通过数据处理和图形编辑生成数字不动产图。

目前，数字测图成图的硬件设备就是全站仪，无论哪种型号的全站仪，均可进行数据的通信和存储。因此，对数字测图成图方法的选择其实就是对成图软件的选择。衡量一个成图软件的标准，一是要看该软件是否适合本单位的实际情况；二是要看可操作性，是否界面友好、简便易学等；三是要看其提供的功能是否适合本单位。

（二）航空摄影测量法

随着数字化技术的不断成熟，全数字摄影测量系统得到了普遍应用。具体技术方法是首先进行航空摄影，以航空摄影资料为信息源，利用数字摄影测量工作站（digital photogrammetric worker，DPW）或其他航测数据处理软件，经数据采集、数据处理、地物测绘、图形编辑，生成符合不动产管理要求的数字线画图（DLG）及数字正射影像图（DOM）；然后在野外利用全站仪或 GNSS 实地测绘界址点及其他不动产要素，将解析界址点、界址线及其他不动产要素与数字线画图叠加，经调整和整饰，形成数字不动产图。同时制作标有界址点、界址线和主要不动产使用者名称的不动产数字正射影像图。

无人机倾斜摄影技术是国际测绘领域近些年发展起来的一项高新技术，颠覆了以往正射影像只能从垂直角度拍摄的局限，通过在同一飞行平台上搭载多台传感器，同时从一个垂直、四个倾斜等五个不同的角度采集影像，获取到丰富的建筑物顶面及侧视的高分辨率纹理。不仅能够真实地反映地物情况，高精度地获取物方纹理信息，还可通过先进的定位、融合、建模等技术，生成真实的三维城市模型。下面主要介绍无人机倾斜摄影流程。

1. 飞行外业

飞行及摄影设备、飞行任务规划、项目所需要的测量数据、像控点选取、像控点测量。

2. 倾斜摄影测量建模

航空相片外业数据获取完成后，首先要对获取的影像进行质量检查，对不合格的区域进行补飞，直到获取的影像质量满足要求；当像片数据符合要求后可在建模软件中导入所有的像片数据。倾斜摄影测量建模流程如图 7-3 所示。

3. 立体测图

采用 EPS 地理信息工作站基础平台进行裸眼 3D 立体测图，立体采集工作流程如图 7-4 所示。

4. 成果数据输出

地理信息工作站基础平台可以根据需要输出国家相关标准的 DWG 图形文件、SHP 地理信息文件及制图文件。

（三）数字化成图

所谓数字化成图，是指利用各种自动化绘图装置和以计算机为核心的外围设备，建立相

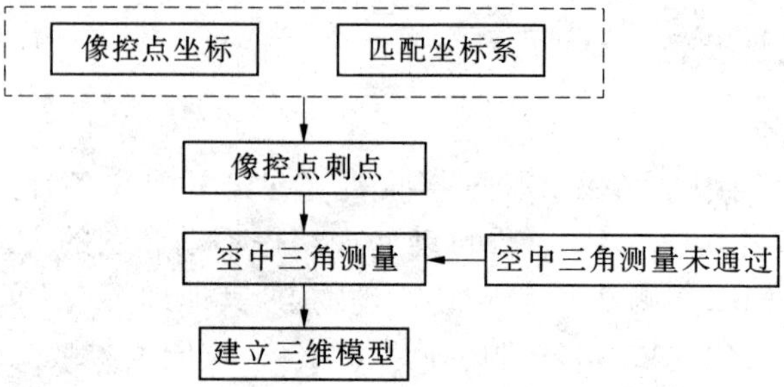

图 7-3　建模流程

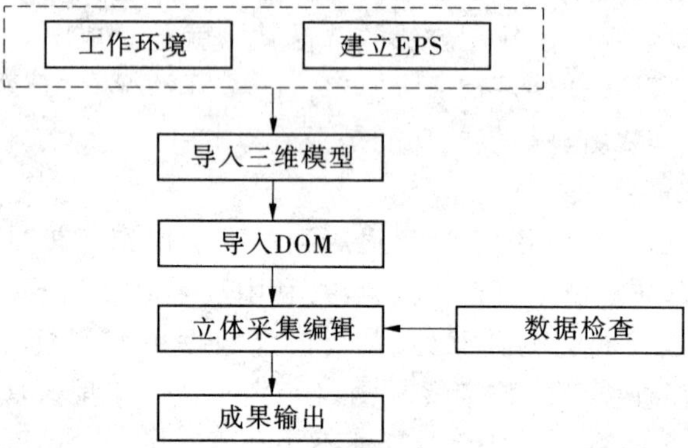

图 7-4　立体采集工作流程

应的自动化制图系统软件、功能软件、绘图软件和应用程序,借助计算机的分析、处理、编辑功能,实现地图制作。

数字化成图的特点:它可以更好地描述和显示不动产图中各要素的联系;可以存储更多的数据信息,从而能够根据用户的需求输出多种要素、任意比例尺的图件;可以方便地检索与更新;有利于不动产数据库和不动产信息系统的建立。

(四)三维激光扫描成图

三维激光扫描基于激光测距的原理,记载大批被测物体表面密集的点的立体坐标、反射率和纹理等数据,能迅速复原建立出被测对象的立体模型及线、面、体等各种图形数据,相较于传统的单点测量,三维激光扫描技术又被称为从单点测量转变到面测量的革命性技术发展。

三维激光扫描系统包含采集数据的硬件部分和处理数据的软件部分。根据不同的载体,三维激光扫描系统又分为机载、车载、地面和手持型几类。本书主要介绍车载三维激光扫描的工作流程。SSW 车载激光建模测量系统由中国测绘科学研究院北京四维远见信息技术有限公司、首师大三维信息获取与应用教育部重点实验室,经 6 年的开发、研制,获得多项专利,于 2011 年 11 月通过国家测绘地理信息局组织的鉴定,是目前国内外水平较高的测量型面向全息三维建模的移动测量系统。

1. 外业数据采集

数据采集采用SSW 车载激光建模测量系统完成。SSW 系统由激光扫描仪、IMU、GNSS、里程计和相机等传感器通过严密的机械和数据集成形成。

2. 作业方案

根据要求,作业参数设定为:点频为 500 kHz,车速为 60 km/h,线频为 200 Hz。

3. 组合导航计算

数据格式转换。根据后处理需求，对原始数据进行数据格式转换，主要有 IMU、PC104 及 GNSS 数据预处理。

将数据处理结果生成 GNSS 流动站和基准站进行差分计算，生成差分后的轨迹数据。初步查看轨迹精度。然后把处理结果和 IMU、PC104 的数据进行融合，生成组合后的车行扫描轨迹。

4. 点云数据生产

1）激光原始数据解码

激光数据预处理是将原始数据处理成需要的具有角度、距离、强度等信息的数据。

2）点云数据生产

利用自己开发的软件 SSWCDCDPS 点云生产软件将原始数据、轨迹数据进行融合，生成点云数据。

5. 基于自动提取的矢量编辑

在自动提取的基础上利用自主研发的点云工作站 swdy 进行矢量编辑。

6. 提交成果展示

提交“成果平面图.dwg”，如图 7-5 所示。

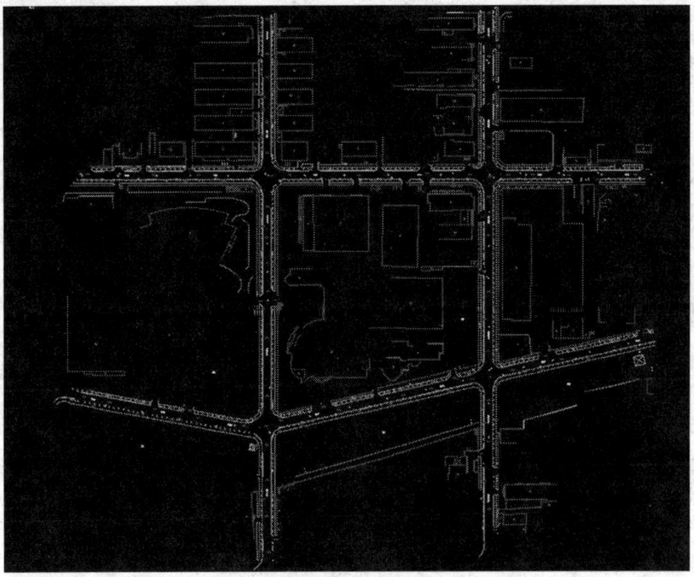

图 7-5 成果平面图

通过房产图测绘方法的学习，比较各种方法的优缺点及适用范围，结合测区概况，选择最适合的测绘方法，完成表 7-2。

表 7-2 房产图测绘方法对比表

成图方法	优点	缺点	适用范围
全野外数字测图			
航空摄影测量法			
三维激光扫描法			

任务二　房产图测绘

【任务目标】

1. 掌握房产分幅图、分丘图、分户图、宗地图的绘制要求及主要内容。
2. 掌握全野外数字测图的外业工作流程。
3. 具有独立进行房产图测绘外业工作的能力。
4. 具有利用软件编制房产图的能力。
5. 培养实践动手能力,分析问题、解决问题的能力。

【学习过程】

1. 教师讲解。
2. 场地实训。
3. 上级实训。
4. 房产图编制。

【学习成果】

1. 房产图及地形图测绘内容对比表。
2. 房产图测绘外业采集数据及相关资料。
3. 河南测绘职业学院象湖校区宗地图、房产分户图。

活动一　房产图测绘内容

【资源与器材】

课件、影像图、技术设计书。

通过观看视频,查阅技术设计书及相关规范,分组讨论,结合测区概况,总结房产分幅图、分丘图、分户图需要测量的主要内容。结合地形图测绘内容,完成表7-3。

表7-3　房产图及地形图测绘内容对比表

图形类型	测绘内容
地形图	
房产分幅图	
房产分丘图	
房产分户图	

【知识导航】

一、分幅图测绘的内容和表示方法

房产分幅图是全面反映房屋及其用地的位置和权属等状况的基本图,是测制分丘图和分户图的基础资料。

分幅图应表示的内容包括控制点、行政境界、丘界、房屋及附属设施和房屋围护物、丘号、幢号、房产权号、门牌号、房屋产别、结构、层数、房屋用途和用地分类等,以及与房产有关的地形要素和注记等(见图7-6)。

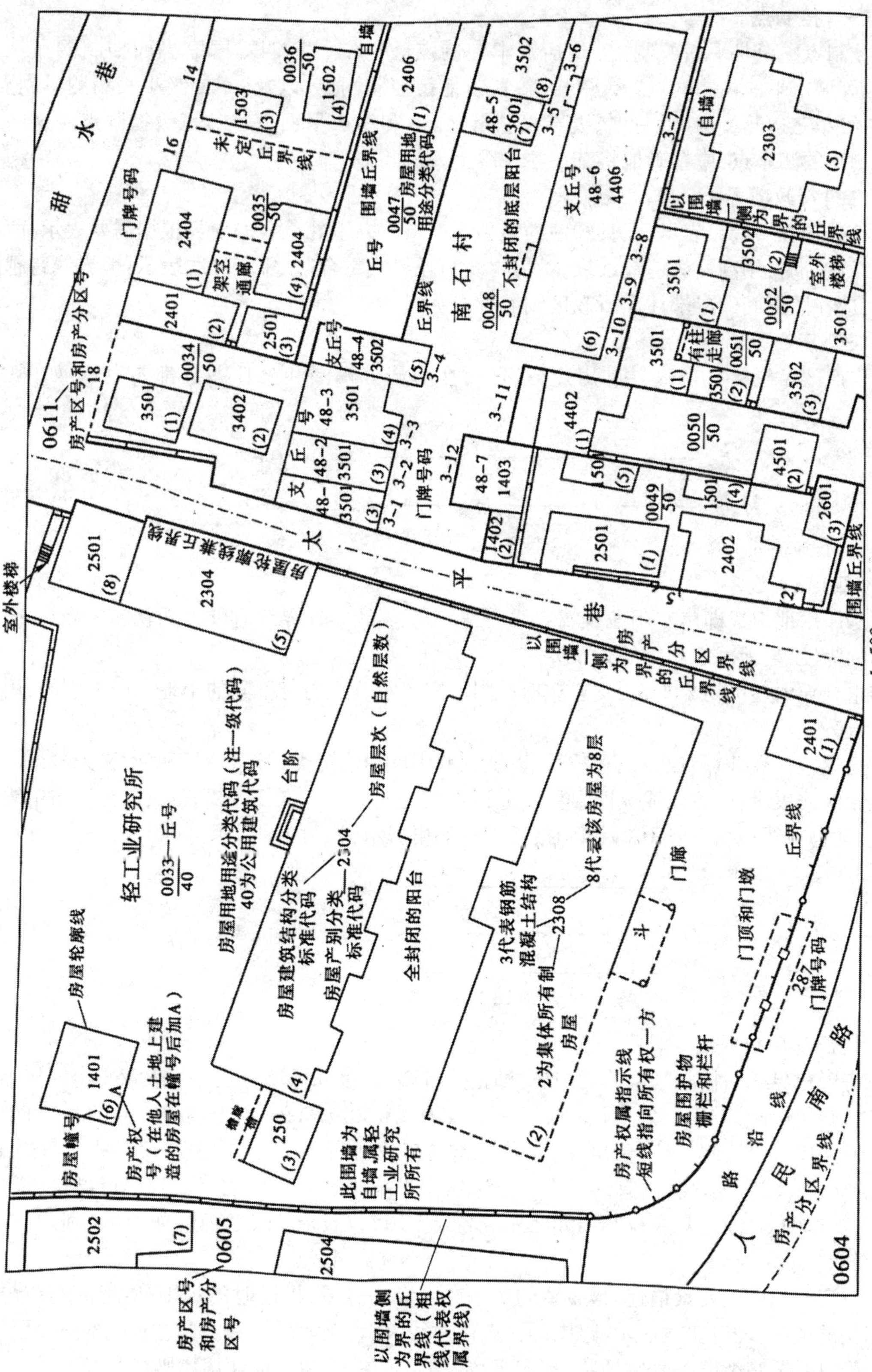
甜水巷
太平巷
人民南路
南石村
轻工业研究所
0033—丘号
40
房屋用地用途分类代码（注一级代码）40为公用建筑代码
房屋建筑结构分类标准代码
房屋产别分类标准代码
房屋层次（自然层数）
全封闭的阳台
3代表钢筋混凝土结构
8代表该房屋为8层
2为集体所有制房屋
房产权属指示线短线指向所有权一方
房屋围护物栅栏和栏杆
门顶和门墩
门廊
287门牌号码
丘界线
房产分区界线
沿路线
房屋轮廓线
房屋幢号
房产权号（在他人土地上建造的房屋在幢号后加A）
此围墙为自墙属轻工业研究所所有
以围墙侧为界的丘界线（粗线代表权属界线）
房产区号和房产分区号
0605
0604
0611
房产区号和房产分区号
门牌号码
未定丘界线
围墙丘界线
丘号
房屋用地用途分类代码
支丘号
不封闭的底层阳台
架空通廊
有柱走廊
室外楼梯
以围墙一侧为界的丘界线
以围墙一侧为房产分区界线
1:500
图 7-6　房产分幅图

(一)控制点

控制点主要是平面控制点,包括基本控制点(一、二、三、四等国家平面控制网点,二、三、四等城市平面控制网点,二、三、四等城镇地籍控制网点,以及一、二级小三角测量网点,一、二级小三边测量网点,一、二级导线测量网点)和房产平面一、二、三级控制点。这些点都是测图的测站点,应精确地将其展绘在图上。

(二)行政境界

行政境界一般只表示区、县和镇的境界线。街道办事处或乡的境界根据需要表示;两级境界线重合时,用高一级境界线表示;境界线与丘界线重合时,用境界线表示;境界线跨越图幅时,应在图廓间的界端注出行政区划名称。

(三)房产区界

房产区界包括房产区界和房产分区界,在房产分幅图和分丘图上都要表示,如图7-7所示。

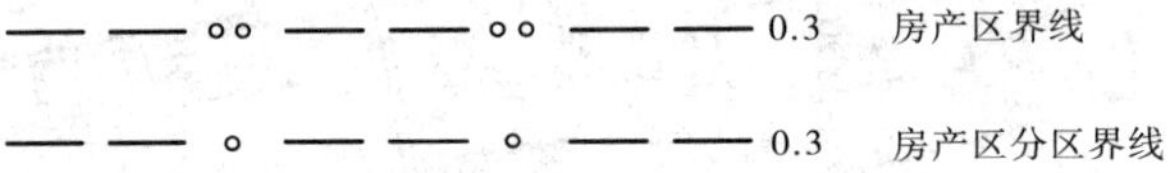

图7-7　房产区界

(四)丘界线

房屋用地界线即房产用地权属界线,一般为丘界线。丘界线有硬界和软界之分,有固定界标的为硬界,无固定界标的为软界。

组合丘内还可划分支丘,支丘在房产图上应表示。丘内有不同的土地利用类别的,用地类界区分表示。

丘界包括界址点、丘界线和丘号,以及丘的用地用途分类代码。对于明确又无争议的丘界线用实线表示,有争议或无明显界线又提不出凭证的用未定丘界线表示;丘界线与单线地物重合时,单线地物符号不变,线画按丘界线加粗表示,如图7-8所示。

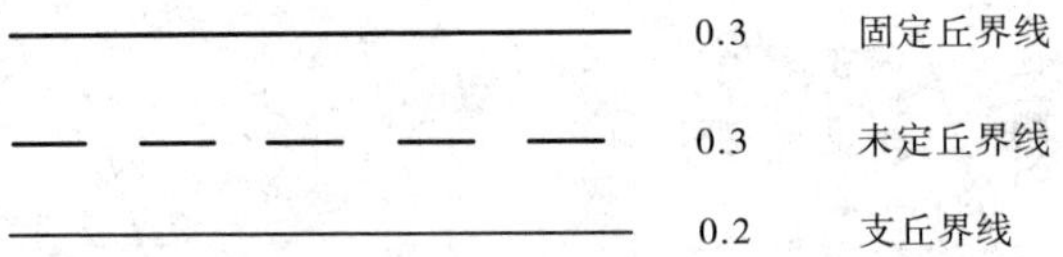

图7-8　丘界线

(五)房屋权界线

房屋权界线的核心是墙体的归属,即把共有墙、自墙和借墙分别进行表示。房屋权界线的产权归属以权属指示线表示。权属指示线为线粗0.15 mm、线长1.0 mm的一短直线。直线由房屋权界线起,垂直于房屋权界线,指向产权所有人一方,在房屋权界线上每隔1~2 cm画一"权属指示线"。有的也用一条边居中平均画三条短线表示。权属以栅栏、栏杆、篱笆、铁丝网为界时,其产权归属亦在相应界线上用"权属指示线"表述,如图7-9所示。

(六)房屋

对房产图上的要素描述,最主要的房地产要素是房屋,描述时的规则是:地面的或与地面相交的地物,均以实线表示;悬空的一般用虚线表示,例如悬空的阳台、门顶、架空房屋、架空通廊、挑楼、高架路等悬空地物,都用虚线表示,而柱、墙、路、地面房屋则以实线表示。

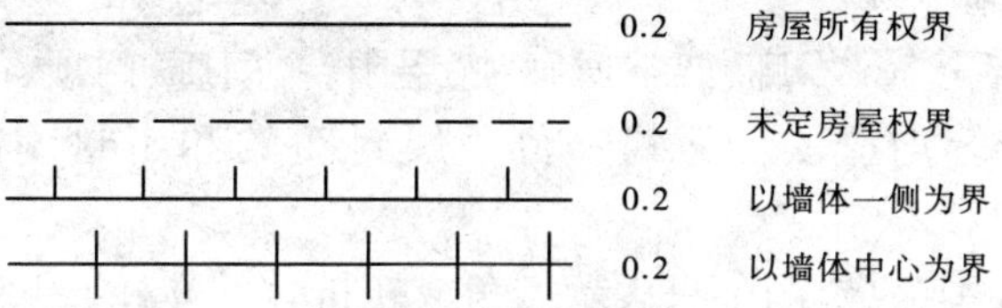

图 7-9　房屋权界线

房屋包括幢号、房屋轮廓线、房屋性质的三个代码(产别、结构、层数)等。房屋包括一般房屋、架空房屋和窑洞等。房屋应分幢测绘,以外墙勒脚以上外围轮廓的水平投影为准,装饰性的柱和加固墙等一般不表示;临时性的过渡房屋及活动房屋不表示;同幢房屋层数不同的应测绘出分层线。

1. 一般房屋

一般房屋不分种类和特征,均以实线绘出,轮廓线内需注明产别、建筑结构、层数、幢号,如图 7-10 所示。

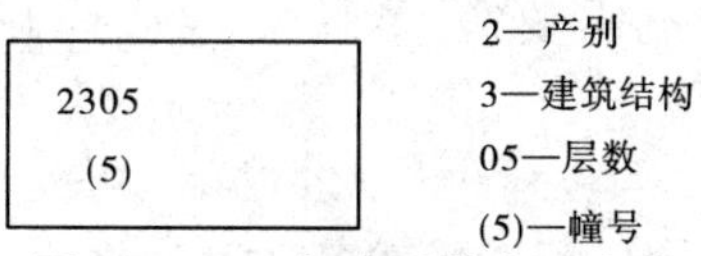

图 7-10　一般房屋的表示方法

2. 架空房屋

架空房屋是指底层架空,以支撑物作承重的房屋。其架空部位一般为通道、水域或斜坡,如廊房、骑楼、过街楼、吊脚楼、挑楼、水榭等。架空房屋以房屋外围轮廓投影为准,用虚线表示,虚线内四角加绘小圆圈表示支柱,轮廓线内注记与一般房屋注记规定的内容,如图 7-11 所示。

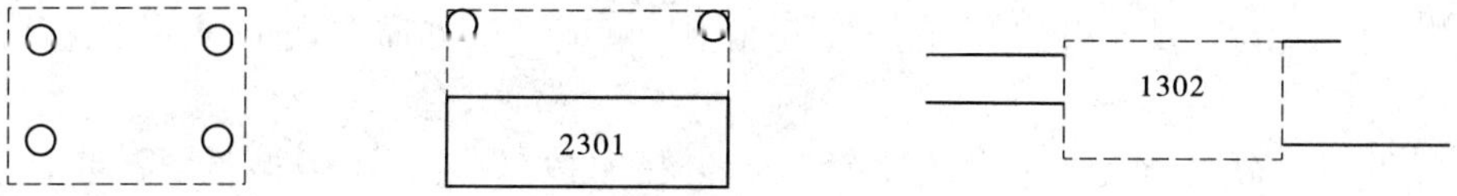

架空房屋　　廊房　　过街楼

图 7-11　架空房屋的表示方法

3. 窑洞

窑洞是指在坡壁上挖成洞供人使用的住所。地面上窑洞符号底部绘在洞出入处,按真方向表示;地面下窑洞是指从地面向下挖成平底坑,再在坑壁上挖成洞的住所,符号绘在坑轮廓内,如图 7-12 所示。

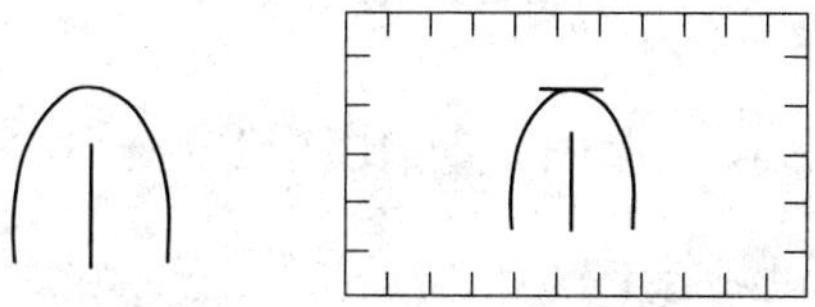

(a)地面上窑洞　　(b)地面下窑洞

图 7-12　窑洞的表示方法

(七)房屋附属设施

房屋附属设施包括柱廊、檐廊、架空通廊、底层阳台、门廊、门顶、门、门墩和室外楼梯,以及和房屋相连的台阶等均应实测。其阳台一层封闭的和不封闭的要分别用不同的符号表示。

(1)柱廊以柱的外围为准,图上只表示四角或转折处的支柱。

(2)底层阳台以底板投影为准。

(3)门廊以柱或围护物外围为准,独立柱的门廊以顶盖投影为准。

(4)门顶以顶盖投影为准。

(5)门墩以墩的外围为准。

(6)室外楼梯以水平投影为准,宽度小于图上1 mm的不表示。

(7)与房屋相连的台阶按水平投影表示,不足5阶的不表示。

(八)房屋围护物

房屋围护物包括围墙、栅栏、栏杆、篱笆和铁丝网等均应实测,其符号的中心线是实地物体的中心位置。其他围护物根据需要表示,临时性或残缺不齐的和单位内部的围护物不表示。

(九)房产要素和编号

房产要素和编号包括房产区号和房产分区号、丘号、丘支号、幢号、房产权号、门牌号(门牌号注在房屋轮廓外实际开门处)、房屋产别、结构、层数、房屋用途和用地分类,根据调查资料以相应的数字、文字和符号表示。当注记过密容纳不下时,除丘号、丘支号、幢号和房产权号必须注记,门牌号可首末两端注记或中间跳号注记,其他注记按上述顺序从后往前省略。

(十)地形要素

与房产管理有关的地形要素包括铁路、道路、桥梁、水系、独立地物、公共设施和绿化地等。亭、塔、烟囱、罐以及水井、停车场、球场、花圃、草地等根据需要表示,并加绘相应符号或加简注。

(1)铁路以两轨外缘为准;道路以路缘为准;桥梁以外围投影为准;沟、渠、水塘、游泳池以坡顶为准;其中水塘、游泳池等应加简注。

(2)亭以柱的外围为准;塔、烟囱和罐以底部外围轮廓为准;水井以井的中心为准;停车场、球场、花圃、草地等以地类界表示,并加注相应符号或加简注。

(十一)地理名称注记

地理名称注记包括自然名称,镇以上人民政府各级行政机构名称,工矿、企事业单位名称的注记,主要街道的名称。地名的总名和分名应用不同的字级分别注记;同一地名被分割或面积较大、延伸较长的地域、地物,需分别标注。

(十二)图廓整饰

图廓整饰包括图名、图幅编号、测图日期、比例尺、起至丘号、施测单位等。

二、房产分丘平面图的测绘内容和表示方法

房产分丘平面图是分幅图的局部图,是绘制房产权证附图的基本图,是根据核发房屋所有权证需要,以门牌、户院、产别及其所占有土地的范围,分丘绘制成图。房产分丘图是作为

权属依据的产权图,一经确权就具有法律效力,是保护房屋所有权人合法权益的凭证,见图 7-13。

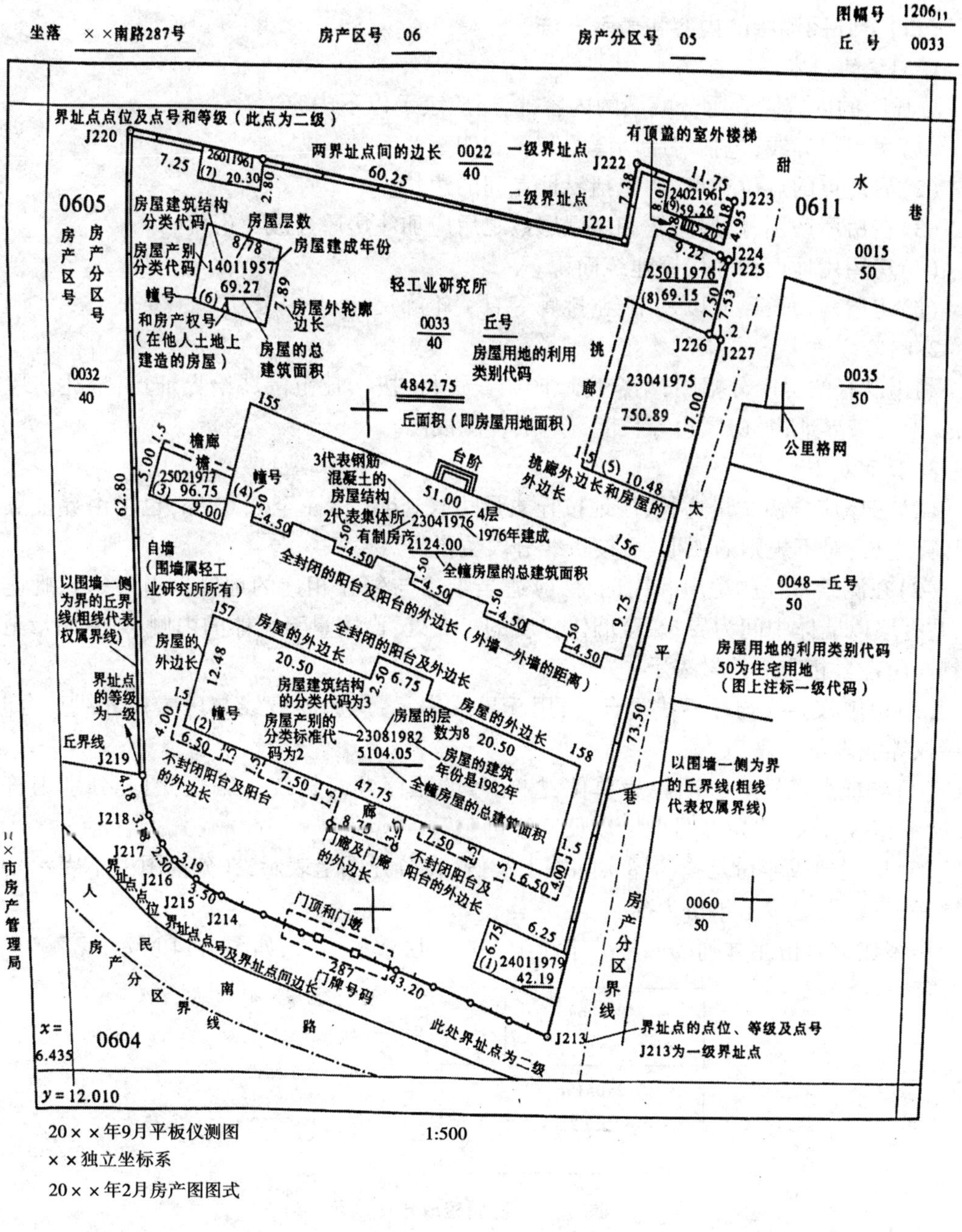

图 7-13　房产分丘图

(一)分丘图的规格

(1)分丘图的坐标系统与分幅图的坐标系统一致。

(2)分丘图的比例尺,应根据丘面积的大小和需要在 1∶100~1∶1 000 选用。

(3)分丘图没有分幅编号问题。分丘图的幅面可在 787 mm×1 092 mm 的 1/32~1/4 选用,其编号按分幅图上的编号。

(4)图纸一般采用聚酯薄膜,也可选用其他图纸。

(5)分丘图以丘为单位实地测绘,也可选用分幅图结合房产调查表绘制。

(二)分丘图测绘的内容和表示方法

1. 测绘的内容

分丘图的内容除表示分幅图的内容外,还应表示以下内容:

(1)房屋权界线,包括房屋墙体的归属和四至关系。

(2)界址点的点位和点号,包括界址点间的边长。

(3)在房屋产别、房屋结构和房屋层数之后应加注房屋建成年份代码。

(4)房屋用地面积和房屋建筑面积。

(5)房屋各边长尺寸以及阳台、挑廊等有关轮廓尺寸。

2. 测绘方法

利用已有的房产分幅图,结合房地产调查资料,按本丘范围展绘界址点,描述房屋等地物,实地丈量界址边、房屋边等长度,修测、补测成图。

3. 表示方法

(1)房屋应分幢丈量边长,用地按丘丈量边长,边长标注至0.01 m,也可由界址点的坐标计算边长,对不规则的弧形,可按折线分段丈量。

(2)在测绘本丘的房屋和用地时,应适当绘出与邻丘相连的地物。当与邻丘毗连墙体时,共有墙以墙体中间为界,量至墙体厚度的1/2处;借墙量至墙体的内侧;自有墙量至墙体外侧并用各自相应的符号表示。

(3)房屋权界线与丘界线重合时,用丘界线表示;房屋轮廓线与房屋权界线重合时,用房屋权界线表示。

(4)界址点点号应以图幅为单位,按丘号的顺序顺时针统一编立,图上分别用符号表示,并注记等级及点号,点号前冠以英文字母"J"。

(5)房屋建成年份是指房屋实际竣工年份(在分丘图上表示,在分幅图上不表示);拆除翻建者,应以翻建竣工年份为准。

房屋建成年份用并列的四位数字注记在房屋层数的后边,如图7-14所示。

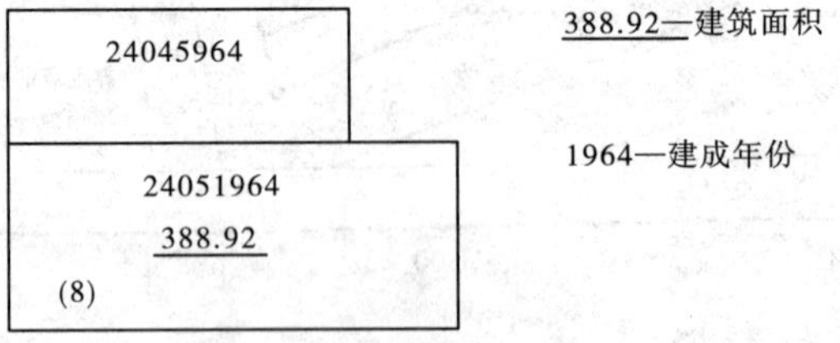

图7-14 房屋建成年份表示

(6)丘面积(房屋)用地面积注记在丘号下方正中,下加两道横线。

(7)建筑面积以幢为单位,注记在房屋产别、结构、层数、建成年份等数下方正中,下加一道横线。

(8)注明所有周邻产权所有单位(或人)的名称,各种注记的字头应朝北或朝西。

三、房产分层分户图的测绘内容和表示方法

(一)绘制要求

(1)以地籍图、宗地图、房产分幅图、房产分丘图等为基础编绘房产分户图。可根据房屋的大小设计分户图的比例尺,比例尺分母以整百数为宜。

(2)分户图的幅面规格,宜采用 32 开或 16 开两种尺寸。

(3)分户图的方位应使房屋的主要边线与轮廓线平行,按房屋的朝向横放或竖放。分户图的方向应尽可能与分幅地籍图一致,如果不一致,需在适当位置加绘指北方向。

(二)主要内容

(1)宗地代码、幢号、户号、坐落、房屋结构、所在层次、总层数、专有建筑面积、分摊建筑面积、建筑面积。

(2)房屋轮廓线、房屋边长、分户专有房屋权属界线、比例尺、指北针等。

(3)电梯、楼梯等共有部分应标注“电梯共有”“楼梯共有”等字样。

(4)不动产登记机构、绘制日期。

房产分户图如图 7-15 所示。

活动二　外业数据采集

【资源与器材】

全站仪及配套设备、GNSS 接收机及配套设备、记录板、草图纸、已知数据、技术设计书、钢尺、测距仪等。

本活动为场地实训,采用全野外数字测图的方法对测区内相关要素进行外业数据采集及传输,并上交采集成果。

【知识导航】

一、外业采集方法

(一)内外业一体化(有码作业)

(1)在采集数据时,仪器整置好后,将全站仪与电子手簿用相应的接口连接好,启动后,输入必要的测站信息。

(2)实际观测时,记录员应把地物点的属性及连接关系的编码输入手簿中,与地物点的坐标数据一块存储。

(3)内业处理时将电子手簿与计算机连接,通过“数据通信”功能,将记录数据输入到计算机并生成带简码的坐标数据文件。

(4)利用软件的“简码识别”功能对坐标数据文件进行识别。在此过程中,还可对建筑物进行误差调整。

(5)用“绘平面图”功能自动读入识别后的数据文件,自动生成图形。

对自动生成的图形文件作必要的修改,进行图幅整饰后即可通过绘图仪输出地籍图。

这种模式的优点是自动化程度高,内业工作量小;但要求作业员必须非常熟悉简码,测站与镜站密切配合。

房 产 分 户 图　　单位：m,m^2

宗地代码	××××××××GB0076	结构	混合	专有建筑面积	61.10
幢号	F000	总层数	06	分摊建筑面积	7.56
户号	0017	所在层次	5	建筑面积	68.66
坐落	××××街66号××花园1期1栋单元502室				

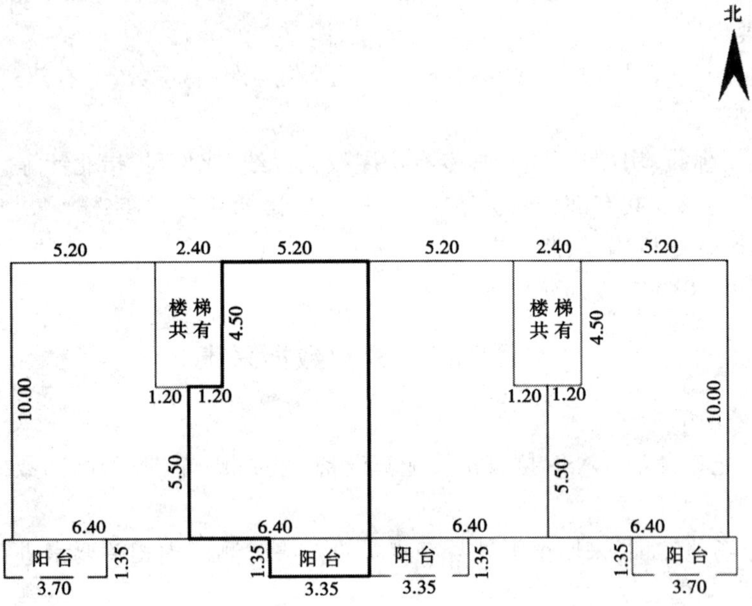

不动产登记机构

绘制日期：××××年××月××日

1:200

图 7-15　房产分户图

（二）内外业一体化（无码作业）

这种作业模式与前一种基本相同。不同之处是，要求在无码作业时绘“草图”。在草图上表示出测点的编号、地物点之间的连接关系及地物属性，草图要求尽可能详尽，地物相对位置关系要准确，直接影响到内业编辑成图的准确性和可靠性。图 5-2 是一张现场草图的部分。

在内业处理时，根据草图编辑“编码引导文件”，执行“编码引导”功能生成带简码的坐标数据文件。其余工作与有码作业相同。

（三）电子平板

这种作业模式的流程如下：

（1）在测站整置仪器，然后将全站仪与笔记本电脑通过专用电缆连接，开机后进入“电子平板”定点方式，选择全站仪类型，输入测站信息及坐标数据文件名等信息。

（2）全站仪开始观测，所测数据可直接在计算机屏幕上展绘出来，利用软件所提供的功能现场成图。

这种作业模式真正实现了内外业一体化，测绘工作全部在现场完成，达到了“所测即可显，所显即所测”的效果，使成图变得更直观；但这种模式要带足备用电池，同时也会使便携机的寿命缩短。

二、外业采集注意事项

（1）将控制点成果数据导入全站仪，根据实地情况实测界址点、地物点，并利用全站仪内存现场记录。

（2）测前、测后均需进行定向检查。对中不超过 3 mm，整平长气泡偏离不超过一个分划；界址点、地物点坐标保留至 0.001 m。

（3）当施测支导线或引点时，按盘左顺时针观测 2 次。每条支导线总边数不得超过 2 条，总长度不超过 100 m。

（4）个别无法直接施测的界址点、地物点，可根据地物点之间的几何关系，通过量取截距内业编辑，进而求出其坐标。

（5）数据采集结束后，在规定的时间内将采集到的数据传输至指定的计算机中。

活动三　房产图的绘制

【资源与器材】

数据处理软件、活动二采集数据等。

本活动为上机实训，目前房产测绘软件已经非常成熟，有南方 CASS、清华山维 EPS 等多种数字化成图软件，本活动主要是使用相关软件，对活动二所采集数据进行处理，编制各类房产图。随着我国不动产统一登记的实施，对相关的图形成果也做了相关规定，目前房产分丘图主要是以宗地图形式体现，本项目的成果主要包括宗地图及房产分户图。

【知识导航】

房产分户图的绘制要求、主要内容及样图在任务一里已经做了介绍，这里主要介绍宗地图的绘制要求及主要内容。

一、编制要求

（1）以地籍图为基础编绘宗地图。

（2）比例尺和幅面应根据宗地的大小和形状确定，比例尺分母以整百数为宜。

二、主要内容

（1）宗地代码、所在图幅号、土地权利人、宗地面积。

（2）地类号、房屋的幢号。其中幢号用（1）、（2）、（3）…表示，并标注在房屋轮廓线内的左下角。

(3)本宗地界址点、界址点号、界址线、界址边长、门牌号码。其中门牌号码标注在宗地的大门处。

(4)用加粗黑线表示建筑物区分所有权专有部分所在房屋的轮廓线。如果宗地内的建筑物不存在区分所有权专有部分,则不表示。

宗地图表示的内容

(5)宗地内的地类界线、建筑物、构筑物及宗地外紧靠界址点线的定着物、邻宗地的宗地号及相邻宗地间的界址分隔线。

(6)相邻宗地权利人名称、道路、街巷名称。

(7)指北方向、比例尺、界址点测量方法、制图者、制图日期、审核者、审核日期、不动产登记机构等。

宗地图样见图7-16。

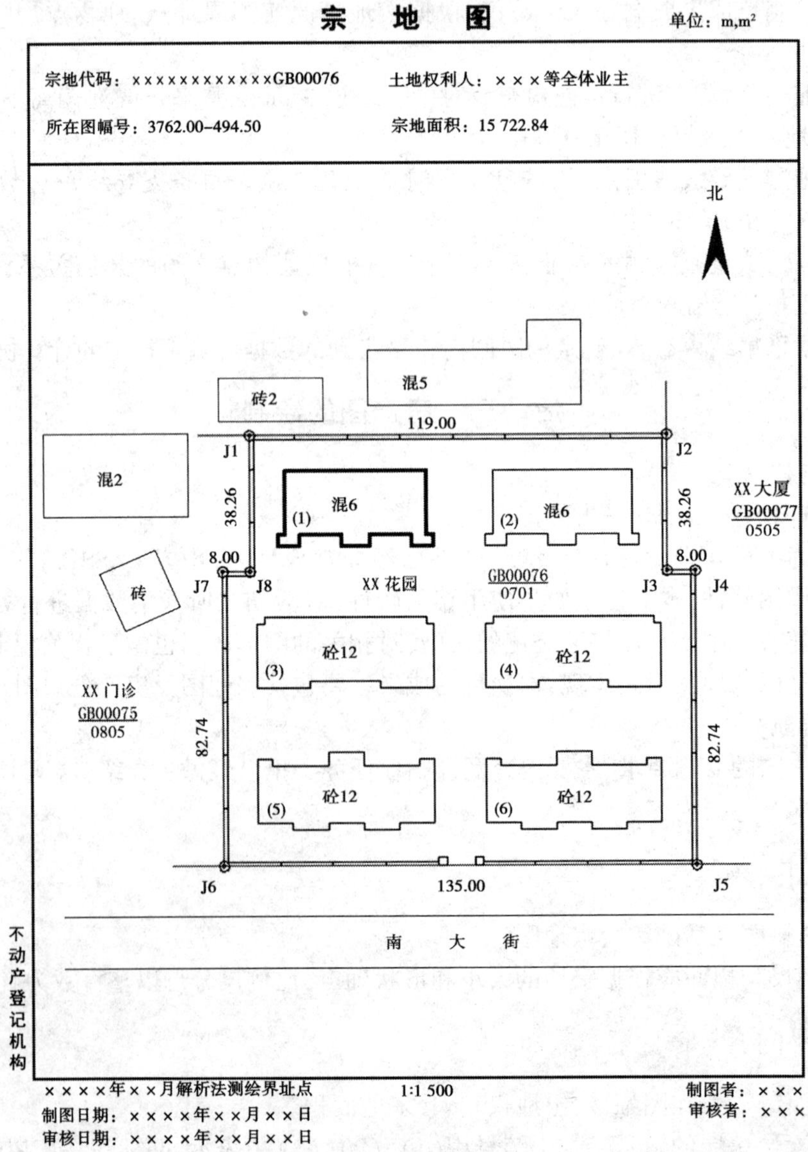

图7-16　宗地图样

思政课堂

职业教育前途广阔、大有可为

党的二十大报告指出，教育、科技、人才是全面建设社会主义现代化国家的基础性、战略性支撑。必须坚持科技是第一生产力、人才是第一资源、创新是第一动力，深入实施科教兴国战略、人才强国战略、创新驱动发展战略，开辟发展新领域新赛道，不断塑造发展新动能新优势。

我们要坚持教育优先发展、科技自立自强、人才引领驱动，加快建设教育强国、科技强国、人才强国，坚持为党育人、为国育才，全面提高人才自主培养质量，着力造就拔尖创新人才，聚天下英才而用之。

一、办好人民满意的教育

教育是国之大计、党之大计。培养什么人、怎样培养人、为谁培养人是教育的根本问题。育人的根本在于立德，我们要全面贯彻党的教育方针，落实立德树人根本任务，培养德智体美劳全面发展的社会主义建设者和接班人；我们要坚持以人民为中心发展教育，加快建设高质量教育体系，发展素质教育，促进教育公平；我们要统筹职业教育、高等教育、继续教育协同创新，推进职普融通、产教融合、科教融汇，优化职业教育类型定位。

二、深入实施人才强国战略

培养造就大批德才兼备的高素质人才，是国家和民族长远发展大计。功以才成，业由才广。坚持党管人才原则，坚持尊重劳动、尊重知识、尊重人才、尊重创造，实施更加积极、更加开放、更加有效的人才政策，引导广大人才爱党报国、敬业奉献、服务人民。完善人才战略布局，坚持各方面人才一起抓，建设规模宏大、结构合理、素质优良的人才队伍。加快建设世界重要人才中心和创新高地，促进人才区域合理布局和协调发展，着力形成人才国际竞争的比较优势。加快建设国家战略人才力量，努力培养造就更多大师、战略科学家、一流科技领军人才和创新团队、青年科技人才、卓越工程师、大国工匠、高技能人才。加强人才国际交流，用好用活各类人才。深化人才发展体制机制改革，真心爱才、悉心育才、倾心引才、精心用才，求贤若渴，不拘一格，把各方面优秀人才集聚到党和人民事业中来。

党的二十大对职业教育重视程度之高前所未有，职业教育在整个教育体系中的分量之重前所未有，以一体推进教育、科技和人才三大强国建设的宏阔视野，深化现代职业教育体系建设改革的任务之艰巨也前所未有，对职业教育的战略定位越来越突出、实践要求越来越明确、规律认识越来越深入，主要集中体现在“1+3+3”的系列重要论述中。其中“1”，就是习近平总书记参加党的二十大广西代表团讨论时强调的：“要重视发展职业技术教育”，这是习近平总书记继“职业教育前途广阔、大有可为”之后作出的又一个带有总括性、指导性的重大论断；第一个“3”，就是习近平总书记在党的二十大报告中强调的：“统筹职业教育、高等教育、继续教育协同创新，推进职普融通、产教融合、科教融汇，优化职业教育类型定位”，这是新时代新征程上深化现代职业教育体系建设改革的3个重大战略举措；第二个“3”，就是习近平总书记在党的二十大报告中强调的：“健全终身职业技能培训制度”，加快建设包括大国工匠和高技能人才在内的“国家战略人才力量”“建设全民终身学习的学习型社会、学习型大国”,这是职业教育更好融入科教兴国战略、人才强国战略和创新驱动发展战略的3个重要努力方向。

党的十八大以来,我国积极推进职业教育高质量发展,已建成世界上规模最大的职业教育体系;新时代,党和国家高度重视职业教育,在全面建设社会主义现代化国家新征程中,职业教育前途广阔、大有可为,我们要牢记“为党育人、为国育才”的初心使命,为国家培养更多高素质技术技能人才,助力每位学生实现自身价值、成就精彩人生。

作为一名职业院校的学生,应立志做有理想、敢担当、能吃苦、肯奋斗的新时代好青年。作为新征程上的大学生,要听党话、感党恩、跟党走,不忘初心,牢记使命,遵规守纪,刻苦学习,勇于进取,敢于担责,历练本领,提升素养、全面发展,努力成为德智体美劳全面发展的社会主义的建设者和接班人,为祖国的发展贡献自己的一份力量。

项目八 房产面积测算

【项目说明】

房产面积测算是房产测绘中一项重要的工作。它为房地产产权产籍管理、核发权证、房地产开发等提供必不可少的资料;同时也为房地产税费的征收、城镇规划和建设提供重要的依据。房产面积测算是一项技术性强和精确度要求高的工作,关系到国家、房地产权属单位、开发商和个人的切身利益,所以房产面积测算是整个房产测绘工作中一个非常重要的组成部分。

房产面积测算是指房屋水平面积测算,分为房屋面积和用地面积测算两类,其中房屋面积测算包括房屋建筑面积测算、产权面积测算、使用面积测算、共有建筑面积的测算与分摊。房屋用地面积测算包括房屋占地面积的测算、宗地面积的测算、各项地类面积测算及共用土地面积的测算和分摊。

为了保证全国房产面积测算标准的统一,同时顾及全国各地对房地产面积测算方法的连续性,2000 年国家颁布了《房产测量规范 第 1 单元:房产测量规定》(GB/T 17986.1—2000),对面积测算提出了一些基本要求,做出了具体规定,这些要求和规定保证了全国房地产面积测算标准的统一。房产面积测算的一般要求如下:

(1)房地产面积的测算,均指水平投影面积的测算。

(2)各类面积的测算,必须独立测算两次,其较差应在规定的限差以内,取中数作为最后结果。

(3)边长以米(m)为单位,取至 0.01 m;面积以平方米(m^2)为单位,取至 0.01 m^2;共有建筑面积分摊系数至少保留五位小数。

(4)量距应使用经鉴定合格的卷尺或其他能达到相应精度的仪器或工具。

房屋建筑面积是指房屋外墙勒脚以上的外围水平面积,包括房屋的附属结构,如室外楼梯、阳台、走廊等。房屋面积的测算以幢为单位,根据实地丈量的数据计算。依据国家标准计算建筑面积的房屋原则上应具备如下条件:

(1)应具有上盖。

(2)应有围护物。

(3)结构牢固、属永久性的建筑物。

(4)层高 2.20 m 以上(含 2.20 m)。

(5)可作为人民生产或生活的场所。

在计算面积时,针对房屋的构件不同,其计算方法要分别对待。有些要计算全部建筑面积,有些只计算一半建筑面积,还有些不计算建筑面积。

【项目目标】

1. 知识目标

- 掌握房产面积测算的主要内容。
- 掌握坐标解析法面积量算方法。
- 掌握面积测算的精度要求。
- 掌握共有用地面积分摊方法。
- 掌握房产面积计算的一般要求。
- 掌握建筑面积计算的基本原则。
- 掌握各种房屋构件建筑面积计算类型。
- 掌握共有面积分摊原则。
- 掌握住宅楼共有建筑面积的分摊方法。
- 掌握多功能楼共有建筑面积的分摊方法。
- 掌握房产面积测绘技术要求及技术报告撰写。

2. 能力目标

- 能够把坐标解析法和实地量距法应用于房产面积量算的实际工作中。
- 能够将房产面积测算精度要求在实际工作中熟练运用。
- 能够熟练掌握房产面积计算的一般要求和基本原则。
- 能够根据房屋构件,判断建筑面积的计算方法。
- 能够熟知房屋共有建筑面积分摊种类。
- 掌握共有面积分摊原则。
- 能够利用共有建筑面积分摊方法计算住宅楼共有建筑面积的分摊、多功能综合楼共有建筑面积的分摊。
- 能够结合项目书写测绘成果报告。

3. 素质目标

- 培养学生责任意识、认真负责的敬业精神。
- 强化学生动手能力,培养工匠精神、沟通交流能力。
- 养成查阅各项规范、论文、文献等参考资料的习惯,并能理论联系实际。
- 培养学生的数学思维能力。
- 提高严谨细致、规范意识。
- 强化学生动手能力。

【项目任务】

任务一　计算房屋用地面积

任务二　房屋面积测算

任务三　房产面积计算案例解析

任务四　编写房产面积测绘技术要求及技术报告

【项目成果】

1. 坐标解析法量算房产面积。

2. 建筑面积计算原则。

3. 掌握共有面积分摊原则。

4. 住宅楼共有建筑面积的分摊计算。
5. 商住楼共有建筑面积的分摊计算。

任务一 计算房屋用地面积

【任务目标】
掌握共有用地面积分摊方法。
【学习过程】
1. 教师讲授。
2. 课件展示。
3. 案例实训。
4. 分组讨论。
【学习成果】
土地面积分摊计算成果。
【知识导航】

房屋用地面积以宗地为单位进行测算,包括房屋占地面积、宗地面积及各项地类面积等。其中,房屋占地面积是指房屋底层外墙(柱)外围水平面积,一般与房屋底层建筑面积相同。凡未编宗地号的道路、河流等公共用地,不计算用地面积。

一宗地范围内的用地,按照不同的地类分别计算其用地面积,各地类面积总和应等于宗地面积。宗地面积的计算应尽可能利用界址点坐标采用坐标解析法计算;若地块为规则的几何图形,也可实地丈量,采用实地量距法计算。

一、共有用地面积的分摊计算

近几年来,在城市的中心商业区,建筑物不仅多层、高层化,建筑物各层用途也呈多元化。人们的活动还向地下发展,出现了地下商场、地下停车库、地下人防等。同时,土地使用权面积、建筑面积及土地面积分摊等方面的投诉与日俱增,房产面积测绘越来越被人们所关注。整座建筑物占用的土地只有一块,在实物形态上是不可分的,当这座建筑物的开发商售出其中的某一部分,该块土地使用权的一个相应份额也随之转移,最后购得这座建筑物的众多所有者按份共有该块土地的使用权。土地面积分摊在土地有偿使用过程中是经常见到的一项工作,因此土地面积分摊计算是否公平合理,显得尤为重要。

在进行宗地面积的计算时,我们可以使用坐标解析法求得,在本项目任务三中有详细介绍,在此不再展开。还可以在计算机中用相应的软件计算,如在 AutoCAD 或 CASS 软件中就可用其自带的面积测算器进行宗地的面积测算。

不计入宗地面积的范围有:无明确使用权属的巷道或间隙地;市政管辖的道路、街道、巷道等公共用地;公共使用的河滩、水沟、排水沟;已征用、划拨或者属于原房地产记载范围,经规划部门核定需要作市政建设用地的;其他按规定不计入宗地面积的。

在土地面积计算时,往往会遇到分摊的问题,当各权利人在获得产权时已签订了合约,明确各权利人应拥有的房地产份额或面积,登记时,则按合约明确的份额或面积计算各权利人的用地面积;如果原没有明确各权利人的用地面积,则以各权利人拥有的房屋建筑面积按比例分摊土地面积。分摊时,先分摊基底面积,然后分摊公共面积。下面给出常见的土地面积分摊方法:

(1)分摊基底面积(建筑占地面积)的计算公式为

分摊基底面积=(本栋基底面积/本栋建筑面积)×权利人建筑面积　(8-1)

(2)分摊共用面积的计算公式为

分摊共用面积=[(共用使用权面积-宗地总基底面积)/宗地总建筑面积]×权利人建筑面积　(8-2)

当共用使用权宗地中部分权利人拥有自购花园时,则在计算分摊共用面积时须用下式:

分摊共用面积=[(共用使用权面积-宗地总基底面积-自购花园总面积)/宗地总建筑面积]×权利人建筑面积　(8-3)

一宗地中若具有不同土地类别且没有按类别划分宗地的,如需计算土地分类面积,可以现场丈量测算或利用软件在图件上测算,并按建筑面积分摊,各类用地面积之和应等于总用地面积。

当一宗地按用途批准建设时,对于为主要用途服务的配套设施用地可不分类计算。例如:住宅用地里的小花园、绿化地、通行道路等,工业用地里的道路、绿化地、职工食堂及单身宿舍等。

当只有一个权利人的宗地内房屋的用途不同时,如地面上能划清界线,则按上述方法处理;否则,按不同用途的房屋的建筑面积分摊土地面积,如综合性大楼(多为商业、办公、住宅混合型大楼),分摊方法同前。

二、土地面积的汇总

面积测算工作结束之后,要对测算的原始资料加以整理、汇总。整理、汇总后的面积才能为不动产登记、土地统计和土地规划等土地管理工作提供基础数据,提供社会服务。面积汇总取决于社会对资料的需求。汇总工作可分两个阶段进行:第一阶段为村、乡、县土地总面积的汇总,它是第二阶段的控制基础;第二阶段为村、乡、县分类面积汇总,在宗地面积测算之后,按权属单位及行政单位汇总统计分类土地面积,它是第一阶段工作的继续。两个阶段的工作可以交叉进行,但两者汇总统计结果应相互校核,在出现较大误差时,应分析原因,及时处理。

任务二　房屋面积测算

【任务目标】

1. 掌握房屋面积计算的一般要求。
2. 掌握建筑面积计算的基本原则。

【学习过程】

1. 教师讲授。

2. 课件展示。

3. 分组讨论。

【学习成果】

活动一 房屋建筑面积测算

房屋建筑面积是指房屋外墙勒脚以上的外围水平面积,包括房屋的附属结构,如室外楼梯、阳台、走廊等。房屋面积的测算以幢为单位,根据实地丈量的数据计算。依据国家标准计算面积的房屋应是具有上盖、结构牢固、有围护物并且层高在 2.20 m 以上(含 2.20 m)的永久性建筑物。在计算面积时,针对房屋的构件不同,其计算方法要分别对待。有些要计算全部建筑面积,有些只计算一半建筑面积,还有些不计算建筑面积。

一、计算全部建筑面积的范围

(1)永久性结构的单层房屋,按一层计算建筑面积;多层房屋按各层建筑面积的总和计算。对倾斜、弧状等非垂直墙体的房屋,层高(高度)2.20 m 以上的部位计算建筑面积;房屋墙体向外倾斜,超出底板外沿的,以底板投影计算建筑面积。

(2)房屋内的夹层、插层、技术层及其梯间、电梯间等其高度在 2.20 m 以上的部位计算建筑面积。

夹层、插层、技术层也称附层,是安插于上下两个正式房屋中间的房屋,有的是技术层,有的是结构层,只要高于 2.20 m 都可以计算建筑面积。梯间除了进出楼梯或电梯的房间,还包括突出房屋屋面、有顶盖、有围护结构、永久性的、层高不低于 2.20 m 的供顶层维修或安全出口的房间。

(3)穿过房屋的通道及房屋内的门厅、大厅(见图 8-1),不论其层高,均按一层计算建筑面积。门厅、大厅内的回廊部分按其水平投影面积计算。

(4)楼梯间、电梯(观光梯)井、提物井、垃圾道、管道井等均按房屋自然层计算建筑面积。

房屋的自然层数是指按房屋的楼板和地板结构分层的层数,一般按照室内地平线以上计算。地平线以下为地下室,按负层数计算;采光窗在室外地平线以上的半地下室,其室内层高不低于 2.20 m 的计算自然层数。

(5)房屋天面上,属永久性建筑,层高在 2.20 m 以上的楼梯间、水箱间、电梯机房及斜面结构屋顶高度在 2.20 m 以上的部位,按其外围水平投影面积计算。

(6)挑楼、全封闭阳台按其外围水平投影面积计算。

挑楼(见图 8-2)是楼房向外悬挑出底层的封闭楼层房屋。新建住宅楼的阳台是否封闭一般参照建筑设计图纸判断。

图 8-1　大厅

图 8-2　挑楼

(7)属永久性结构且有上盖的室外楼梯,按各层水平投影面积计算。

(8)与房屋相连的有柱走廊、封闭的架空通廊,按外围水平投影计算面积。

(9)地下室、半地下室、地下车间、仓库、商店、地下指挥部等及相应出入口,层高在 2.20 m 以上的,按其外墙(不包括采光井、防潮层及保护墙)外围水平投影面积计算。

(10)突出墙外的有柱或有围护结构的门廊、门斗,按其外围水平投影面积计算。

门廊(见图 8-3)和门斗是指房屋门前有顶盖、有支柱或围护结构的进出通道。由柱支撑顶盖的称为门廊,由承重墙体支撑顶盖的称门斗。门廊和门斗必须具备与房屋相连的永久性的、结构牢固的顶盖。顶盖可以是独立的,也可以是房间或挑廊的底板,或是挑楼或阳台的底板,也可以是屋檐。

图 8-3　门廊

(11)图书馆的书库、立体仓库、立体车库(见图 8-4)按结构层计算建筑面积。

图 8-4 立体车库

(12)玻璃幕墙(见图 8-5)、金属板幕墙、石材幕墙或组合幕墙作为房屋外墙的,按其外围水平投影面积计算。

(13)坡地建筑物利用吊脚做架空层,层高超过 2. 20 m 以上且有围护结构的,按其围护结构外围水平投影面积计算。

(14)有伸缩缝的房屋(见图 8-6),若其与室内相通,应计算建筑面积。

图 8-5 玻璃幕墙

图 8-6 有伸缩缝的房屋

(15)体育馆、影剧院等房屋按实际层数计算建筑面积。体育场(馆)看台下空间加以利用的,其净高超过 2. 20 m 的,计算其建筑面积(多层按多层计算)。

(16)突出外墙的凸窗,进深大于 0. 60 m、高度大于 2. 20 m,且窗台高度小于 0. 40 m,凸窗计算建筑面积。

二、计算一半建筑面积的范围

(1)与房屋相连有上盖无柱的走廊、檐廊,按其围护结构外围水平投影面积的一半计算。无围护结构的或围护结构大于上盖宽度的,按其上盖水平投影面积的一半计算。

(2)独立柱、单排柱的门廊、车棚、货棚、站台等属永久性建筑的,按其上盖水平投影面积的一半计算。

(3)未封闭的阳台、挑廊,按其围护结构外围水平投影面积的一半计算。

(4)无顶盖的室外楼梯(见图 8-7)按各层水平投影面积的一半计算。

图 8-7　无顶盖的室外楼梯

(5)有顶盖不封闭的永久性的架空通廊,按围护结构外围水平投影面积的一半计算。

三、不计算建筑面积的范围

(1)层高小于 2. 20 m 的房屋及房屋附属部位。

(2)突出房屋墙面的构件、配件、装饰柱、垛、勒脚、台阶、无柱雨篷等,以及有主墙体的玻璃幕、金属幕及其他材料幕墙。

(3)房屋之间无上盖的架空通廊(见图 8-8)。

图 8-8　架空通廊

(4)房屋的天面、挑台(见图8-9),房屋天面上的花园、泳池。

图8-9　房屋的天面、挑台

(5)顶层挑台的底板局部是下层房屋的上盖时,挑台整体不计算建筑面积。

(6)房屋的平台、花台、晒台及与室内不相通的类似于阳台、挑廊、檐廊等。

(7)建筑物内的操作平台、上料平台及利用建筑物的空间安置箱、罐的平台。

(8)骑楼、过街楼的底层用作道路街巷通行的部分;临街楼房挑廊下用作社会公共通道的,不论其是否有柱,是否有围护结构,都不计算建筑面积。

(9)屋面上有柱有盖但无围护结构的一些观景建筑设施。

(10)利用引桥、高架路、高架桥路面作为顶盖的建筑。

(11)广场式室外楼梯。

(12)独立烟囱以及亭、塔、罐、池及地下人防干、支线。

(13)与房屋室内不相通的房屋间伸缩缝。

(14)活动房屋、临时房屋、简易房屋。

活动二　房屋产权面积和使用面积测算

房屋产权面积是指产权主依法拥有房屋所有权的房屋建筑面积。房屋产权面积由直辖市、市、县相关主管部门登记确权认定。大部分省份采用产权面积作为不动产权证书发证面积和交易面积,下一步将逐渐以套内使用面积代替进行交易。

成套房屋套内建筑面积由以下三部分组成:

(1)套内使用面积:为套内房屋使用空间的净面积,按水平投影面积计算。一般根据内墙面之间的水平距离计算,内墙面的装饰厚度计入使用面积。

(2)套内墙体面积:套内墙体面积,全部计入套内墙体面积。套与套之间的共有墙体,套与公共部位的共有墙体,套与外墙(包括山墙),均按墙体中线计算套内墙体面积。

(3)套内阳台面积:均按阳台外围与房屋外墙之间的水平投影面积计算,其中封闭阳台按水平投影计算全部建筑面积;不封闭阳台按水平投影面积的一半计算建筑面积;无顶盖的阳台不计算面积。

活动三　房屋共有建筑面积的测算与分摊

房屋共有建筑面积是指各产权主共同占有或共同使用的建筑面积。

一、房屋共有面积

房屋共有面积包括应分摊的共有面积和不应分摊的共有面积。应分摊的共有面积主要有室内外楼梯、电梯井、管道井、楼梯间、垃圾道、变电室、设备间、公共门厅、过道、值班警卫室等,以及为整幢房屋服务的公共用房和管理用房的建筑面积,以水平投影面积计算;还包括套与公共建筑之间的分隔墙,以及外墙(包括山墙)水平投影面积一半的建筑面积;多层房屋中突出屋面的梯间、有维护结构的水箱等。不应分摊的共有面积是除前所列外,建筑报建时未计入容积率的共有面积和有关文件规定不进行分摊的共有面积,包括独立使用的机动车库、地下室、半地下室、车棚;人防工程的建筑面积;梁底标高不高于 2 m 的架空结构转换层和架空作为社会公众休息或交通的场所等。由于房地产市场交易、办理房屋抵押贷款等适应社会经济发展的需要,共有面积的分摊必须符合有关法律法规的要求,严格按照技术规程的要求进行分摊计算。

二、共有面积的分摊原则

(一)按文件或协议分摊

有面积分割文件或协议的,按其文件或协议分摊。这种情况一般是对一幢房屋有两个以上权利人而言的,在实际情况中并不多见。

(二)按比例分摊

无面积分割文件或协议的,按其使用面积的比例分摊,即

$$\text{各单元应分摊的共有面积} = \text{单元套内建筑面积} \times \text{分摊系数 } k \qquad (8\text{-}4)$$

式中　k=应分摊的共有面积/各单元套内建筑面积之和。

(三)按功能区分摊

对有多种功能的房屋(如综合楼、商住楼),共有面积应参照其服务功能进行分摊,具体如下:

(1)对服务于整个建筑物的共有面积应共同分摊,否则按其服务的建筑功能分别进行分摊。

(2)仅服务于住宅的共有面积,计入住宅部分进行分摊;服务于住宅部分的电梯间、楼梯间,通过其他建筑功能的楼层,则按住宅部分面积和其他建筑面积的各自比例分配相应的分摊面积。

(3)建筑物报建时计入容积率的其他共有面积均应分摊。

(4)共有面积的分摊除有特殊规定外,一般按服务功能进行分摊,分摊时凡属本层的共有面积只在本层分摊,服务于整幢的共有面积整幢分摊,只为某部分建筑物服务的共有面积,只在该部分分摊。

(5)建筑物天顶部分的共有面积,如无特殊要求,则无条件由整幢建筑物分摊。

三、共有面积的分摊方法

(一)住宅楼共有建筑面积的分摊方法

住宅楼的共有建筑面积以幢为单位进行分摊,根据整幢的共有建筑面积和整幢套内建筑面积的总和求取整幢住宅楼的分摊系数,再根据各套房屋的套内建筑面积,求得各套房屋应分摊的共有建筑面积。

$$\delta_{S_i} = kS_i$$
$$k = \sum \delta_{S_i} / \sum S_i \tag{8-5}$$

式中 k——面积的分摊系数;

S_i——各单元参加分摊的建筑面积,m^2;

δ_{S_i}——各单元参加分摊所得的分摊面积,m^2;

$\sum \delta_{S_i}$——需要分摊的面积总和,m^2;

$\sum S_i$——参加分摊的各单元建筑面积总和,m^2。

整幢房屋的共有建筑面积是由整幢房屋的建筑面积扣除各套建筑面积之和,并扣除作为独立使用的地下室、车棚、车库等和为多幢房屋服务的警卫室、管理用房、设备用房,以及人防工程等,即为该幢房屋的共有建筑面积。

(二)多功能综合楼共有建筑面积的分摊方法

多功能综合楼是指具有多种用途的建筑物。按照谁使用谁分摊的原则,对各级共有建筑面积按照各自的功能和服务对象分别进行分摊,即进行多级分摊。参照国家标准《房产测量规范 第1单元:房产测量规定》(GB/T 17986.1—2000)的规定,采取由上而下的分摊模式,即首先分摊整幢的共有建筑面积,把它分摊至各功能区;功能区把分到的分摊面积和功能区原来自有的共有建筑面积加在一起,然后分摊到功能区各个层,再把分到的分摊面积和层的共有建筑面积加在一起,最后分摊至各套或各户。如果各功能区内各层结构相同,共有建筑面积也相同,则可免去这一级分摊,由功能区直接分摊至套或户。

(三)商住楼共有建筑面积的分摊方法

商住楼共有建筑面积的分摊可参照多功能综合楼的分摊方法。首先根据住宅和商业等的不同使用功能按各自的建筑面积将全幢的共有建筑面积分摊成住宅和商业两部分,即住宅部分分摊得到的全幢共有建筑面积和商业部分分摊得到的全幢共有建筑面积。然后住宅和商业部分将分摊所得的共有建筑面积再各自进行分摊。

(1)住宅部分:将分摊得到的幢共有建筑面积,加上住宅部分本身的共有建筑面积,按各套房屋的套内建筑面积计算各套房屋分摊的共有建筑面积。

(2)商业部分:将分摊得到的幢共有建筑面积,加上商业部分本身的共有建筑面积,按各层套内建筑面积依比例分摊至各层,作为各层共有建筑面积的一部分,加至各层的共有建筑面积中,得到各层总的共有建筑面积,然后根据层内各套房屋的套内建筑面积按比例分摊至各套,求出各套房屋分摊的共有建筑面积。

任务三　房产面积计算案例解析

【任务目标】

1. 掌握房产面积测算的主要内容。
2. 掌握坐标解析法面积量算方法。
3. 掌握实地量距法所适用的对象及计算方法。
4. 掌握面积测算的精度要求。
5. 掌握住宅楼共有建筑面积的分摊方法和计算。
6. 掌握商住楼共有建筑面积的分摊方法和计算。

【学习过程】

1. 教师讲授。
2. 课件展示。
3. 案例实训。
4. 分组讨论。

【学习成果】

1. 利用坐标解析法计算宗地面积成果。
2. 住宅楼共有建筑面积分摊计算成果。
3. 商住楼共有建筑面积分摊计算成果。

【知识导航】

一、面积测算方法

面积测算的方法根据数据资料的来源性质和测算手段的不同,可分为坐标解析法和实地量距法两种。

(一)坐标解析法

根据实地测得被测算土地或建筑物周边各界址点、房角点的坐标,按坐标计算面积的公式,计算出土地或建筑物面积的方法称为坐标解析法。

某宗地形状如图 8-10 所示,现已测得各点界址点坐标,有了这些界址点的坐标,就可根据下面的公式计算出相应的宗地面积。

$$S = \frac{1}{2}\sum_{i=1}^{n} x_i(y_{i+1} - y_{i-1}) \tag{8-6}$$

或

$$S = \frac{1}{2}\sum_{i=1}^{n} y_i(x_{i-1} - x_{i+1}) \tag{8-7}$$

式中　S——面积,m^2;

x_i——界址点纵坐标,m;

y_i——界址点横坐标,m;

n——界址点个数;

i——界址点序号,按顺时针方向顺编。

坐标解析法计算面积时,可分别利用式(8-6)和式(8-7)对同一图形进行计算,以便进行检核。

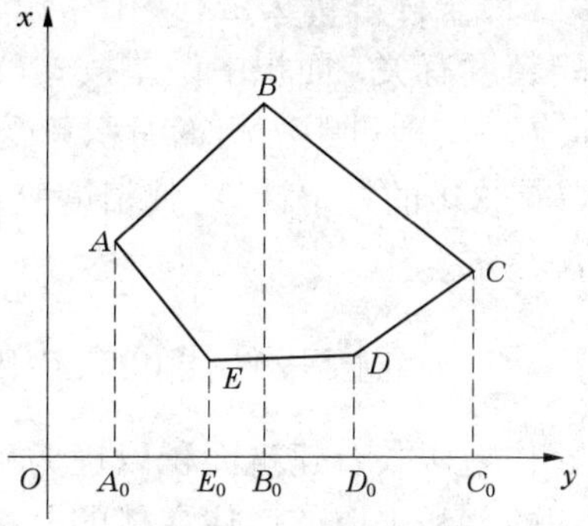

图 8-10　坐标解析法

利用坐标解析法求得面积后,可按式(8-8)计算面积测算中误差:

$$m_s = \pm m_j \sqrt{\frac{1}{8}\sum_{i=1}^{n} D_{i-1,i+1}^2} \qquad (8\text{-}8)$$

式中　m_s——面积测算中误差,m^2;

m_j——界址点、房角点或边界点点位中误差,m;

$D_{i-1,i+1}$——多边形中对角线长度,m。

(二)实地量距法

实地量距法是根据直接在实地测得的被测算土地或建筑物的有关边、角元素,按一定几何公式计算出面积。一般适用于规则图形面积计算,是目前房产测绘中最普遍的面积测算方法。

房屋及其用地大都是由规则几何图形构成的,大多数可以直接量取其有关边长,计算出它们的面积;但也有一些房屋和用地的形状比较复杂不规则,对这些复杂的面积,一种方法是测定其特征点的坐标计算面积;另一种方法是将整个面积分解成若干简单的几何图形,分别量取这些图形的有关边长和角度,再计算出它们的面积。

二、面积测算的精度要求

依据我国现行国家标准《房产测量规范 第 1 单元:房产测量规定》(GB/T 17986.1—2000),房产面积精度分为三级,各级房产面积测算的精度要求如表 8-1 所示。对城市繁华地段、商业区以及某些特殊建 筑物的房屋或者产权人自己的要求可使用一级房产面积精度标准,对城市的商品房或进入 房地产市场的房产面积应达到二级精度要求,其他房屋应达到三级房产面积的精度要求。

表 8-1　房产面积测算的精度要求　　单位:m^2

房产面积精度等级	房屋面积中误差	房屋面积误差的限差
一级	$\pm(0.01\sqrt{S}+0.0003S)$	$\pm(0.02\sqrt{S}+0.0006S)$
二级	$\pm(0.02\sqrt{S}+0.001S)$	$\pm(0.04\sqrt{S}+0.002S)$
三级	$\pm(0.04\sqrt{S}+0.003S)$	$\pm(0.08\sqrt{S}+0.006S)$

(1)坐标解析法是利用图形上各顶点的坐标计算面积,其测算精度只与界址点坐标的测定精度有关。面积中误差按式(8-7)计算。

(2)实地量距法测算面积只受边长或角度的测量精度及计算方法的影响。其面积误差可按表8-1的规定计算,其精度等级的选用,由各城市的房地产行政主管部门根据当地实际情况决定。

三、住宅楼共有建筑面积的分摊方法

住宅楼共有建筑面积以幢为单位进行分摊,根据整幢的共有建筑面积和整幢套内建筑面积的总和求取整幢住宅楼的分摊系数,再根据各套房屋的套内建筑面积,求得各套房屋应分摊的共有建筑面积。

【例8-1】　一普通住宅楼,全幢共6层,每层两个单元,每个单元有两套住宅,全幢共24户住宅,户号从一层东边起顺编,从1至24号,各层套型相同,具体尺寸见表8-2。表中所注尺寸,除阳台尺寸为外尺寸外,其他尺寸均为中线尺寸,计算步骤如下:

表8-2　成套房屋的套内建筑面积和产权面积以及分摊面积的计算

丘号	0048-6	结构	混合	套内建筑面积/m^2	61.10
幢号	6B	层数	06	共有分摊面积/m^2	8.10
户号	1-20	层次	5	产权面积/m^2	69.20
坐落	××南路××巷3-8号				

共有分摊面积计算(第五层,单位m^2)

梯间面积=2.40×4.50×2=21.6

共有外墙面积(1/2外墙)=(0.15+25.60+0.15)×(0.15+10.00+0.15)-(25.60×10.00)

=10.77

本层应分摊面积=21.60+10.77=32.37,全幢应分摊面积=32.37×6=194.22

本层套内建筑面积=61.10×2+61.00×2=244.20,全幢套内建筑面积=244.20×6=1 465.20

本幢共有面积分摊系数 k=194.22/1 465.20=0.132 555 2

本户套内面积=(5.20×10.00+1.20×5.50)+(3.70×1.35)/2=61.10

本户应分摊面积=61.10×k=8.10

本户产权面积=61.10+8.10=69.20

注:本幢房屋墙厚0.30 m

除阳台为外尺寸外,其余为中线尺寸。

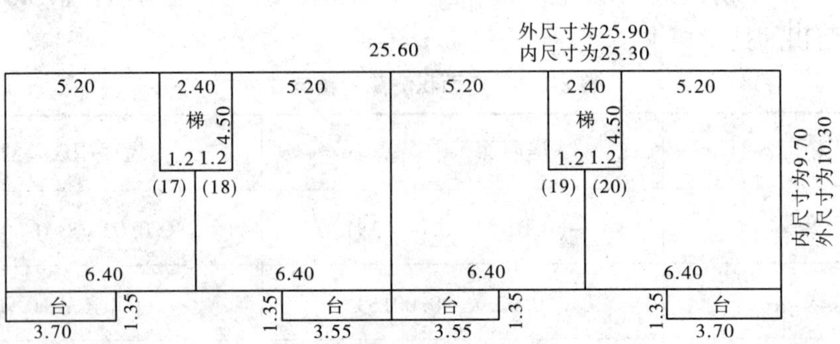

(1)从房屋测量草图上把房屋的有关边长、墙厚等尺寸标注于图上。阳台尺寸标注外尺寸,其他都标注中线尺寸。

(2)为了保证房屋面积计算的准确可靠,在面积计算之前应对房屋的所有边长进行一次校核,保证各尺寸之间没有矛盾,相同户型的中线尺寸要保证一致,保证各房间边长与总边长完全符合一致,对不一致的应进行检查。如是多余观测的测量误差引出的矛盾(闭合差),在规定限差之内时,应进行平差配赋处理。如本幢房屋的边长有:

$6.40\times4=25.60$

$5.20+2.40+5.20+5.20+2.40+5.20=25.60$

(3)计算套内建筑面积:

$S'_{T17}=5.20\times10.00+1.20\times5.50=58.60(m^2)$

阳台(不封闭)面积:$S_{台17}=(3.70\times1.35)/2=2.50(m^2)$

套内建筑面积:$S_{T17}=58.60+2.50=61.10(m^2)$

阳台(不封闭)面积:$S_{台18}=(3.55\times1.35)/2=2.40(m^2)$

套内建筑面积:$S_{T18}=58.60+2.40=61.00(m^2)$

总套内建筑面积:

$$\sum S_{Ti}=(61.10+61.00+61.00+61.10)\times6=1\ 465.20(m^2)$$

(4)幢的共有建筑面积:

层梯间面积:$S_{梯}=(2.40\times4.50)\times2=21.60(m^2)$

层外墙墙体面积的一半:

$S_{半墙}=(0.15+25.60+0.15)\times(0.15+10.00+0.15)-(25.60\times10.00)=10.77(m^2)$(层)

层共有建筑面积:$\Delta S_C=21.60+10.77=32.37(m^2)$

幢共有建筑面积:$\Delta S_Z=32.37\times6=194.22(m^2)$

(5)计算幢共有建筑面积的分摊系数:

$k_Z=194.22/1\ 465.20=0.132\ 555\ 2$

(6)计算各套房屋的分摊面积:

$\delta_{S_{17}}=S_{T17}\times k_Z=61.10\times0.132\ 555\ 2=8.10(m^2)$

(7)计算各套房屋的产权面积:

$S_{E17}=S_{T17}+\delta_{S_{17}}=61.10+8.10=69.20(m^2)$

$S_{E18}=S_{T18}+\delta_{S_{18}}=61.00+8.09=69.09(m^2)$

(8)检查:最后计算的各户产权面积之和=本幢总建筑面积。

房屋的建筑面积(层):

$$\sum S_{Ti}=(0.15+25.60+0.15)\times(0.15+10.00+0.15)+2.5\times2+2.4\times2$$
$$=276.57(m^2)$$

房屋产权面积之和(层):

$\sum S_{Ei}=69.20+69.09+69.09+69.20=276.58(m^2)$

成套房屋的套内面积和产权面积以及分摊面积的计算见表 8-2。

四、商住楼共有建筑面积的分摊方法

首先根据住宅和商业等的不同使用功能按各自的建筑面积将全幢的共有建筑面积分摊

成住宅和商业两部分,即住宅部分分摊得到的全幢共有建筑面积和商业部分分摊得到的全幢共有建筑面积。然后将住宅和商业部分所得的分摊面积各自进行分摊。

住宅部分:将分摊得到的幢共有建筑面积,加上住宅部分本身的共有建筑面积,依照共有共用面积的处理和分摊的方法及公式,按各套的建筑面积分摊计算各套房屋的分摊面积。

商业部分:将分摊得到的幢共有建筑面积,加上本身的共有建筑面积,按各层套内的建筑面积依比例分摊至各层,作为各层共有建筑面积的一部分,加至各层的共有建筑面积中,得到各层总的共有建筑面积,然后根据层内各套房屋的套内建筑面积按比例分摊至各套,求出各套房屋分摊得到的共有建筑面积。

【例 8-2】 本幢建筑物为一商住楼,共六层,分为两个功能区,1~2 层为商业区,每层 8 户,两层共计 16 户,户号由一层西北角起从 1~16 顺编,户型相同;3~6 层是住宅区,共四层,每层两个单元,共四户,共计 16 户,户号从 3 层起顺编,由 17~32 号,为相同套型住宅。根据协议,门口警卫收发室属两区共有,两区各自备楼梯,分别使用,各自所有。结构上完全分离,互不相通。阳台均不封闭。具体尺寸见表 8-3。表中所注尺寸,除阳台尺寸和门卫用房尺寸为外尺寸外,其他尺寸均为中线尺寸,计算步骤如下:

(1)房屋各边长尺寸检核:

$2.40+2.80+2.40+5.20+5.20+2.40+5.20=25.60(\text{m})$

$6.40\times4=25.60(\text{m})$

$4.00+1.50+2.10+2.40=10.00(\text{m})$

$5.20+2.40+5.20+5.20+2.40+5.20=25.60(\text{m})$

(2)套内面积计算。

成套房屋的套内建筑面积以 $S_{\text{T}i}$ 表示,i 为套号或户号。

商场部分 16 套:

$S_{\text{T1}}=S_{\text{T9}}=2.80\times2.40+2.10\times5.20=17.64(\text{m}^2)$

$S_{\text{T2}}=S_{\text{T10}}=S_{\text{T3}}=S_{\text{T11}}=S_{\text{T4}}=S_{\text{T12}}=5.20\times4.50=23.40(\text{m}^2)$

$S_{\text{T5}}=S_{\text{T13}}=S_{\text{T6}}=S_{\text{T14}}=S_{\text{T7}}=S_{\text{T15}}=S_{\text{T8}}=S_{\text{T16}}=6.40\times4.00=25.60(\text{m}^2)$

共计套面积:$\sum S_{\text{T}i}=380.48\ \text{m}^2$

住宅部分 16 套:

$$S_{\text{T17}}=S_{\text{T21}}=S_{\text{T25}}=S_{\text{T29}}=S_{\text{T20}}=S_{\text{T24}}=S_{\text{T28}}=S_{\text{T32}}$$
$$=10.00\times5.20+1.20\times5.50+\frac{1}{2}\times(1.35\times3.70)=61.10(\text{m}^2)$$

$$S_{\text{T18}}=S_{\text{T22}}=S_{\text{T26}}=S_{\text{T30}}=S_{\text{T19}}=S_{\text{T23}}=S_{\text{T27}}=S_{\text{T31}}$$
$$=10.00\times5.20+1.20\times5.50+\frac{1}{2}\times(1.35\times3.55)=61.00(\text{m}^2)$$

共计套面积:$\sum S_{\text{T}i}=976.80\ \text{m}^2$。

(3)共有建筑面积的确定与计算。

①幢的共有建筑面积。

幢的外墙墙体 1/2 面积:

$\Delta S_{\text{Z1}}=[(25.60+10.00)\times0.30+0.30\times0.30]\times6=64.62(\text{m}^2)$

幢外门卫室面积:$\Delta S_{\text{Z2}}=5.00\times3.00=15.00(\text{m}^2)$

幢的共有建筑面积:$\Delta S_{\text{Z}}=64.62+15.00=79.62(\text{m}^2)$

②功能区的共有建筑面积：

分别以 $\Delta S_{宅}$ 和 $\Delta S_{商}$ 表示商场区的共有建筑面积包括梯间和过道两部分：

$\Delta S_{商}=(2.40\times2.40+1.50\times25.60)\times2=88.32(m^2)$

$\Delta S_{宅}=(2.40\times4.50+2.40\times4.50)\times6=129.60(m^2)$

(4)各部分面积的计算。

商场区面积＝380.48+88.32＝468.80(m²)

住宅区面积＝976.80+129.60＝1 106.40(m²)

幢面积＝468.80+1 106.40+79.62＝1 654.82(m²)

表 8-3　商住楼建筑面积计算与共有建筑面积分摊示例

丘号	0048-6	户号	1-32	结构	钢混
幢号	2B	层数	06	层次	
坐落	××南路××巷 3-8 号				

注：本幢房屋墙厚 0.30 m，单位 m²。

除阳台和门卫用房为外尺寸外，其余为中线尺寸。

1~2层各户平面图

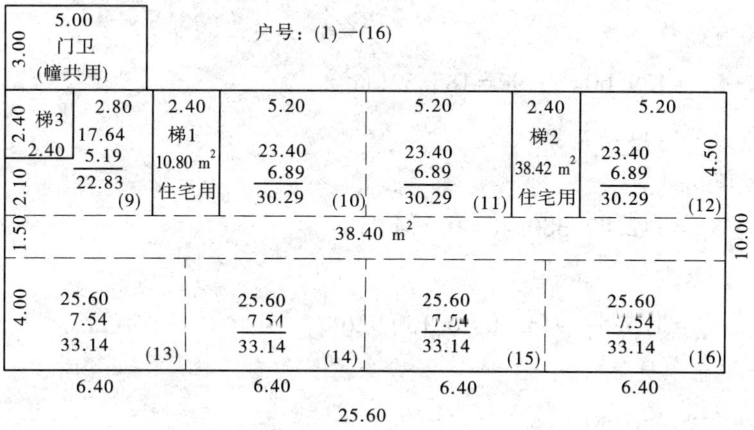

3~6层各户平面图

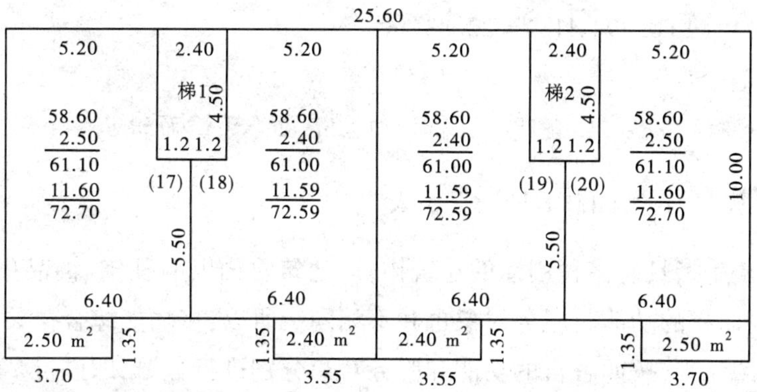

(5)面积计算检核。

全幢面积应为 1 654.82 m^2,经过核算无误后,才可以往下进行计算。

$$S_Z=[(0.15+25.60+0.15)\times(0.15+10+0.15)]\times6+[(3.70\times1.35)\div2+(3.55\times1.35)\div2]\times4+3.00\times5.00=266.77\times6+9.80\times4+15.00=1\ 654.82(m^2)$$

(6)共有建筑面积分摊。

①幢共有建筑面积分摊。

幢共有建筑面积分摊系数:

$$k_Z=\Delta S_Z/\sum S_{gi}=79.62/1\ 575.20=0.050\ 546$$

商场的分摊面积

$$\delta_{Sg1}=k_Z S_{g1}=0.050\ 546\times468.80=23.70(m^2)$$

住宅的分摊面积

$$\delta_{Sg2}=k_Z S_{g2}=0.050\ 546\times1\ 106.40=55.92(m^2)$$

商场总的共有建筑面积

$$\Delta\delta_{Sg1}=\Delta S_{g1}+\delta_{Sg1}=88.32+23.70=112.02(m^2)$$

住宅总的共有建筑面积

$$\Delta\delta_{Sg2}=\Delta S_{g2}+\delta_{Sg2}=129.60+55.92=185.52(m^2)$$

②功能区共有建筑面积分摊。

商场部分分摊系数:

$$k_{g1}=\Delta\delta_{Sg1}/\sum S_{T1}=112.02/380.48=0.294\ 418$$

住宅部分分摊系数:

$$k_{g2}=\Delta\delta_{Sg2}/\sum S_{T2}=185.52/976.80=0.189\ 926$$

(7)各套产权面积计算。

各套产权面积:$S_{Ei}=S_{Ti}\times(1+K_{gi})$

例:$S_{E17}=61.10\times(1+0.189\ 926)=72.70(m^2)$

$S_{E9}=17.64\times(1+0.294\ 418)=22.83(m^2)$

(8)产权面积检核。

计算出各套产权面积后,各套产权面积之和$\sum S_E$应等于幢面积S_Z。

五、综合楼共有建筑面积的分摊方法

多功能综合楼是指具有多种用途的建筑物,即建筑物内既有住宅、商品用房,也有办公用房,各共有建筑面积的功能与服务对象也并不相同。所以,多功能综合楼共有建筑面积按照谁使用谁分摊的原则,按照各自的功能和服务对象分别进行分摊,即进行多级分摊。先分摊幢,然后分摊功能区,再分摊层,最后把共有建筑面积分摊至套或户。具体参照商住楼的分摊计算方法进行分摊。

任务四 编写房产面积测绘技术要求及技术报告

【任务目标】

掌握房产面积测算技术要求及技术报告撰写。

【学习过程】

1. 教师讲授。
2. 课件展示。
3. 案例实训。
4. 分组讨论。

【学习成果】

房产测绘成果报告书。

【知识导航】

一、房屋的实地勘丈要求

(一)房屋丈量工具及精度要求

房屋尺寸丈量采用经检定合格的仪器、工具独立丈量两次，两次测量读数之差 ΔD 应满足 $|\Delta D| \leq 0.005$ m。采用的仪器、工具主要有手持式测距仪、红外测距仪、全站仪、钢卷尺等。

(二)边长采集

进行房屋勘丈时，按下列不同情况进行边长采集：

(1)没有建筑设计图纸的旧房屋，其边长全部实测获取。

(2)有建筑设计图纸的住宅楼、写字楼、公寓楼和只需提供整层面积的厂房、仓库、商业楼的边长数据，按如下办法采集：

①使用经批准的房屋建筑设计图到现场与实际建筑物从形状、结构、层数上进行全面对照。若实际建筑物形状、结构、层数与图纸上相符，则抽查测量部分房屋的边长，实测边长与图纸上尺寸之差绝对值符合 $\leq 0.003D$ 时(其中 D 为实测边长值，以 m 为单位，当 $D<10$ m 时，以 10 m 计)，则该房屋的边长可取用建筑设计图上的尺寸。

②抽查房屋边长应遵守选取具有代表性的和具有关键性的这一原则。具体是：房屋的总长度及总宽度、内外走廊的宽度、梯间面积中的两条边、住宅房每一套型中的两条边及阳台两条边、设备房两条边、消防避难层中非消防避难部分的两条边、屋面梯间及水箱间的两条边、写字楼的上、下层中各一单元中的两条边。此外，在对照过程中有疑问部分应实测。

③属下列情况的，整幢房屋边长全部实测：

全面对照后，房屋楼层的形状或结构与图纸不符的，应重新进行规划审批后；房屋的总长度或总宽度的实测值与图上尺寸之差超规定限值的。除总长度或总宽度外，个别抽查边长与图纸上尺寸之差超限时，应增加该边的测量次数，边长取用实测值计算面积。

二、房屋面积测绘技术报告

房屋建筑面积测绘和计算结果应形成包括封面、文字说明、数据表和平面图的“××市房屋建筑面积测绘报告”。报告书以每幢、每次为单位独立、完整地装订成册。报告书应形成两份,向外提供和存档各一份。

面积计算依据的图纸编号记录、实地测量记录、面积分割协议复印件、建设工程规划许可证(规划设计要点)复印件及其他被采用为面积计算依据的文件,须另外装订成册存档。封面为“房屋建筑面积测绘依据及记录”。每形成一份房屋建筑面积测绘报告须对应形成一份房屋建筑面积测绘依据及记录。

各省、市在编制房屋面积测绘技术报告时内容及格式不尽相同,本章选择的房屋面积测绘技术报告仅供大家参考,具体的内容及格式按各省、市下发的标准执行。

房屋面积测绘技术报告

编号:______________

房产测绘成果报告书

(示范文本)

______________(测绘单位名称)

年 月 日

目　录

作业声明

一、本成果报告书中的成果是依据国家和省市有关规范及委托方与受托方合同约定完成。

二、竣工实(预)测项目作业人员________________对作业对象进行了实地勘测,并由____________________计算完成。

三、受托方与委托方没有利害关系或偏见,也与有关当事人没有利害关系或偏见。

四、受托方不对委托方提供的资料的准确性与合法性负责。

五、本成果报告书的成果仅作为该项目委托方与受托方合同约定目的下使用,不作为其他用途使用。

六、本成果报告经委托方____________________认可。

项目负责人(签字):　　　　　　年　　月　　日

复　核　人(签字):　　　　　　年　　月　　日

(单位资质签章)

作业说明

一、本成果报告书使用的长度单位为米,面积单位为平方米。

二、委托方情况:

1. 委托方名称:
2. 委托方地址:
3. 委托方经办人:
4. 委托方电话:

三、项目概况:

1. 项目名称:
2. 项目坐落:
3. 项目类别:

四、作业目的:

五、作业日期:

六、测绘仪器:

七、绘图及面积计算软件:

八、作业依据:

1. 国家和省市各项技术规范等文件。
2. 委托方依照双方合同约定向受托方提供的各项资料。
3. 其他依据(请文字说明):

九、其他说明:

项目负责人:

年　　月　　日

作业成果

一、房屋建筑面积总表

表 1 房屋建筑面积总表

<table>
<tr><td>建筑物名称</td><td colspan="4"></td></tr>
<tr><td>坐落</td><td colspan="4"></td></tr>
<tr><td rowspan="6">面积统计</td><td colspan="3">建筑总面积
（含人防）</td><td></td></tr>
<tr><td rowspan="3">其中</td><td colspan="2">地上主体面积</td><td></td></tr>
<tr><td colspan="2">地下室面积</td><td></td></tr>
<tr><td colspan="2">人防面积</td><td></td></tr>
<tr><td colspan="2" rowspan="2">附属物面积
（指层高不足 2.2 m 的部位）</td><td>地下室</td><td></td></tr>
<tr><td>其他</td><td></td></tr>
<tr><td rowspan="2">层数统计</td><td colspan="3">地上层数</td><td></td></tr>
<tr><td colspan="3">地下室层数</td><td></td></tr>
<tr><td colspan="5">备注：</td></tr>
</table>

二、分功能区面积汇总表

表 2　分功能区面积汇总表

建筑物名称：

功能区号	功能区名称	建筑面积	套内建筑面积	分摊面积	分摊系数

三、房屋建筑面积分层汇总表

表 2 房屋建筑面积分层汇总表(样本 1)

建筑物名称：

层次	建筑面积	备注
汇总		

表 3 房屋建筑面积分层汇总表(样本 2)

建筑物名称：

层次	建筑面积				备注
⋮					
	A 栋	B 栋	C 栋	…	
汇总					

四、共有共用建筑面积分层汇总表

表 4　共有共用建筑面积分层汇总表

建筑物名称：

层次	共有共用面积名称（按名称列出）	面积		分摊范围	备注
		分摊	不分摊		
汇总					

五、房屋分户建筑面积明细表

表 5　房屋分户建筑面积明细表

建筑物名称：

部位及房号	建筑面积	其中			备注
		套内建筑面积（含阳台）	阳台建筑面积	分摊的共有共用建筑面积	
小计					
合计					

六、房屋分层分户平面图

附件:共有共用建筑面积分摊说明

填写说明

一、封面

1. 编号:由测绘单位自行确定。主要用于反映该成果报告书在单位档案管理中的类别和次序。此编号应能同时反映出该成果报告书修订的次数。

2. 日期按照出具报告的日期填写。

二、作业声明

本声明主要阐述项目委托单位与测绘机构之间法律责任义务关系,说明完成该成果报告的项目负责人和复核人员。

人员签字及日期据实签署(严禁打印)。其中,复核人员有多位时,只填写主要人员。

三、作业说明

作业说明主要用来对项目委托方、测绘目标、测绘依据进行描述,并对测绘工作中和测绘成果中有关需要说明的内容进行表述。

委托方情况应据实填写清楚、充分。

项目名称据实填写,实测项目以地名办批件为准,预测项目以测算依据标称为准。

实测项目的坐落以公安部门的批件为准。

项目类别应按照:1. 住宅用房,2. 商业楼用房,3. 多功能综合楼用房三类来填写。

作业目的分为商品房面积图纸预测、产权登记测绘(其他作业目的的测绘成果报告应另做说明)。

预测项目作业日期以开始作业为开始,实测项目以进入现场实际测量为开始,图纸预测项目和产权登记测绘项目以作业结束出具成果报告为结束。

作业依据中的其他依据是指在双方合同中没有约定而在实际过程中使用的依据。对于在双方合同中有约定但在实际工作中未能取得相关资料的,应在第九项"其他说明"项中填写未能取得资料原因和实际处理的结果。

其他说明项中,首先分类列出成果数据资料和图形资料的页数;其次,对本技术报告中一些技术概念进行说明;然后填写其他的相关说明。

四、作业成果

1. 房屋建筑面积总表

据实填写,无则空省。其中,对于表格中无法用数字表述的栏目,应在"备注"栏中用文字说明清楚。

2. 分功能区面积汇总表

据实填写。

3. 房屋建筑面积分层汇总表

据实填写,依据房屋的不同结构采用不同的列表样本。平房测量的成果报告将房屋建筑面积分层汇总表填写完毕即可。

该表的"层次"栏应从地下层至屋面按自然层顺序逐层用数字(地下层在数字前加"-"号,如-01、-02 等)表示(结构上的设备用房层等用汉字说明,不计入层次序列);各层建筑面积值为按房屋外墙外围水平投影面积计算的,包括阳台、外走廊、挑廊、檐廊、室外梯等的建筑面积。对于层高不大于 2. 20 m 的结构楼层,也应填写其名称,建筑面积值为 0,并在"备注"栏中注明不计建筑面积的原因。屋顶的建筑面积值为屋顶应计算建筑面积的数值总计,并在"备注"栏中注明其名称,如楼电梯间、水箱间等。

4. 共有共用建筑面积分层汇总表

据实填写。

5. 房屋分户建筑面积明细表

按照现有规定,据实填写。

6. 房屋分层分户平面图

按层打印,分层注明,完全相同的层次可只打印一页,但要注清层数。同时应注明:该层总建筑面积,该层总套内建筑面积,各局部部位名称(或房号)和各户套内建筑面积。注记满足计算总建筑面积的边长。

五、附件

本附件中,对于需分摊的项目,应将分摊原则附于其上。

项目九　房产变更测量

【项目说明】

房产变更测量是指房屋发生买卖、交换、继承、分析(割)、新建、拆除等涉及权界调整和面积增减变化而进行的更新测量。

房产变更是经常发生的一种动态变更,为了保持房产图和房产资料的现势性和准确完整性,使其满足产权登记与变更登记的需要,则必须要根据房产的变更及时进行房产的变更测量。

房产变更测量包括变更调查和变更测量,是指在完成房产总调查之后,为适应日常房产管理工作的需要,使房产资料保持现势性而对土地的权属、位置、数量、质量和现状等发生变化以及房屋等定着物涉及权界调整和面积增减变化而进行的更新测量。通过房产变更调查与测量,从而实现动态的、规范的、科学的日常房产管理。

【项目目标】

1. 知识目标

- 熟练掌握房产变更调查特点。
- 熟练掌握房产变更调查程序。
- 熟练掌握不动产单元代码变更原则。
- 掌握房产变更测量的步骤。
- 掌握房产变更测量相应资料的归档要求。

2. 能力目标

- 能够根据房产变更调查的特点和程序,顺利开展房产变更调查。
- 能够根据不同情况,进行不动产单元代码的变更。
- 变更调查结束后,能够将变更调查资料进行整理。
- 能够熟练分辨权属变更和现状变更。
- 房产变更测量之后,能够根据相关要求将相应资料进行变更。
- 能够编制房产变更测量报告。

3. 素质目标

- 培养学生责任意识、认真负责的敬业精神。
- 养成查阅各项规范、论文、文献等参考资料的习惯。
- 养成后期自学、主动学习能力。

【项目任务】

任务一　房产变更调查

任务二　房产变更测量

【项目成果】

1. 房产权籍变更调查通知书

2. 编制房产变更测量报告。

任务一　房产变更调查

【任务目标】

1. 熟练掌握房产变更调查特点。
2. 熟练掌握房产变更调查程序。
3. 熟练掌握不动产单元代码变更原则。

【学习过程】

1. 教师讲授。
2. 课件展示。
3. 案例实训。
4. 分组讨论。

【学习成果】

1. 房产登记申请书。
2. 房产权籍变更调查通知书。
3. 房产权籍调查表。

【知识导航】

一、房产变更调查的特点

房产变更调查的技术、方法与房产总调查基本相同,但又有以下不同的特点:

(1)房产变更发生频繁,调查对象范围较小,内容较分散。

(2)房产变更时执行的政策性强,精度要求高。

(3)进行房产变更测量时,与本丘有关的表、卡、册、证、图均应进行变更,使其做到变更同步,手续要连续。

(4)变更调查时间不限定。只要使用者提出变更申请,就应立即进行变更调查,以满足使用者的需求。

二、房产变更调查程序

房产变更调查主要工作包括准备工作,房产变更调查,房产变更测量,成果资料的检查与整理、变更与归档等工作。

(一)准备工作

1. 资料准备

(1)根据房产变更调查任务,做好房产权属来源等相关资料的收集、整理和分析工作。

(2)根据有关规定,制作发送不动产权籍调查资料协助查询单(见表9-1)到国土、房产、规划等行政主管部门的档案室或在数据库中查询、核对并获取被调查对象的档案资料和数据,并要求出具证明或在资料复印件上加盖档案资料专用章。

表 9-1 不动产权籍调查资料协助查询单

不动产权籍调查资料协助查询单

（查询单位名称）：

根据________________等有关规定，请贵单位按照以下信息协助查询土地权属情况，并出具查询结果：

1. 查询范围，详见《查询地块范围示意图》。

2. 查询内容：

申请查询联系人： 联系电话：

不动产权籍调查承担单位（盖章）

年 月 日

注：1. 本协助查询单一式二份，一份连同查询结果反馈至不动产权籍调查承担单位，一份由协助查询机构留存。

2. 协助查询单位应出具查询结果证明，经审定并加盖协助查询单位用章后反馈至不动产权籍调查承担单位。

3. 档案查阅的类型如下：

①土地登记、抵押、查封、地役权和土地权利限制等情况。

②集体土地征收、转用和审批情况。

③土地供应情况。

④相邻土地权利人的情况。

⑤相关控制点、界址点坐标。

⑥其他需要了解的情况。

2 技术准备

（1）档案资料、数据的分析与整理。

（2）发放指界通知书。

（3）计算测量放样数据。

（4）房屋用地调查表、房屋调查表、绘图工具、测量仪器等。

（5）调查人员的身份证明等。

（二）房产变更调查

房产变更调查主要是对变更房产要素进行调查，包括权属变更调查和现状变更调查。

（1）现状变更调查即对房屋及其用地的自然状况变化的调查，自然状况是指房产的位置（地名、门牌号）、建筑结构类别、层数、建成年份、房屋用途及其用地分类等情况变化的调查。利用调查表，对照房产图进行调查与核实。

（2）权属变更调查：即对房产登记权利的调查，包括权利种类、权利人、他项权利人、权利范围、四至界标、墙体归属、权源等的调查与核实。分为界址未发生变化和界址发生变化两种类型。

（三）房产变更测量

房产变更测量是在房产变更调查基础上进行的，包括权属变更测量和现状变更测量。

(四)成果资料的检查整理与变更归档

(1)地籍数据的维护和管理单位应按照《地籍调查规程》(TD/T 1001—2012)检查验收的规定对纸质或电子的日常不动产权籍调查成果进行检查,并给出检查意见。

(2)地籍数据的维护和管理单位应按照《地籍调查规程》(TD/T 1001—2012)检查验收的规定在地籍数据库中对日常不动产权籍调查成果进行检查,并给出检查意见。

(3)如果地籍数据的维护和管理单位检查认定成果资料正确,则更新地籍数据库,同时按照《地籍调查规程》(TD/T 1001—2012)中的要求整理调查资料,上交档案管理部门归档,并用于土地登记等相关工作;否则,责成任务承担单位检查修正成果资料,直到符合要求。

三、不动产单元代码变更规则

(一)宗地特征、界址未发生变化的不动产单元代码变更

1. 宗地代码的变更

宗地特征、界址未发生变化的,宗地代码不变。

2. 定着物代码的变更

(1)宗地内定着物特征和空间范围均未发生变化的,定着物代码不变。

(2)宗地内定着物特征发生变化的,先确定新的定着物特征码,定着物单元编号在新定着物特征码的最大定着物单元编号后续编。

(3)宗地内定着物特征未发生变化的,独幢、层、套、间房屋的定着物单元编号变更情形如下:

①整幢房屋内的层、套、间界线发生变化的,房屋幢号不变,房屋户号在该幢房屋的最大户号后续编。

②新增的整幢房屋,房屋幢号在宗地(或地籍子区)内最大幢顺序号后续编,房屋户号在该幢房屋内统一编号,码值为0001~9999。

③整幢房屋改建、扩建和翻建的,房屋幢号不变。该幢房屋内新增的层、套、间,房屋户号在该幢房屋内最大户号后续编。

(4)宗地内定着物特征未发生变化的,独立成片的林木等其他独立定着物的空间范围发生变化的,定着物单元编号在相应定着物特征码的最大定着物单元编号后续编。

(5)两个或两个以上的定着物组成一个定着物单元的,定着物代码变更情形如下:

①定着物全部转移给其他权利人的,定着物代码不变。

②定着物部分转移给其他权利人的,定着物代码按照《不动产权籍调查技术方案》(试行)编码。

③定着物发生新增、拆除、改造等变化的,不动产权利人未发生转移的,定着物代码不变。

(二)宗地特征发生变化、界址未发生变化的不动产单元代码变更

1. 宗地代码的变更

在地籍子区内,确定新的宗地特征码,宗地顺序号在新宗地特征码的最大宗地顺序号后续编,形成新的宗地代码。

2. 定着物代码的变更

定着物代码按照《不动产权籍调查技术方案(试行)》变更。

(三)宗地特征未发生变化、界址发生变化的不动产单元代码变更

1. 宗地代码的变更

在地籍子区内,新的宗地顺序号在相应宗地特征码的最大宗地顺序号后续编,形成新的宗地代码。

2. 定着物代码的变更

(1)定着物为房屋且房屋内定着物单元空间范围未发生变化,房屋幢号在地籍子区内统一编号的,则房屋幢号与房屋户号不变;房屋幢号在宗地内统一编号的,则在新宗地内,房屋幢号按照《不动产权籍调查技术方案(试行)》编码,房屋户号不变。

(2)定着物为房屋且房屋内定着物单元空间范围已发生变化,房屋幢号在地籍子区内统一编号的,房屋幢号不变,新的房屋户号在该幢房屋内的最大户号后续编;房屋幢号在宗地内统一编号的,在新宗地内,房屋幢号按照《不动产权籍调查技术方案(试行)》编码,新的房屋户号在该幢房屋内的最大户号后续编。

(3)定着物为其他类型的,在新宗地内,定着物代码按照《不动产权籍调查技术方案(试行)》编码。

(四)宗地特征、界址均发生变化的不动产单元代码变更

1. 宗地代码的变更

在地籍子区内,确定新的宗地特征码,宗地顺序号在新宗地特征码的最大宗地顺序号后续编,形成新的宗地代码。

2. 定着物代码的变更

定着物代码按照《不动产权籍调查技术方案(试行)》编码。

(五)县级行政区界线发生变化的不动产单元代码变更

1. 地籍区、地籍子区整体划入

(1)宗地代码的变更:在确定新的地籍区、地籍子区后,重编地籍区代码和地籍子区代码,宗地号不变,形成新的宗地代码。

(2)定着物代码的变更:定着物代码不变。

2. 地籍区、地籍子区部分划入

1)宗地代码的变更

(1)在确定新的地籍区、地籍子区后,重编地籍区代码和地籍子区代码。

(2)划入宗地的编号在新地籍子区内最大宗地号后续编。

2)定着物代码的变更

(1)定着物为房屋的,房屋幢号以地籍子区为编码单位的,房屋幢号在新地籍子区最大幢号后续编,房屋户号不变;房屋幢号以宗地为编码单位的,房屋幢号和房屋户号不变。

(2)定着物为其他类型的,定着物代码不变。

(六)不动产灭失的不动产单元代码变更

原不动产单元代码不再使用。

四、界址变更调查

界址变更调查即对权属界线的认定、确定和标定。分成认界、确界和标界三个阶段。认界时不论任何方式的指界,必须得到相邻产权人的认可并签章或具结,有时还需设立四至界标,或对"四面墙界表"进行签认;确界时,坚持房屋所有权与土地使用权权利主体一致的原则;标界时,要严格执行《房产测量规范 第1单元:房产测量规定》(GB/T 17986.1—2000)的规定。

根据申请调查的材料和档案资料查询结果,核实确认房产的权属现状,确认其界址是否发生变化,然后确定权属调查的具体方法。界址是否发生变化的具体情形如下:

(1)新设界址和界址发生变化的情形有:①征收或征用土地;②城镇改造拆迁;③划拨、出让、转让国有土地使用权;④权属界址调整后的宗地,土地整理后的宗地重划;⑤宗地的界址因自然力作用而发生的变化等;⑥由于各种原因引起的宗地或分割和合并。

(2)界址不发生变化的情形有:①转移、抵押、继承、交换、收回土地使用权;②违法房产经处理后的变更;③宗地内地物、地貌的改变,如新建建筑物、拆除建筑物、改变建筑物的用途及房屋的翻新、加层、扩建、修缮等;④精确测量界址点的坐标和房屋的面积;⑤权利人名称、房屋位置名称、用途等的变更;⑥房屋所属行政管理区的区划变动,即县市区、街道、街坊、乡镇等边界和名称的变动;⑦权利取得方式、权利性质或权利类型发生变化。

五、房产变更调查资料处理

变更调查结束后,应按照《地籍调查规程》(TD/T 1001—2012)、《房产测量规范 第1单元:房产测量规定》(GB/T 17986.1—2000)的要求,对调查资料进行整理。

(一)宗地代码和界址点号的变更

(1)新设宗地、界址发生变化的宗地,原宗地代码不再使用,新代码按照《不动产单元设定与代码编制规则》(试行)的规定编制。

(2)新增界址点点号,在地籍子区内的最大界址点号后续编;已废弃的界址点在街坊内的统一编号永远消失,不得再用;无变化的,保留原编号。

(二)宗地草图变更

(1)新设宗地,按照《地籍调查规程》(TD/T 1001—2012)的规定绘制宗地草图。

(2)界址发生变化的宗地,根据实际情况可按照《地籍调查规程》(TD/T 1001—2012)的规定重新绘制宗地草图,原宗地草图复印件一并归档;也可在原宗地草图复印件上修改制作成变更后的宗地草图。

(3)在原宗地草图复印件上修改制作宗地草图的方法如下:

①废弃的界址点、界址线打上" ×",变化的数据用单红线划去,废弃的界址线用" ×"标记。

②新增的界址点用界址点符号表示,新增的界址线用单实线表示,注明相应的丈量距离。

③变化和新增部分使用红色标记。

(三)调整幢号和户号等有关的房产编码

幢号、房角点号、房产权号、房屋共有权号都是房产产籍管理常用的编号,不能重号。变更测量后,相关的房产编号须及时调整。

(1)房产权号。房屋共有权号除了整幢房屋拆除须注销其权号,一般不予调整。

(2)房角点号。按需要测定的房角点,其新增的房角点点号按续编号区内最大房角点点号续编。

(3)幢号。毗连房屋合并或同幢房屋的分析(设立房屋共有权的商品房除外),重新编幢号,新增的幢号按宗地内最大的幢号续编;房屋部分拆除,原幢号保留,整幢房屋灭失,幢号注销;宗地内新建房屋,按宗地内最大幢号续编。

(四)房屋调查表变更

根据房屋变更调查相关的现状变更和权属变更内容对房屋调查表进行动态变更。

任务二 房产变更测量

【目标任务】

1. 掌握房产变更测量步骤。
2. 掌握房产变更相应资料的归档要求。
3. 能够编制房产变更测量报告。

【学习过程】

1. 教师讲授。
2. 课件展示。
3. 分组讨论。
4. 案例实训。

【学习成果】

编制一份房产变更测量报告。

【知识导航】

房产变更测量包括房屋现状变更测量和房产权属变更测量。现状变更要为权属变更服务,权属变更又直接影响现状变更。权属变更测量具体反映在产权证附图与登记档案上,属于产权登记证明测量,其所提供的产权证附图具有法律效力,属于官方测量,是一种政府行为的测量,必须做到变更有据;现状变更测量具体反映在分幅图和分丘图上,属于修补测量分幅图。房产权属变更测量应做到变更有合法依据,对原已登记发证确认的房屋及其用地权属界线范围和面积,以及权证的附图是不能任意更改和重绘的,这是一项基本要求。变更测量后须对房产资料进行补充和修正,为房产日常的转移和变更登记提供可靠的图籍和面积等数据。

一、房产变更测量的内容

(一)房屋现状变更测量的内容

(1)房屋新建、改建或扩建未经房产初始登记的房屋,房屋实地位置及房屋的结构、层数、平面图形发生变化的。

(2)房屋的损坏与灭失,包括全部拆除或部分拆除、自然倒塌或烧毁的未经注销或变更的房屋。

(3)围墙、栅栏、篱笆、铁丝网等房屋围护物,以及房屋附属设施的变化。

(4)市政道路、广场、河流的拓宽或改建,以及河流、水塘、沟渠等边界的变化。

(5)房屋坐落(如地名、门牌号)的更改或增设。

(6)房屋及其用地分类的变化。

(7)行政境界的变化(如市辖区界的调整涉及房地产编号的更正)。

(二)房产产权权属变更测量的内容

(1)产权初始登记后发生房屋买卖、交换、继承、分析(割)、赠予、兼并、入股等房产交易活动引起的所有权和使用权的转移或变更。

(2)房屋用地界线、界址的变化,包括房屋因合并、分析(割)、自然坍塌以及裁弯取直引发房屋占地范围的调整。

(3)征拨用地、出让或转让土地使用权而引起权利范围的变化。

(4)法院等司法部门裁决的房产转移和变更,以及房产管理部门按政策处理的接管、代管和发还的房屋,绝产房屋。

(5)房屋他项权利(抵押、典当、地上权、地役权)设定权利范围变更或注销。

(6)房产权利人自行申请更正(主要是权属面积和权属范围的补正),发证单位因申请人隐瞒事实、伪造有关证件等引发错证的补充和更正。

二、房产变更测量的方法

根据房地产变更的有关资料,先进行房地产变更调查,再进行新权界位置和面积的测定,调整好有关的房地产号,最后进行房地产内部资料的处理。

(一)变更测量的顺序

根据房产现状变更和权属变更资料,先进行房产变更调查,包括现状、权属和界址调查,然后进行权界和权属面积的测定,并及时调整权界、丘号和界址点号、幢号和户号等有关的房地产编码,最后进行房产产权产籍资料的处理和归档。

变更测量应在原图或二底图上进行,并根据原有的邻近平面控制点、界址点或明显的固定地物点上设站进行。除解析地物点外,所有修测过的地物点不得作为再修测的依据。

房产变更测量一般按以下程序实施:

①变更信息采集→②信息分类→③变更要素调整→④变更要素测定→⑤房地产编号调整→⑥房产资料处理。

上述①和②是变更测量前的准备工作,③和④是变更测量的外业工作,⑤和⑥是变更测量的内业工作。

(二)变更测量前的准备工作

房产测量前的准备工作主要包括通过各种渠道进行变更资料的收集和对将要变更的资料进行初步分析、整理、归类、列表,以及调阅房产登记资料和房产图件资料,备现场调查之用。如城建规划部门、市政公用部门、房地产开发企业、交易市场、政府房地产管理部门、拆迁管理单位等。

(三)现状变更测量

(1)现状变更范围较小,可根据图上原有房屋或设置的测线,采用钢卷尺定点测量法(限于模拟图)修测,具体应用支距法、距离交会法、延长线法、方向线法等方法进行。

(2)现状变更范围较大时(新扩大的建成区),应先进行平面控制测量,补测图根控制点,然后进行房产图的测绘。

(3)采用解析法测量或全野外数字采集系统时,应在实地布设好足够的平面控制点,设站逐点进行现场的数据采集。

（四）权属变更测量

房产的合并或分割，是权属变更的主要内容，也是确定新权属界即丘界和面积的复测工作（或称复丈），应根据变更登记文件，由当事人或关系人到现场指界，经复核丈量后确定。复丈时，根据需要和实际条件，可采用图解法或解析法。

1. 图解法

（1）勘丈资料准备。调用已登记在册的房产资料，包括房屋及用地调查表、登记申请书、房产图等。

（2）根据变更登记申请书、房产位置图、权利的证明文件，确定日期，通知申请人或代理人到现场指界，设立界标，实施分户测绘。

（3）勘丈时应以现有的平面控制点、界址点或房产图上的界标物（房角点）为依据。

现有的平面控制点、界址点、房角点都可以作为变更测量的基准点。利用前，应检查其点位的可靠性。对于1:500比例图，一站检测之差（较差）不超过图上±0.2 mm，即相当于10 cm；异站或自由设站检测之差（较差）不超过图上±0.4 mm，即相当于20 cm。当用测定点之间的距离与由坐标反算的距离进行检核时，其距离较差应不超过2倍相应等级平面控制点点位中误差。

采用图解法进行权属变更测量，常用于房屋分析，应将分界的实量数据注记于草图上，并按实量数据计算面积后，再定出分界点在图上的位置。同时，也适用于多产权商品房屋分户分割。

（4）同幢房屋分割时，复丈人员应将分界实量数据注记在复丈图上，并按其实量边长计算出面积后再定出分割点在图上的位置。

（5）修正分幅图、分丘图。

2. 解析法

（1）调用原房产登记资料，包括房屋及用地调查表、登记申请书、房产图、界址点坐标成果表等。

（2）根据变更登记申请书、房产位置图、权利证明文件通知申请人或代理人到现场指界，设立界标。

（3）复丈应以控制点或界址点作为依据，以测得点间距离与由坐标反算的距离进行检核，其距离较差不应超过2倍控制点或界址点点位中误差。

（4）复丈可采用极坐标法、导线法、支距法、交会法、三线法、截线法等方法。

（5）按等级界址点的精度要求测定出新增界址点的坐标，并计算出分割后各自的面积。

（6）用地合并面积，以合并后外围界址点坐标计算的面积为准。

采用解析法进行权属变更测量，常用于房屋用地分割或合并。用地分割应将新增界址点的坐标数据、点号注记于草图上，按坐标展出分割点的图上位置；用地合并，取消毗连界址点，用界址点坐标计算分丘用地面积。

三、房产变更测量的要求

（一）变更测量的精度要求

变更测量精度包括房产图图上精度和解析精度，图上精度指的是分幅图图上精度，解析精度指的是新增界址点的点位精度以及面积计算精度。

1. 图上精度

《房产测量规范 第1单元:房产测量规定》(GB/T 17986.1—2000)对房产分幅平面图的精度已做了规定:模拟方法测绘的房产分幅平面图上的地物点,相对于邻近控制点的点位中误差不超过图上±0.5 mm。

现状变更测量后,修补测的分幅图与变更前的分幅图图上精度要求达到一致。

2. 解析精度

《房产测量规范 第1单元:房产测量规定》(GB/T 17986.1—2000)对全野外数据采集或野外解析测量等方法所测的房产要素点和地物点,相对于邻丘控制点位中误差不超过±0.05 m。

权属变更测量后,新测定的变更要素点的点位中误差不得大于±0.05 m。新测定的界址点精度应保证相应等级界址点的同等精度。房产变更测量后,房产面积的计算精度应完全符合相应等级房产面积的精度要求。

用地变更测量后,用地面积如按界址点坐标计算面积,其面积限差不超过式(9-1)的计算结果:

$$S = 2m_{\mathrm{j}} \times \sqrt{\frac{1}{8} \times \sum_{i=1}^{n} D_{i-1,i+1}^{2}} \tag{9-1}$$

式中 S——面积限差,m^2;

m_{j}——相应等级界址点规定的点位中误差,m;

$D_{i-1,i+1}$——界址点连线所组成的多边形中对角线长度,m。

(二)变更测量的业务要求

房产变更测量服务于房产产权管理,因此《房产测量规范 第1单元:房产测量规定》(GB/T 17986.1—2000)提出了在进行变更测量工作的同时,应执行有关的房地产政策和行政法规。

1. 基本要求

房产权属变更测量应做到变更有合法依据,如变更登记申请书、产权证明文件、变更处理案件等,对已登记发证确认的房屋及其用地权利界线和产权面积,权证附图不能任意更改和重绘。

2. 房屋合并或分析

房屋合并或分析,已登记确权,位置毗连,且权属相同的房屋可以合并;分析应以已进行过初始登记,法令并无禁止才进行分析,且分析处有明显界标物,这是变更测量的前提。

3. 房屋所有权转移

房屋所有权发生转移,其房屋占地范围也要随之转移。

4. 他项权利

在所有权上设立的他项权利,必须是首先进行过房产登记的房屋。他项权利范围变更,应根据抵押、典当合同、注销原则范围,划定新权利范围。

四、变更测量后房地产资料的处理

房地产资料主要由房地产平面图、房地产产权登记档案和房地产卡片三部分组成。此外,为了房地产经营管理和分类统计的需要,编造了各种账册、报表,简称为图、档、卡、册,为了相互检索或调用方便,一般使用丘(地)号。保持房地产现状与房地产资料的一致,必须对房地产动态变更及时进行收集、整理,修正图、卡、册,补充或移动档案资料,这样的房地产资料才会有使用价值。

变更后房地产资料的处理,是房地产产权产籍管理的一项连续性工作。它包括房地户已有资料的处理和未登记、未结案房地产资料的处理,在处理之前,预先对有关的变动的房地产编号进行调整。

(一)房地产编号调整

丘号、丘支号、幢号、界址点号、房角点号、房产权号、房屋共有权号都是房地产产籍管理常用的管理号,不能重号。变更测量后,相关的房地产编号须及时调整。其中房产权号、房屋共有权号除整幢房屋拆除须注销其权号外,一般不予调整。

1. 丘号、丘支号

不分独立丘或组合丘,用地合并或重划,须重新编丘号。新编的丘号要按编号区内最大丘号续编,新增的丘支号要按丘内最大丘支号续编。

2. 界址点点号、房角点点号

相邻丘的合并,四周外围界址点点号维持原编号的点号;同丘分割,新增的界址点点号按编号区内最大界址点点号续编。

按需要测定的房角点,其新增的房角点点号按续编号区内最大房角点点号续编。

3. 幢号

毗连房屋合并或同幢房屋的分析(设立房屋共有权的商品房除外),重新编幢号,新增的幢号按丘内最大的幢号续编;房屋部分拆除,原幢号保留,整幢房屋灭失,幢号注销;丘内新建房屋,按丘内最大幢号续编。

(二)变更后的房产产权产籍资料的处理

房产产权产籍资料主要由房产图、房产档案和房产卡片三部分组成,还有各种账簿和表册,简称为图、档、卡、册。

为保持房产现状与产籍资料的一致性,必须对房产动态变更内容进行及时收集、整理及修正图、卡、册,并补充档案资料。

房产变更测量和变更后的房产资料的处理,是房产管理中的一项经常性的工作。变更后房产资料的处理包括两个方面:一是对变更后的登记资料处理;二是对未登记、未结案的资料处理。现分别介绍如下。

1. 变更后已有的登记资料处理

1) 图的处理

(1) 房屋和用地的合并或分割是权属变更,根据权属变更案,通过变更测量后的数据和权界认定,经审查确权后标注在分丘图上,重新调整房产编号,做出权属变更测量记录和丘号异动单,再相应修正分幅图,重新绘制分户图。

(2) 房产图形位置等现状变更时,首先修补测分幅图原图或二底图,然后由外业人员做出现状变更测量记录,并通知内业人员修正分丘图。

(3) 与房产有关的地形要素的变化,只需修正分幅图,做出变更测量记录。

(4) 对已建立数字房产图的单位,可根据现在的硬件与软件配置,根据变更后的房产数据进行图形编辑、注记、修改分幅图,分丘图则可根据需要由分幅图派生。

2)卡的处理

(1)权属变更和现状变更时,要根据权属变更测量记录修正卡片或重新制卡和销卡。

(2)图形位置和与房产有关的地形要素的变化,不必修正卡片。

(3)修正卡片时,涉及房产资料统计分类面积的变动,要做出改卡记录,作为面积增减变化的原始凭证。

(4)房屋产权人和使用户的改变,除更改房产卡片外,还要更改已建的人名索引卡。

(5)地名、门牌号的变动,除更改房产卡片外,还要更改已建的地名索引卡。

3)档的处理

(1)要根据权属变更案和现状变更测量记录,对已建档的资料进行异动变更和补充。

(2)变更的图件和文件证明材料,以及变更测量记录按丘归档。

(3)丘界线的调整,房产编号调整记录与原丘图形和面积增减变化等资料一并归入相应档卷内。

(4)对已建立计算机管理系统的单位,对存储于磁盘或光盘内的档案资料进行异动处理。

4)册的处理

根据房产登记、发证成果和分类管理的需要编制的簿册,有登记收件簿、发证记录簿、房屋总册、房产登记簿册、档案清册、房产交易清册等。此外,产业管理上需要的经营公房手册、异动名账、异动单和统计报表等。

上述各种簿册也要随着房产变更做出相应的动态变更。变更依据是:对权属变更要根据相对性变更案和有关凭证,现状变更要根据变更单或异动单。

2. 未登记、未结案的资料处理

1)未登记

未登记的情况包括:

(1)不能如期申请登记。

(2)因产权纠纷不能申请登记。

(3)产权证件、证明不全不好登记。

(4)房屋即将拆迁不愿登记。

(5)无产房屋无人登记。

2)未结案

未结案的情况包括:

(1)发证前有他人对已登记房产提出异议,暂缓确认。

(2)过去未办过登记,需补办登记后再确权。

(3)房屋私改遗留下来的疑难问题,不好处理。

3)未登记、未结案的资料处理

(1)未登记、未结案的房产初步调查资料,包括房产调查和登记表、房屋外框图形、权界示意图和面积计算表等,为了房产资料统计和今后确权的需要,应进行收集、整理、列表造册和绘图。

(2)未登记、未结案的房产也要进行测量,如发生房产现状变更,可以更改分幅图,做出变更记录。

(3)未登记、未结案的房地产,随着时间的推移,后来补登记或须结案时,必须进行复查。发证后对未登记、未结案清册和现状图及时进行销号或注记,及时归入登记档卷内。

(4)未登记、未结案的房产应分开制卡,分别进行统计、校核后也要按丘号为单位建档,按权利人为单位立卷,作为产权登记或监理部门日常处理产权和监证的重要资料。

五、变更测量示例

变更测量后,原丘号、丘支号、幢号、新增界址点点号的调整和面积计算举例如下。

【例 9-1】 房产分析。

分析前如图 9-1 所示。丘支号:1240—1。幢号:(2)。房屋产权面积:(已知)$S=100.50\ m^2$。

分析后如图 9-2 所示。丘支号:1240—2、1240—3。幢号:(8)(9)。实算面积:$32.98\ m^2$、$68.12\ m^2$。

面积闭合差:$(32.98+68.12)-100.50=0.60(m^2)<1.40\ m^2$。

房产面积限差:(三级)$0.08\sqrt{S}+0.006S=1.40(m^2)$。

改正后的面积:$32.98\times[1+(-0.60/101.10)]=32.78(m^2)$。

$68.12\times[1+(-0.60/101.10)]=67.72(m^2)$。

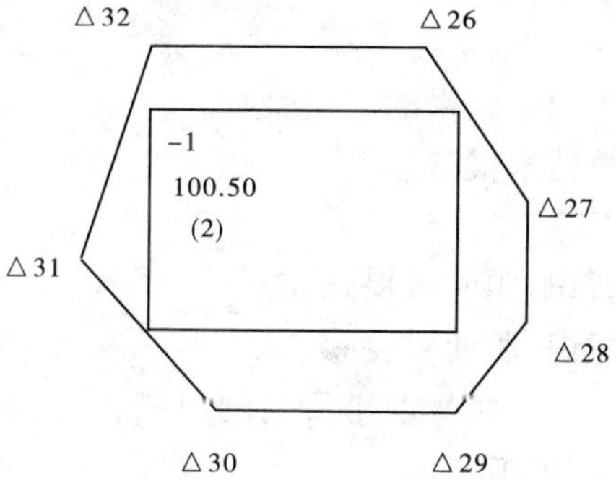

图 9-1　分析前

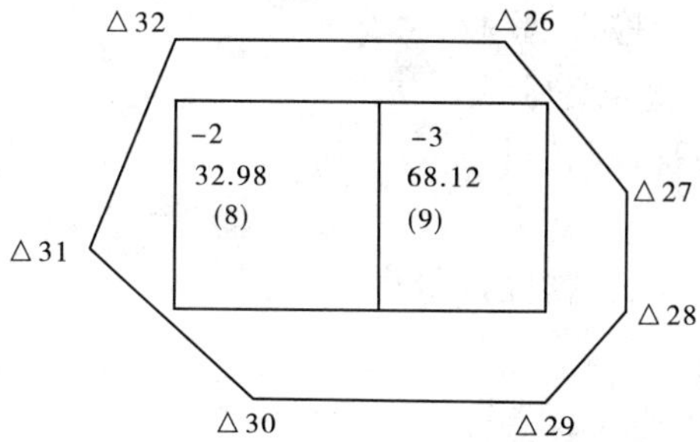

图 9-2　分析后

项目十　房产测绘成果管理

【项目说明】

本项目是房产测绘最后成果管理阶段,是房产测绘的一个重要环节。通过任务一让大家掌握房产测绘最终成果的检查验收制度和检查验收方法及精度把握;任务二让大家掌握房产测绘技术报告编写的要点和注意事项;任务三让大家掌握现行房产测绘成果的管理和审核要求。通过项目的学习,大家能够独立进行房产测绘成果的检查验收和技术报告的编写,了解房产测绘成果管理办法和审核要求。

【项目目标】

1. 知识目标

- 掌握房产测绘检查验收方法及检查要求。
- 掌握房产测绘报告的编写要求。
- 了解房产测绘成果管理办法和审核要求。

2. 能力目标

- 能够独立组织实施房产测绘成果的检查验收。
- 能够独立撰写房产测绘技术报告。

3. 素质目标

- 培养职业标准和规范意识、职业敬畏感。
- 培养职业标准和规范意识、职业敬畏感。
- 养成查阅各项规范、论文、文献等参考资料的习惯。
- 养成后期自学、主动学习的能力。
- 培养学生的责任意识、认真负责的敬业精神。

【项目任务】

任务一　房产测绘成果的检查、验收、上交

任务二　房产测绘技术报告编写

任务三　房产测绘成果管理与审核

【项目成果】

1. 案例房产测绘检查验收表、精度评价表。
2. 案例房产测绘报告。

任务一　房产测绘成果的检查、验收、上交

【任务目标】

1. 掌握房产测绘检查验收方法及检查要求。
2. 了解房地产的属性及作用。

【学习过程】

1. 观看短片。

2. 分析总结短片内容。

3. 讲师讲授。

【学习成果】

房产测绘检查验收报告。

活动一　房产测绘检查验收制度

【资源与器材】

PPT、图片、相关视频。

【知识导航】

现行房产测绘规范为《房产测量规范 第 1 单元:房产测量规定》(GB/T 17986. 1—2000)。

二级检查一级验收制:一级检查是在全面自查、互检的基础上,由专职或兼职检查人员对产品质量实行过程检查。二级检查是在一级检查的基础上,由测绘单位或上级测绘单位指定的专职检查人员对产品质量实行的最终检查。

房地产测绘成果检查验收是为了保证测绘成果的质量,提高测绘人员的责任感,强化各生产环节的技术管理和质量管理,建立健全房地产测绘产品生产过程中各项技术规定并严格执行各项技术规范,确保房地产测绘成果的法律效力和维护产权人的合法权益,规范房地产市场。

各级检查验收工作都必须严肃认真,根据自身实际情况按照《房产测量规范 第 1 单元:房产测量规定》(GB/T 17986. 1—2000)的要求建立成果质量检查验收体系,将检查验收工作渗透到每个生产环节,把错误和遗漏消灭在生产过程中。按照《房产测量规范 第 1 单元:房产测量规定》(GB/T 17986. 1—2000)的要求制定各生产环节的检查验收标准,使检查验收和生产人员都做到有章可依、按章执行、违章必究。测绘成果不仅要正确可靠,而且要清楚整齐,体现测绘成果的可续性和严肃性。

房地产测绘工作是十分细致而复杂的工作,为了保证成果的质量,测绘人员必须具有高度的责任感、严肃认真的工作态度和熟练的操作技术,同时必须有严格的质量检查制度。

房地产测绘产品实行二级检查一级验收制。一级检查是在全面自查、互检的基础上,由专职或兼职检查人员对产品质量实行过程检查。二级检查是在一级检查的基础上,由测绘单位或上级测绘单位指定的专职检查人员对产品质量实行的最终检查。

一、作业组自检互校

当作业组作业人员完成每道工序后,作业组长应负责对每项作业成果进行全面的一丝不苟的检查。发现错误时,应及时纠正,万不可迁就照顾,在作业组长检查签名后,才能转入下道工序作业。在作业小组完成测区任务之后,上交成果之前,作业组内必须组织进行100%的内外业自检互校工作。作业组的工作,是保证成果质量的基础。直接作业人员是成果质量的直接责任者,任何时间出现的重大质量事故,必须由具体作业人员来承担。

二、队级检查验收

队级检查验收是在小组自检互检,经成果、成图整理上交后实施的。队级验收组应由队长或工程师和3~5名有经验的技术人员组成。队级检查验收是对全队房产测量成果、成图的总把关。由于检查数量大,不能做100%的全面检查,但必须抓住各个工序的关键环节,进行认真的检查。对原图野外检查不得少于30%,内业验收工作应100%的检查。不论室内检查或野外检查都要做详细记录,对存在的问题提出具体处理意见,对小组成果、成图做出验收结论和评分,并对小组互检的质量做出评价。凡问题较多或不合格的成果、成图,应坚决退回小组,待自行处理或返工合格后再做结论。队级检查验收人员要对被检查的全队成果、成图负责,并写出队级的检查验收报告。

三、主管部门验收

上级主管部门的验收是在队级(或承包单位)检查验收工作的基础上,对房产调查、测量成果成图进行抽查、鉴定和验收,抽查面不得少于10%,其余部分只做一般性检查。在验收工作中,当发现不符合规定的成果成图时,应根据其性质和对房产测量资料质量的影响程度,分别抽出意见,交被验收单位进行改正或返工。当发现存在问题较多时,可将部分或全部资料退回被验收单位重新检查和处理。最后,主管部门的验收组应对整个测区的测量成果给予恰如其分的质量评价。

各级检查验收都应以《地籍调查技术规程》(TD/T 1001—2012)、《房产测量规范 第1单元:房产测量规定》(GB/T 17986.1—2000)和当地主管部门与测量单位共同拟定的《技术补充规定》为准则。任何人的口头要求或规定,都不能作为检查验收的依据。当检查人员与被检查人员在质量问题的处理上有分歧时,由队(所、科)总工程师裁决;当验收单位与被验收单位对产品质量的意见有分歧时,由仲裁机构裁定或者由当地人民法院判决。

房地产测绘产品验收中详查比例见表10-1。

表10-1　房地产测绘产品验收中详查比例

产品名称	单位	详查比例占年总量	产品名称	单位	详查比例占年总量
控制测量	点	10%	分户图	幅	5%~10%
界址点测量	点	10%	建筑面积计算	项目	20%
标石埋设实地检查	座	3%	用地面积计算	项目	20%
编绘原图	幅	10%	变更测量	项目	20%
分幅图	幅	5%~10%	房地产测量	项目	20%
分丘图	幅	5%~10%			

活动二　房产测绘检查验收的内容和方法

【资源与器材】

PPT、图片、相关视频。

【知识导航】

检查验收分室内检查和实地检查两步进行。

一、室内检查的内容

(一)控制测量成果的检查

首先检查各种原始记录是否清晰、整齐,计算是否正确,各项观测误差是否超限,记录是否有违章的涂改现象;仪器检验项目是否齐全,精度是否符合规定。

计算部分主要检查控制网的布设方案是否合理,各项精度统计(如测角中误差、方位角闭合差、坐标闭合差、点位中误差相对精度)是否符合规范要求,施测方法、各类限差是否符合规定,所有计算资料是否齐全、正确,然后检查埋石点的数量和分布是否合理。

(二)房地产调查成果的检查

检查各种房产要素、房屋用地要素调查与填表项目内容是否齐全、正确;房屋权界线示意图上所标绘的房屋及其相关位置、权界线、四至墙体归属以及有关说明、符号是否正确和与房产图是否一致;房屋用地范围示意图上所表示的用地位置、四至关系、用地界线、共用院落界线、界标类别和归属,以及有关说明、符号、界址点编号和房地产图上是否一致。

(三)房地产图的检查

房地产图应检查图廓点、方格网、各级控制点、界址点的展绘有无遗漏,位置是否准确;房地产图各类要素的施测方法是否符合要求,各项误差是否在限差以内;各种要素的注记、说明注记和数字注记是否齐全、正确,位置是否恰当;与房地产有关的地形要素有无错漏、移位和变形,各要素的综合取舍和配赋是否恰当合理,图面是否清晰易读;图幅接边是否在限差内,权属界址线和主要线状地物有无明显变形、移位,配赋是否合理;图廓及图廓外的整饰和注记是否正确、齐全。

(四)面积测算的检查

应当检查房产面积的计算方法是否正确,精度是否符合要求;用地面积的测算是否正确,精度是否符合要求;共有与共用面积的测定和分摊计算是否合理。

二、实地检查

实地现场检查可分为巡视检查和设站检查两种形式。

(一)巡视检查

巡视检查要携带图纸和简单的测量工具,如钢尺、三角板等。通过看、了解、丈量,在现场进行对照检查。

巡视检查主要检查境界和权属,以及有争议的地界在图上的标绘,与实地是否相符;房产要素的注记是否与实地一致;地形要素相互之间的关系表示是否正确,有无错漏现象;地物点间的相对位置误差是否符合精度要求。

(二)设站检查

设站检查是在测站点上安置仪器,用测图时的方法检查界址点、房角点的测绘精度。

检查验收人员在室内和实地检查中所发现的问题应做出详细记录。对不符合规范、图式、技术设计书和有关技术规定的成果资料,应根据性质和重要程度,分别提出处理意见,退回改正或返工。当发现存在问题较多时,可将全部成果资料退回被验收单位,责令其重新检查和处理。

活动三　房产测绘检查验收的成果质量评定

【资源与器材】

PPT、图片、相关视频。

【知识导航】

房地产测绘产品质量实行合格品、良等品和优等品三级评定制。产品质量由生产单位评定,验收单位负责核定。各级标准如下。

一、合格品标准

符合《房产测量规范 第1单元:房产测量规定》(GB/T 17986.1—2000)标准、技术设计和技术规定的要求,但不满足良等品的全部条件;有个别缺点,但不影响产品基本质量;技术资料齐全、完整。

二、良等品标准

房地产调查资料正确、齐全,填写项目规范、统一、字迹清晰;各级控制点、界址点、房角点及面积量算等各项误差,有50%以上小于各自限差的1/2。野外散点检查符合表10-2的要求。

三、优等品

房地产调查资料正确、齐全、整洁;整饰清晰美观;各级控制点、界址点、房角点及面积量算等各项误差,有70%以上不超过规定限差的1/2。

表10-2　野外散点检查各品级较差出现的规定限差区间

限差区间	各品级较差出现的比例		
	合格	良	优
小于或等于$\sqrt{2}m$	60%	70%	80%
大于$\sqrt{2}m$及小于或等于$2m$	30%	26%	18%
大于$2m$(其中大于$2\sqrt{2}m$的不超过2%)	6%	4%	2%

注:m为技术标准规定的平面中误差。

房地产测量先以单项测量为单位进行质量评定,分别评出控制测量、房地产调查、房地产图、界址点坐标量测和面积量算的单项质量,并将各单项质量的优、良、合格分别记为95分、80分、65分,然后取加权平均值,求出综合质量总分。

活动四　房产测绘检查验收的上交成果资料内容

【资源与器材】

PPT、图片、相关视频。

【知识导航】

上交或移交的成果资料,应填写“上交成果资料表”,应上交的房产测量成果及图件资料包括:

(1)房产测绘技术设计书。

(2)成果资料索引及说明。

(3)控制测量成果资料。

(4)房屋及房屋用地调查表、界址点坐标成果表。

(5)图形数据成果和房产原图。

(6)技术总结。

(7)检查验收报告。

一、房产测绘技术设计书

技术设计书是由专业测绘单位的主管工程师,依据国家法定的房产测量规范、测区房产管理部门的特殊要求、现有资料和测量单位本身的技术装备等情况,而撰写的指导性文件。它是拟定技术补充规定,制订实施计划的依据,其主要内容有:

(1)测区范围、作业时间、作业依据、采用的坐标系和成图比例尺。

(2)房地产调查的时间和实施原则办法。

(3)测区已知数据的来源及分析。

(4)控制测量和界址点、房角点测量的实施方案和精度要求。

(5)房产原图的成图方法和特殊要求。

(6)提供测绘成果、成图的内容和时间。

(7)主管部门检查验收的时间。

(8)其他需要特别说明的问题。

二、房产控制测量成果册

(1)成果索引目录。

(2)已知点成果表。

(3)测区首级控制布网选点略图。

(4)首级控制坐标计算及成果表。

(5)房产图根控制网选点略图。

(6)图根点坐标计算及成果表。

三、房屋及房屋用地调查表、界址点坐标成果表

房屋及房屋用地调查表是记录房产要素的重要文件,是房产测量、房产图整饰和成果整理的重要依据。它有统一的调查表格,应逐项如实填写,按顺序装订。界址点坐标成果表按照《地籍调查技术规程》(TD/T 1001—2012)中给出的表格格式,填写出所有界址点的坐标。

四、图形数据成果和房产原图

按技术设计书的要求,提供电子图形数据成果及房产原图。

五、检查验收报告

(一)检查报告的主要内容

(1)任务概括。

(2)检查工作概括。

(3)检查的技术依据。

(4)主要质量问题及处理情况。

(5)对遗留问题的处理意见。

(6)质量统计和评价等。

(二)验收报告的主要内容

(1)验收工作情况。

(2)验收中发现的主要问题及处理意见。

(3)质量统计(含与生产单位检查报告中质量统计数的变化及其原因)。

(4)验收结论:通过产品质量中成绩、缺点问题的分析,对产品质量做出客观的评价。

(5)其他意见和建议等。

任务二　房产测绘技术报告编写

【任务目标】

掌握房产测绘技术报告编写要求。

【学习过程】

1. 观看房产测绘技术报告样本。
2. 分析总结技术报告内容。
3. 讲师讲授。

【学习成果】

根据已有案例资料编写房产测绘技术报告。

活动一　房产测绘技术报告的封面、作业声明和作业说明

【资源与器材】

PPT、图片、相关案例资料。

【知识导航】

房产测绘项目结束后,应及时编写房产测绘技术报告书。本活动就技术报告的编写内容与注意细节做简要的叙述。

房产测绘技术报告书包括封面、作业声明、作业说明、作业成果、附件。

一、封面

(1)编号:由各测绘单位自行确定。主要用于反映该成果报告书在该单位档案管理中的类别和次序。此编号应能同时反映出该成果报告书进行修订的次数。

(2)日期:按照出具报告的日期填写。

二、作业声明

作业声明主要阐述项目委托单位与测绘技术人员及测绘目标之间的法律责任义务关系,并对完成该成果报告的作业人员、检查人员进行说明。

各项人员签字及日期据实签署(严禁打印)。其中,作业人员和检查人员有多位时,只填写主要人员。

三、作业说明

作业说明主要用来对项目委托方、测绘目标、测绘依据进行描述,并对测绘工作中和测

绘成果中有关需要说明的内容进行表述。

委托方情况应据实填写清楚、充分,应当保证对应相关内容能够落实相关问题。

项目名称据实填写,实测项目以地名办批件为准,预测项目以测算依据(电子图或蓝图)标称为准。

预算项目坐落有则据实填写,未确定则写“待定”。实测项目的坐落以公安部门的批件为准。

项目类别应按照:1. 住宅用房,2. 商业楼用房,3. 多功能综合楼用房三类来填写。

作业目的分为商品房面积图纸预测、产权登记测绘(其他作业目的的测绘成果报告应另做说明)。

图纸预测项目作业日期以开始作业为开始,实测项目以进入现场作业为开始,图纸预测项目和产权登记测绘项目以作业结束出具成果报告为结束。

作业依据中的其他依据是指在双方合同中没有约定而在实际过程中使用的依据。对于在双方合同中有约定但在实际工作中未能取得相关资料的,应在“其他说明”项中填写未能取得资料原因和实际处理的结果。

“其他说明”项中,首先分类列出成果数据资料和图形资料的页数,其次对本技术报告中一些技术概念进行说明,然后填写其他的相关说明。

活动二　房产测绘技术报告作业成果及附件内容

【资源与器材】

PPT、图片、相关案例资料。

【知识导航】

一、作业成果

(一)房屋建筑面积总表

该表要据实填写,无则空省。其中,对于表格中无法用数字表述的栏目(例如在有共同地下室及群房不同楼座的情况下填写层数时),应在“备注”栏中用文字说明清楚。

(二)房屋建筑面积分层汇总表

该表要据实填写,依据房屋的不同结构采用不同的列表样本。房屋大产权证测量和平房测量的成果报告将房屋建筑面积分层汇总表填写完毕即可。

该表的“层次”栏应从地下层至屋面按自然层顺序逐层用数字(地下层在数字前加“-”号,如-01、-02 等)表示(结构上的设备用房层等用汉字说明,不计入层次序列);各层建筑面积值为按房屋外墙外围水平投影面积计算的,包括阳台、外走廊、挑廊、檐廊、室外梯等的建筑面积。对于层高不大于 2. 20 m 的结构楼层,也应填写其名称,建筑面积值为 0,并在“备注”栏中注明不计建筑面积的原因。屋顶的建筑面积值为屋顶应计算建筑面积的数值总计,并在“备注”栏中注明其名称,如楼电梯间、水箱间等。

(三)共有共用面积分层汇总表

单一用途建筑或以住宅为主体,最多只包括两个功能区建筑:应根据样本 1 详细列出各个共有共用面积的名称,并注明各个部位的面积。

含有两个功能区以上建筑:应根据样本 2,首先在各功能区共有共用建筑面积表中,列出多个功能区混同分摊的部位及其面积(包括本座及从外部分摊到本座的各功能区应分摊的共有共用建筑面积)。但对于可以分间测量的公共建筑部位,应分开填注;其次,将各个功能区分别列表,按照单一功能区应填写的共有共用建筑面积分层汇总表填写。

(四)房屋建筑面积分户计算明细表

按照现有规定,据实填写。

(五)房屋建筑面积分层平面示意图

按层打印,分层注明,完全相同的层次可只打印一页,但要注清层数。同时应注明该层总建筑面积、该层总套内建筑面积、各局部部位名称(或房号)、阳台建筑面积和各户或套内建筑面积(不含阳台)。注记满足计算总建筑面积的边长。可自行选择是否注记套内面积边长及相关墙厚。

二、附件

附件中,对于需分摊的项目,应将分摊原则附于其上,地籍调查表和分摊彩图作为测绘依据保留。对于房产大产权证测量和平房测量,应附地籍调查表或四至表。作为附件的文件,应同成果报告一起加盖骑缝章。

任务三　房产测绘成果管理与审核

【任务目标】

1. 掌握房产测绘成果管理与审核要求。
2. 了解房产测绘成果备案内容。

【学习过程】

1. 查看相关规范。
2. 分析规范要求。
3. 讲师讲授。

【学习成果】

活动一　房产测绘成果备案

【资源与器材】

PPT、图片、相关案例资料。

【知识导航】

为保证房产交易市场规范有序,做好房产测绘管理工作,根据建设部和国家测绘局《房产测绘管理办法》(建设部、国家测绘局令第 83 号)、建设部《商品房销售管理办法》(建设部令第 88 号)、住建部办公厅《关于印发〈房屋交易与产权管理导则〉的通知》(建办房〔2015〕45 号)等相关法规文件,对应用于商品房预(销)售、存量房转让、房屋租赁、房屋抵押等房屋交易与产权管理工作的测绘成果,以及在房屋交付、房屋征收等房产管理过程中使用的测绘成果实行备案管理。

一、房产预测成果备案

(1)房产测绘成果备案申请表(表格需按要求准确填写,房产测绘委托双方及其代理人需签字盖章)。

(2)委托单位及测绘机构营业执照(核验原件留取复印件,对于已提交核验过原件开通测绘企业端口的测绘机构不需再提供)。

(3)委托单位及测绘机构授权委托书(原件)。

(4)建设工程规划许可证(核验原件留复印件)。

(5)土地证及宗地成果表(核验原件留复印件)。

(6)建筑工程定(验)线单及成果表(核验原件留复印件)。

(7)规划总平面图(有建设工程审核章,核验原件留复印件)。

(8)建筑施工图纸(加盖设计单位、注册建筑师、审图公司印章,原件)。

(9)共用(共有)部位服务对象范围说明(设计单位出具,原件)。

(10)测绘成果报告(原件一式两份,备案用印后一份返还给申请人,一份存档;Excel 格式及 arc 格式的电子成果数据由测绘机构从企业远程端口提交)。

(11)有设计变更的应提交变更文件、协议、合同、具结或法律文书(原件)。

二、房产实测成果备案

(1)房产测绘成果备案申请表(表格需按要求准确填写,房产测绘委托双方及其代理人需签字盖章)。

(2)委托单位及测绘机构营业执照(核验原件留取复印件,对于已提交核验过原件开通测绘企业端口的测绘机构不需再提供)。

(3)委托单位及测绘机构授权委托书(原件)。

(4)建设工程规划许可证(核验原件留复印件)。

(5)建筑工程施工许可证(核验原件留复印件)。

(6)土地证及宗地成果表(核验原件留复印件)。

(7)建筑工程定(验)线单及成果表(核验原件留复印件)。

(8)规划建审图(有建设工程审核章,核验原件留复印件)。

(9)建筑竣工图纸(原件)。

(10)共用(共有)部位服务对象范围说明(设计单位出具,原件)。

(11)建设工程竣工规划验收合格证、房屋竣工验收备案表等房屋已竣工证明材料(核验原件留复印件)。

(12)测绘成果报告(原件一式两份,备案用印后一份返还给申请人,一份存档;Excel 格式及 arc 格式的电子成果数据由测绘机构从企业远程端口提交)。

(13)有设计变更的应提交变更文件、协议、合同、具结或法律文书(原件)。

三、房产测绘成果备案流程及时限

(一)申请

房产测绘委托方(房地产开发企业及其他建设单位、个人)和房产测绘机构提交成果报告等房产测绘成果备案资料,提出房产测绘成果书面申请。

(二)受理

对于资料齐全、符合要求的予以受理,出具“房产测绘成果备案受理单”;资料不齐全的告知申请人,出具“补正材料通知单”,一次性告知申请人需要补正的全部内容,并将材料退回申请人;不予受理的向申请人出具“不予受理通知单”。

(三)审查

房产测绘审查人员对受理人员转交的材料按照标准进行审查,符合要求的提出审查通过意见;不符合要求的,提出审查不通过意见,并将相关材料退回受理人员。

(四)审核

房产测绘审核人员对受理人员转交的材料按照标准进行审核,符合要求的提出审核通过意见;不符合要求的,提出审核不通过意见,并将相关材料退回审查人员。

(五)备案,入库归档

对于审核通过的房产测绘成果予以备案,加盖房产测绘成果审核备案章,相关电子资料及实物资料转楼盘表管理部门建立楼盘表及转绘入库后归档。

四、相关要求

(1)各房产测绘机构、房地产开发企业及其他申请房产测绘成果备案的相关单位,要严格按照相关要求提交房产测绘成果报告及相关要件资料办理备案手续,切实维护商品房购房人等房屋权利人的合法权益。

(2)各房产测绘机构要尽快按要求提供工商营业执照、测绘资质证书、从业人员相关资料等建立房产测绘机构信用档案,开通企业远程端口,按照市房产信息中心确定的数据标准从企业端上报成果电子数据资料,确保数据安全。

(3)各房产测绘机构要规范内部管理,对于接受委托的房产测绘项目,要严格作业期限,不得无故拖延;对于完成的房产测绘成果,要积极配合测绘委托方提交成果备案申请,不得因测绘机构原因影响测绘委托方成果备案及后续相关业务的办理。

活动二　房产测绘成果审核

【资源与器材】

PPT、图片、相关案例资料。

【知识导航】

进行房产测绘成果审核就是为了房屋权属登记的利用,房产测绘成果未经审核不得用于权属登记。因此,房地产行政主管部门应加强房产测绘成果审核工作,对用于房屋权属登记等房产管理的房产测绘成果进行规范管理,对成果的提供形式、成果的构成、成果的审核内容等方面进行统一。

一、法律及文献依据

《中华人民共和国测绘法》第四条规定:县级以上地方政府负责管理测绘工作的行政部门负责本行政区域测绘工作的统一监督管理。《房产测绘管理办法》第 18 条规定“用于房屋权属登记等不动产管理的房产测绘成果,房地产行政主管部门应当对施测单位的资格、测绘成果的适用性、界址点准确性、面积测算依据与方法等内容进行审核。审核后的房产测绘成果纳入不动产档案统一管理”。

二、房产测绘审核的成果类型

根据客体的状态及产权登记类型,日常涉及房屋登记的测绘审核主要可分为三种类型:商品房预售许可的面积预测成果、房屋权属登记的面积实测成果、房屋变更(改建、扩建、分割等)测绘成果。

三、房产测绘成果审核要求

房产测绘成果是房屋产权产籍的重要基础数据,只有经过审核的房产测绘成果方可作为房屋登记的依据。申请房产测绘成果审核需要满足以下要求:

(1)房产测绘成果须是房管局许可、备案的测绘企业出具。

(2)房产测绘成果须由房产测绘委托方验收合格并出具验收确认单。

(3)房产测绘成果应附房产测绘技术报告说明书及委托方确认的分摊协议书。

(4)房产测绘成果应由房管局指定的专用房产测绘软件生成。

四、房产测绘成果审核内容

用于房屋权属登记等房产管理的房产测绘成果是房地产行政主管部门审核的对象。房地产行政主管部门作为测绘审核部门,依法对测绘单位提供的测绘成果进行审核。根据《房产测绘管理办法》第 18 条规定,房地产行政主管部门的具体审核内容有以下四项。

(一)施测单位的资格

施测单位的资格审核是对测绘中介机构从业资格进行审核。主要应从测绘单位是否具有房产测绘资质和从业人员的执业资格两方面进行审核。

(二)测绘成果的适用性

测绘成果的适用性审核主要从测绘成果资料的完整性、提供形式的规范性、对客体描述的准确性三方面进行。

测绘成果资料的完整性是对测绘单位提供的测绘成果资料、内容是否完整进行审查。《房产测量规范 第 1 单元:房产测量规定》(GB/T 17986.1—2000)要求测绘单位提供的测绘成果资料包含房产测绘技术设计书、成果资料索引及说明、控制测量成果资料、房屋调查表、房屋用地调查表、界址点坐标成果表、图形数据成果、技术总结、检查验收报告等。

提供形式的规范性是对测绘单位提供测绘成果的形式是否符合当地房屋登记机构的要求进行审核。

对客体描述的准确性主要是依据相关的批准资料,核实测绘成果报告中的描述是否准确。房屋登记中需要记载体现客体信息的要素,如规划用途、建筑面积、房屋坐落、基本单元等。《房产测量规范 第 1 单元:房产测量规定》(GB/T 17986.1—2000)中要求分户平面图应体现的内容,如建造年代、层数、所在层次、结构、墙界等,登记机构应对以上客体要素在房屋测绘成果中是否体现,体现的内容是否与相关批准资料一致等进行审核。

(三)界址点准确性

从房屋登记的角度来说,测绘成果界址点准确性的审核可以分为以下几个内容:

(1)自然资源部等部门批准的建设坐落与房屋所在是否一致。

(2)房屋四至是否建设在土地使用权证记载批准建设所占用土地的可建用地的范围内。

(3)房屋建设是否在规划批准的建设层数、控制高度、控制规模等控制指标范围内。

(4)成果中对客体的描述与实地查看的实物是否一致。

(5)分割的结果是否符合基本单元的要求,是否在规划批准范围内等内容。

审核人员应对四至尺寸进行现场测量以核实界址点的准确性,有条件的可以进行局部关键点数据抽检。

(四)面积测算依据与方法

面积测算依据与方法的审核主要是对测绘成果中的测算过程是否符合《房产测量规范 第1单元:房产测量规定》(GB/T 17986.1—2000)等相关测绘规范性文件规定的审查;幢及功能区的划分是否合理,共有共用部分的计算与分摊是否正确,面积测算的依据和方法是否适用技术标准等。

五、房产测绘成果审核程序

房产测绘成果审核程序包括:受理申请;审核;审核后,加盖"××局房产测绘成果审核专用章";归档。审核后的成果应公示。因实地查看对房产测绘成果的审核十分重要,房屋所有权初始登记、在建工程抵押权登记、因房屋灭失导致的房屋所有权注销登记必须实地查看。房产分割登记、房屋登记中发现与原产权档案记载不一致的,须到实地查看。房屋实地查看的人员要求及相关规定如下:

(1)房屋实地查看的人员应当两人以上。

(2)在建工程抵押权登记实地查看的人员建议由产权审核人员和测绘审核人员组成。

(3)应对房屋的自然状况进行拍照,并填写"房屋实地勘查情况表"。

六、房产测绘成果审核提交资料

(一)预测绘审核(商品房预售许可、在建工程抵押)需要提交的资料

(1)申报房产测绘审核申请书(原件)。

(2)建设工程规划许可证、规划骑缝章总平面图(审原件交复印件)。

(3)建设施工许可证。

(4)施工平面图。

(5)房产测绘成果报告书和房产测绘技术报告书(原件及电子档)。

(6)房产测绘项目委托合同书。

(7)房产测绘项目验收合格书。

(8)其他相关资料。

(二)竣工实测需要提交的资料

(1)申报房产测绘审核申请书(原件)。

(2)建设工程规划许可证、规划骑缝章总平面图(审原件交复印件)。

(3)建设施工许可证。

(4)施工平面图(竣工图章)。

(5)房产测绘成果报告书和房产测绘技术报告书(原件及电子档)。

(6)房产项目测绘委托合同书。

(7)房产测绘项目验收合格书。

(8)其他相关资料。

(三)变更测绘需要提交的资料

(1)申报房产测绘审核申请书(原件)。

(2)变更申请(原因、变更内容)。

(3)已审核的测绘报告(原件)。

(4)房产测绘成果变更报告书和房产测绘技术变更报告书(原件及电子档)。
(5)变更报告的测绘成果验收合格书。
(6)变更资料原件(规划变更的公函、设计变更图纸等)。
(7)其他相关资料。

七、成果异议处理

《房产测绘管理办法》第 17 条:当事人对房产测绘成果有异议的,可以委托国家认定的房产测绘成果鉴定机构鉴定。

活动三　房产测绘成果的整理与归档

【资源与器材】

PPT、图片、相关案例资料。

【知识导航】

房产调查工作结束后,应该对成果进行整理和归档。

(1)房产调查成果经相关部门审查确认后,调查机构应以丘为单位,按照统一的房屋和房屋用地调查表、房产测量报告和房屋分层分户图等成果样式,形成房产测绘调查成果,提交纸质成果和相应的电子数据。

(2)房产调查成果应按照统一的规格、要求进行整理、立卷、组卷、编目和归档。

思政课堂

房产测绘管理办法(摘录)

第五章　法律责任

第二十条　未取得载明房产测绘业务的《测绘资格证书》从事房产测绘业务以及承担房产测绘任务超出《测绘资格证书》所规定的房产测绘业务范围、作业限额的,依照《中华人民共和国测绘法》和《测绘资格审查认证管理规定》的规定处罚。

第二十一条　房产测绘单位有下列情形之一的,由县级以上人民政府房地产行政主管部门给予警告并责令限期改正,并可处以 1 万元以上 3 万元以下的罚款;情节严重的,由发证机关予以降级或者取消其房产测绘资格:

(一)在房产面积测算中不执行国家标准、规范和规定的;

(二)在房产面积测算中弄虚作假、欺骗房屋权利人的;

(三)房产面积测算失误,造成重大损失的。

第二十二条　违反本办法第十九条规定的,根据《中华人民共和国测绘法》《中华人民共和国测绘成果管理规定》及国家安全、保密法律法规的规定处理。

第二十三条　房产测绘管理人员、工作人员在工作中玩忽职守、滥用职权、徇私舞弊的,给予行政处分;构成犯罪的,依法追究刑事责任。

模块三　房产测绘实务

项目十一　房产预售面积测绘

【项目说明】

本项目主要介绍房产预售测绘的目的、实施及面积测绘报告。通过学习提高学生对房产预售测绘的理解,培养学生认真、负责的工作态度。

【项目目标】

1. 知识目标

- 理解房产预售测绘的目的。
- 理解房产面积测绘报告。

2. 能力目标

- 掌握房产预售测绘的流程。
- 能读懂房产面积测绘报告。

3. 素质目标

- 培养学生良好的职业道德,有责任心的工匠精神。
- 培养学生独立工作、解决问题的能力。

【项目任务】

任务一　房产预售面积测绘概述

任务二　房屋建筑面积测绘报告

【项目成果】

1. 房产预售测绘流程。

2. 房屋建筑面积测绘报告表。

任务一　房产预售面积测绘概述

一、房产预售面积测绘的目的

(1)开展商品房预测绘工作不仅能规范开发企业的商品房预售行为,而且能减少新建商品房面积纠纷,降低群众购房风险,维护购房者的合法权益。

(2)开展商品房面积预测绘,便于管理部门充分利用预测绘成果全面掌握房屋信息,对房地产市场实施科学有效的监管。杜绝了个别开发商利用监管漏洞,出现合同欺诈、一房多售、面积弄虚作假等现象。

(3)开展商品房面积预测绘,可以使群众在购房时及时了解预售商品房的真实面积,减小购房合同面积和实际产权登记面积的误差,维护了群众的知情权和选择权,较好地杜绝了批小建大、批低建高等现象的发生。

(4)开展商品房面积预测绘,既方便了房地产开发企业办理商品房预售业务,也为商品房预售网上备案奠定了基础。

(5)开展商品房面积预测绘,可以更好地把握房屋坐落的具体位置,为楼盘表的规范建立创造了条件,确保了楼盘的唯一性。

二、房产预售面积测绘实施

(一)房产预售面积测绘要件

房产预售面积测绘按相关规定主要依据规划部门审核批准的施工图进行房屋的图形绘制和面积计算,所以在房屋预售面积测绘时应要求委托测绘方提供以下要件:

(1)规划部门施工许可证复印件(含各主要功能区、楼层的经济指标书)。

(2)图纸资料。规划部门批准的施工图复印件(主要为总图、各层平面图及房屋立面图),委托测绘方还应提供图件资料清单,并在图纸复印件总图或各层平面图上加盖印章。

(3)申请单位提供的门牌地址证明材料(辖区派出所盖章)。

(4)面积分割协议,共用部位、设备用房的范围等情况说明。

(5)其他材料。

(二)房产预售面积测绘实施

1. 准备工作

在房屋预售面积测算前,应对房屋基本情况按以下方面进行了解:

(1)核实委托测绘方所提供的图件资料是否为规划审批手续的附件资料。

(2)通过核对规划审批指标与图纸之间的关系,核实图形资料的完整性,从而建立和熟悉房屋的整体概况,初步确定房屋的坐落、各楼幢的测算范围及楼幢主要功能、结构、地上及地下楼层等主要信息。

(3)通过对总图、分层平面图的浏览,明确各层房屋的用途,初步划定各房屋套内和共用部位的范围,确定算一半面积的区域或不算面积的区域。

2. 绘图计算

利用房测软件,根据委托方提供的资料、图件或图形数据,在计算机上绘制图形并进行面积分摊计算,可按以下步骤和注意事项逐步操作:

(1)建立并逐步输入房屋幢的基本信息,并注意自检与规划批准的工程名称、楼层数、楼层名等是否一致。

(2)逐一绘制房屋平面图并输入各产权单元或共用部位的属性(含半算、不算、空、阳台、户型、层数等属性),每输入一层信息后,应手动提取本层的总建筑面积(便于后期分摊计算后核对楼幢面积),并逐一核对各属性是否输入正确。

(3)按照施工设计图和委托方提供的共用部位和设备用房等房屋的使用功能和使用范围说明,按《房产测量规范 第1单元:房产测量规定》(GB/T 17986.1—2000)进行分摊计算。

(4)在内业计算过程中,对尺寸不齐、共用部位使用功能不明确等问题,应要求委托测量单位(和设计方)提供尺寸的图件及共用部位使用功能说明书等加以明确(只能作为补充资料且不能与规划审批资料冲突)。

(5)因相关规定、规划未能提及而无法确定的,应形成文字报告说明问题,报作业部门或上级领导部门批准后执行。

(6)房产面积预测算报告式样按各地主管部门审批的范本出具测绘成果报告。但需注意:

①严格按规定范本中的格式、字体、版面出具报告书。

②报告书中各种表格等项目必须统计填写完整。

③报告书计算说明(含特殊说明)应准确、完整、易判读。

④委托方的各种说明文件应复印并装订在报告书后(原件归档)。

⑤报告书中凡签字的位置必须是手工签字。

以下为××市房屋建筑面积测绘报告(预售测绘)。

任务二　房屋建筑面积测绘报告

×测房(预)　B2-201501019　号

××市房屋建筑面积测绘报告

(预售测绘)

宗 地 号:　A712-0639

项目名称:　××世纪花园(A712-0639)1 栋

地　　址:　××东路与××山路交会处

建设单位:××市××房地产开发有限公司
××市××股份合作公司

××市地籍测绘大队

目 录

测绘项目平面位置示意图

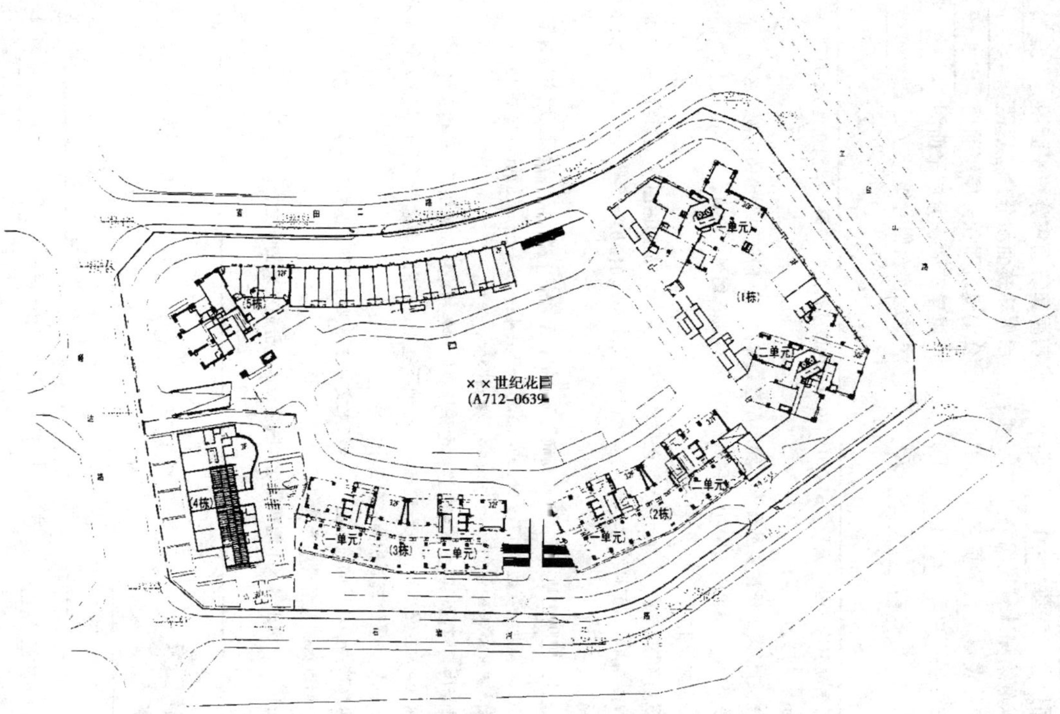

宗地号	A712-0639
栋号或名称	××世纪花园 (A712-0639)栋
测绘项目概况说明： “××世纪花园(A712-0639)”是由××××建筑与工程设计顾问有限公司设计：××市××房地产开发有限公司，××市××股份合作公司开发的住宅、商业及配套，位于××东路与××山路交会处，共有建筑物5栋。该建筑属框剪结构，地上30层，地下2层	
测绘单位	××市地籍测绘大队
测绘日期	20××年5月10日

A0-(1)

房屋建筑面积测绘和计算说明

一、　**建筑面积测绘和计算依据**

1.《房产测量规范 第1单元：房产测量规定 》（GB/T 17986.1—2000）

2.《房屋建筑面积测绘技术规范》（SZJG/T 22—2006）

3. 建设工程规划许可证：×规土建许字 BA-2014-0049 号（复印件）

4.土地使用合同：×地合字（2014）1004 号（复印件）

5.房产分割协议：

6.其他依据：办文编号：B2-201501019、×规土许 BA-2013-0078 号（复印件）、×规土宝函〔2015〕573 号（复印件）、×规土设方字 BA20140097 号（复印件）、×规土设备〔BA201500095〕号（复印件）、×规土设备〔BA201500180〕号（复印件）、×地名许字 BA201400013 号（复印件）

二、　**此份资料使用的长度单位为米，面积单位为平方米**

三、　**此份资料共 55 页，包括：**

测绘项目平面位置示意图	1	页；	房屋建筑面积分户平面图	32	页；
房屋建筑面积测绘和计算说明	1	页；	房屋建筑面积分户位置图	7	页；
房屋建筑面积总表	1	页；	公用建筑面积分层平面图	3	页；
公用建筑面积分层汇总表	4	页；	房屋建筑面积分层平面图		页；
房屋建筑面积分户汇总表	5	页；	房屋层次及房号编号立面图	1	页；

四、　**其他说明**

1. 此次是应来文单位申请（办文编号：B2-201501019）对该项目进行的第一次预售测绘。

2. 本次测绘依据：

⑴盖有“××市规划和国土资源委员会××管理局查档专用章（1）”的建施图，项目名称：××世纪花园（A712-0639），图号：JS-1-01～JS-1-10，图纸日期：2014.08；图号：ZS-1、JS-1-16、JS-1-20～JS-1-22，图纸日期：2015.03，共计 15 张。

⑵盖有"××市规划和国土资源委员会××管理局查档专用章（1）"的建施图中云线圈注部分，项目名称：××世纪花园（A712-0639），图号：JS-1-01～JS-1-10，图纸日期：2015.03；图号：JS-1-01～JS-1-04、JS-1-08、JS-1-09，共计 16 张。

⑶盖有“××省建设工程施工图设计文件审查专用章（机构名称：××市××建设工程咨询有限公司）”的建施图，项目名称：××世纪花园（A712-0639），图号：JS-1-48～JS-1-54，图纸日期：2015.03，共计 7 张。

⑷来文单位提供的“××世纪花园（A712-0639）建施图的说明”。

3. 本报告中商铺套内建筑面积所含承重支撑体面积计算依据经核准的建施图中设计值。

4. ××世纪花园（A712-0639）1 栋～3 栋、5 栋地下室连通共用，其建筑面积汇总计入“××世纪花园（A712-0639）5 栋”房屋建筑面积测绘报告中。

5. 本报告中的房号依据经核准的建施图中房号和来文单位提供的“房号编号示意图”确定。

6. 本报告出具日期以封面盖章日期为准。

7. 本报告一式三份，一份由××市地籍测绘大队存档，二份提交来文单位。

五、　**各负责人签名和公章**

测绘计算：＿＿＿＿　年　月　日

第一检查：＿＿＿＿　年　月　日　　审　核：＿＿＿＿　年　月　日

第二检查：＿＿＿＿　年　月　日　　审　定：＿＿＿＿　年　月　日

A-（1）

房屋建筑面积总表

<table>
<tr><td colspan="2">宗地号</td><td>A712-0639</td><td>建筑物名称</td><td colspan="3">××世纪花园(A712-0639)1 栋</td></tr>
<tr><td colspan="2">地址</td><td>××东路与××山路交会处</td><td>坐标</td><td>X=34 952.36</td><td colspan="2">Y=103 530.88</td></tr>
<tr><td colspan="2">建设单位</td><td>××市××房地产开发有限公司
××市×××股份合作公司</td><td>用途</td><td colspan="3">住宅、商业</td></tr>
<tr><td colspan="3">面积统计</td><td colspan="4">层数统计</td></tr>
<tr><td colspan="2">基底面积</td><td>3219.97</td><td rowspan="2">地面以上层数</td><td rowspan="2">30</td><td>裙楼</td><td>4</td></tr>
<tr><td colspan="2">总建筑面积</td><td>36430.33</td><td>塔楼</td><td>26</td></tr>
<tr><td rowspan="3">其中</td><td>地面以上</td><td>36430.33</td><td rowspan="4">其中</td><td colspan="2">架空层</td><td>1</td></tr>
<tr><td>半地下室</td><td>0.00</td><td colspan="2">转换层</td><td>0</td></tr>
<tr><td>地下室</td><td>0.00</td><td colspan="2">设备层</td><td>0</td></tr>
<tr><td colspan="2">公用建筑面积总计</td><td>8066.67</td><td colspan="2">避难层</td><td>0</td></tr>
<tr><td rowspan="2">其中</td><td>应分摊</td><td>6433.11</td><td colspan="3">地下室层数（含半地下室）</td><td>2</td></tr>
<tr><td>不分摊</td><td>1633.56</td><td colspan="3">半地下室的地面高度</td><td>(m)</td></tr>
</table>

注：

1. 地面以上建筑面积36 430.33 m²，其中：商业建筑面积8 439.50 m²（含封闭空间建筑面积1.40 m²），住宅建筑面积26 429.78 m²，架空休闲建筑面积1 561.05 m²。
2. ××世纪花园（A712-0639）1 栋～3 栋、5 栋地下室连通共用，地下室建筑面积及本栋 01 层地下室风井建筑面积 71.11 m²汇总计入"××世纪花园（A712-0639）5 栋"房屋建筑面积测绘报告中。
3. 本栋住宅户型建筑面积均为 90 m²以下。
4. 依据《××市建筑设计管理规定（试行）》（2013 年 10 月 28 日），经测算，本栋无核减建筑面积，详见本栋《建筑技术经济指标测算报告（预售测绘）》。

检查：　　　　　　　　审核：　　　　　　　　审定：

日期：　年　月　日　　日期：　年　月　日　　日期：　年　月　日

B1–(1)

房屋层次及房号编号立面图

	一单元						二单元					
30层	01	02	03	05	06	07	01	02	03	05	06	07
29层	01	02	03	05	06	07	01	02	03	05	06	07
28层	01	02	03	05	06	07	01	02	03	05	06	07
27层	01	02	03	05	06	07	01	02	03	05	06	07
26层	01	02	03	05	06	07	01	02	03	05	06	07
25层	01	02	03	05	06	07	01	02	03	05	06	07
24层	01	02	03	05	06	07	01	02	03	05	06	07
23层	01	02	03	05	06	07	01	02	03	05	06	07
22层	01	02	03	05	06	07	01	02	03	05	06	07
21层	01	02	03	05	06	07	01	02	03	05	06	07
20层	01	02	03	05	06	07	01	02	03	05	06	07
19层	01	02	03	05	06	07	01	02	03	05	06	07
18层	01	02	03	05	06	07	01	02	03	05	06	07
17层	01	02	03	05	06	07	01	02	03	05	06	07
16层	01	02	03	05	06	07	01	02	03	05	06	07
15层	01	02	03	05	06	07	01	02	03	05	06	07
14层	01	02	03	05	06	07	01	02	03	05	06	07
13层	01	02	03	05	06	07	01	02	03	05	06	07
12层	01	02	03	05	06	07	01	02	03	05	06	07
11层	01	02	03	05	06	07	01	02	03	05	06	07
10层	01	02	03	05	06	07	01	02	03	05	06	07
09层	01	02	03	05	06	07	01	02	03	05	06	07
08层	01	02	03	05	06	07	01	02	03	05	06	07
07层	01	02	03	05	06	07	01	02	03	05	06	07
06层	01	02	03	05	06	07	01	02	03	05	06	07
05层	01	02	03	05	06	07	01	02	03	05	06	07
04层	架空休闲						架空休闲					
03层	07(复式3层)											
02层	07(复式2层)											
01层	01	02	03	05	06	07(复式1层)	架空休闲					

注：本图仅为房号立面示意图，仅供房号索引使用，不作为各套平面定位的依据。

B2-（1）

公用建筑面积分层汇总表

建筑物名称：××世纪花园(A712-0639)1 栋

层　次	公用面积名称	面积 应分摊	面积 不分摊	分摊范围
裙楼.商业 01 层	地下室风井		10.34	不分摊
	地下室风井		6.72	不分摊
	地下室风井		6.48	不分摊
	地下室风井		4.04	不分摊
	地下室风井		5.58	不分摊
	地下室风井		3.37	不分摊
	地下室风井		2.88	不分摊
	地下室风井		4.49	不分摊
	地下室风井		8.02	不分摊
	地下室风井		8.00	不分摊
	地下室风井		8.00	不分摊
	地下室风井		3.19	不分摊
	架空休闲		172.77	不分摊
	架空休闲		162.55	不分摊
	核心筒	88.33		整栋分摊
	核心筒	68.80		整栋分摊
	半外墙	1.12		裙楼.商业分摊
	半外墙	0.68		裙楼.商业分摊
	半外墙	0.60		裙楼.商业分摊
	半外墙	0.57		裙楼.商业分摊
	半外墙	0.14		裙楼.商业分摊
	半外墙	2.80		裙楼.商业分摊
	半外墙	5.92		裙楼.商业分摊
	半外墙	4.54		裙楼.商业分摊
	半外墙	4.33		裙楼.商业分摊
	半外墙	3.12		裙楼.商业分摊
	半外墙	2.88		裙楼.商业分摊
	半外墙	1.67		裙楼.商业分摊
	半外墙	1.67		裙楼.商业分摊
	半外墙	1.54		裙楼.商业分摊
	半外墙	1.48		裙楼.商业分摊
	商业烟井	7.46		裙楼.商业分摊

公用建筑面积分层汇总表

建筑物名称：××世纪花园(A712-0639)1栋

层次	公用面积名称	面积		分摊范围
		应分摊	不分摊	
裙楼.商业01层	商业烟道	1.57		裙楼.商业分摊
	商业烟道	1.48		裙楼.商业分摊
	商业烟道	4.50		裙楼.商业分摊
	商业电井	5.27		裙楼.商业分摊
	楼梯间	36.46		裙楼.商业分摊
	一单元住宅大堂	49.77		一单元.住宅分摊
	住宅水井	2.19		一单元.住宅分摊
	二单元住宅大堂	40.39		二单元.住宅分摊
	住宅水井	2.20		二单元.住宅分摊
裙楼.商业02层	核心筒	37.44		整栋分摊
	核心筒	37.41		整栋分摊
	半外墙	6.00		裙楼.商业分摊
	半外墙	1.77		裙楼.商业分摊
	半外墙	0.14		裙楼.商业分摊
	半外墙	1.54		裙楼.商业分摊
	半外墙	0.68		裙楼.商业分摊
	半外墙	14.20		裙楼.商业分摊
	半外墙	8.21		裙楼.商业分摊
	半外墙	0.57		裙楼.商业分摊
	商业烟井	7.43		裙楼.商业分摊
	商业烟道	2.19		裙楼.商业分摊
	商业烟道	4.50		裙楼.商业分摊
	商业烟道	1.57		裙楼.商业分摊
	商业烟道	1.48		裙楼.商业分摊
	商业电井	5.27		裙楼.商业分摊
	楼梯间	36.61		裙楼.商业分摊
	住宅水井	2.19		一单元.住宅分摊
	住宅水井	2.00		二单元.住宅分摊
裙楼.商业03层	封闭空间		1.40	不分摊
	核心筒	37.44		整栋分摊
	核心筒	37.41		整栋分摊
	半外墙	0.57		裙楼.商业分摊

C-(2)

房屋建筑面积分户汇总表

建筑物名称：××世纪花园(A712-0639)1栋裙楼. 商业01层

房　号	套内建筑面积	分摊公用面积	建筑面积	备　注
01	161.83	8.52	170.35	商业（套内建筑面积中含承重支撑体面积1.91平方米（设计值））
02	121.21	6.39	127.60	商业（套内建筑面积中含承重支撑体面积6.26平方米（设计值））
03	71.60	3.77	75.37	商业（套内建筑面积中含承重支撑体面积1.76平方米（设计值））
05	74.45	3.92	78.37	商业（套内建筑面积中含承重支撑体面积2.43平方米（设计值））
06	59.01	3.11	62.12	商业（套内建筑面积中含承重支撑体面积1.94平方米（设计值））
07	1983.97	104.49	2088.46	商业（复式1层）
	2782.51	146.55	2929.06	商业（复式2层）
	2761.33	145.44	2906.77	商业（复式3层）
	7527.81	396.48	7924.29	合计
汇　总	8015.91	422.19	8438.10	

D-(1)

房屋建筑面积分户汇总表

建筑物名称：××世纪花园(A712-0639)1 栋一单元 住宅 05 层

房　号	套内建筑面积	分摊公用面积	建筑面积	备　注
01	60.43	17.61	78.04	
02	68.21	19.88	88.09	
03	68.21	19.88	88.09	
05	67.95	19.79	87.74	
06	67.94	19.80	87.74	
07	60.41	17.60	78.01	
汇　总	393.15	114.56	507.71	

D-(2)

房屋建筑面积分户平面图

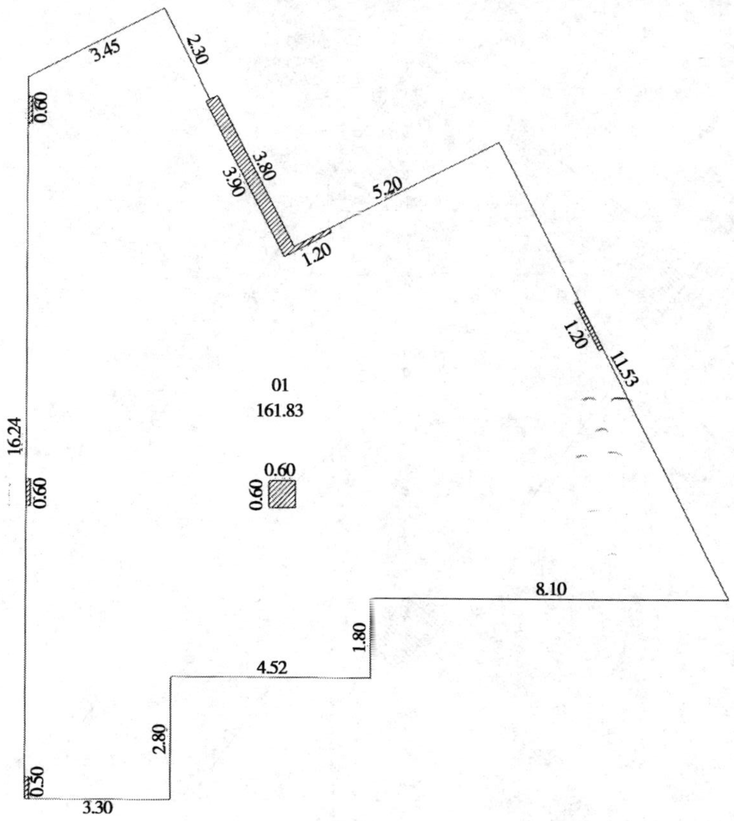

注：套内建筑面积中含承亘支撑体面积1.91平方米(设计值)

宗地号	A712-0639	
栋号及名称	××世纪花园(A712-0639)栋裙楼，商业	
层　次	01	
房　号	01	
建筑面积类别	预售测绘	
建筑面积		170.35
其中	套内建筑面积	161.83
	分摊公用面积	8.52

备注：
公用建筑面积包括：
应分摊的公用建筑面积；
不分摊的公用建筑面积。
具体内容参见：
公用建筑面积分户汇总表
公用建筑面积分层平面图；
房屋建筑面积分户位置图。

测绘单位	××市地籍测绘大队
测绘日期	××××年××月××日

E-（1）

房屋建筑面积分户平面图

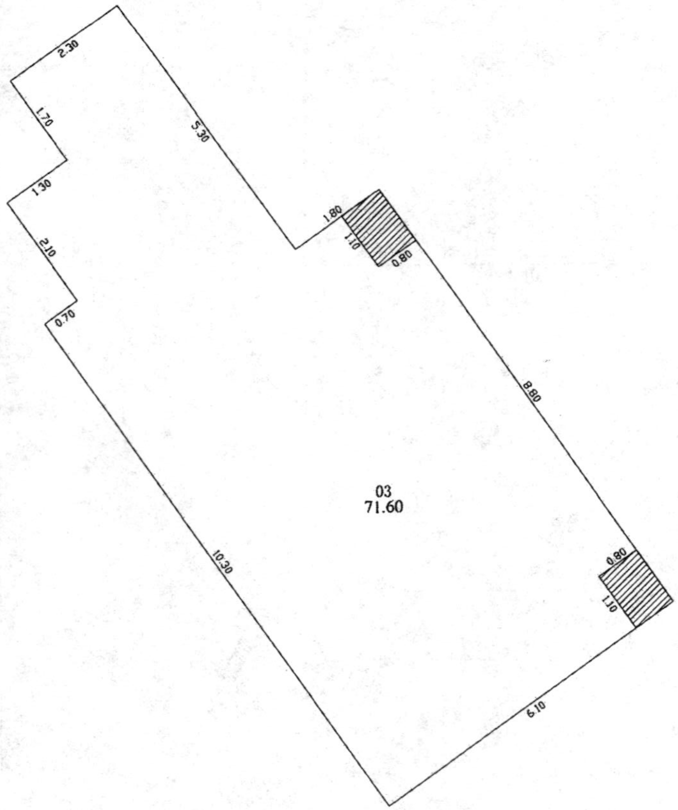

注：套内建筑面积中含承重支撑体面积1.76平方米(设计值)

宗地号	A712-0639		
栋号及名称	××世纪花园(A712-0639)1 栋裙楼.商业		
层 次	01		
房 号	03		
建筑面积类别	预售测绘		
建筑面积	75.37		
其中	套内建筑面积	71.60	
	分摊公用面积	3.77	
备注： 公用建筑面积包括： 应分摊的公用建筑面积； 不分摊的公用建筑面积。 具体内容参见： 公用建筑面积分户汇总表； 公用建筑面积分层平面图； 房屋建筑面积分户位置图。			
测绘单位	××市地籍测绘大队		
测绘日期	××××年××月××日		

E–(2)

房屋建筑面积分户位置图

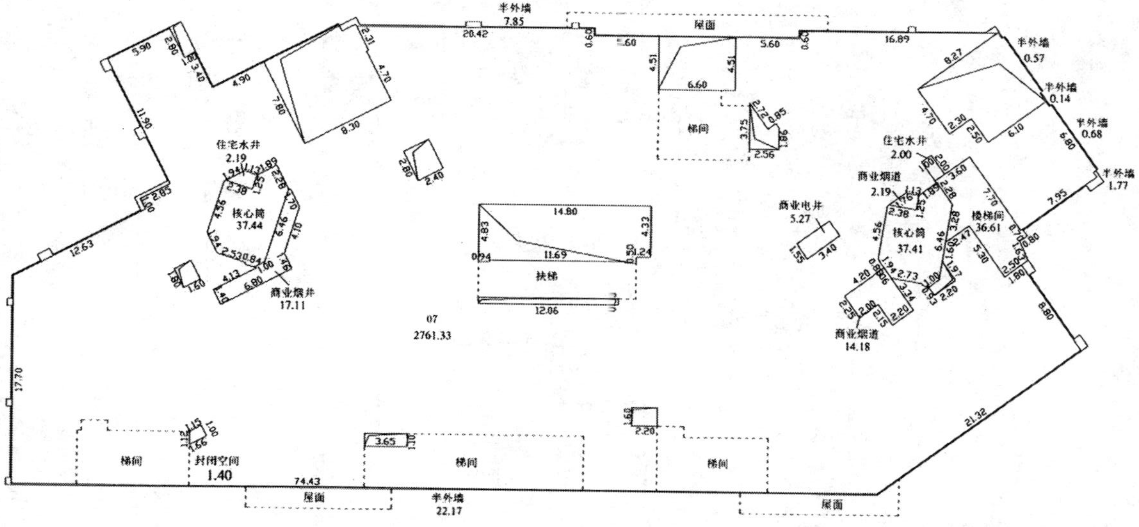

宗地号	A712-0639
栋号或名称	××世纪花园(A712-0639)1栋裙楼.商业.
层　次	03
本栋总层数	30
本层分户数	1
备注：	
测绘单位	××市地籍测绘大队
测绘时间	××××年××月××日

F-(1)

房屋建筑面积分户位置图

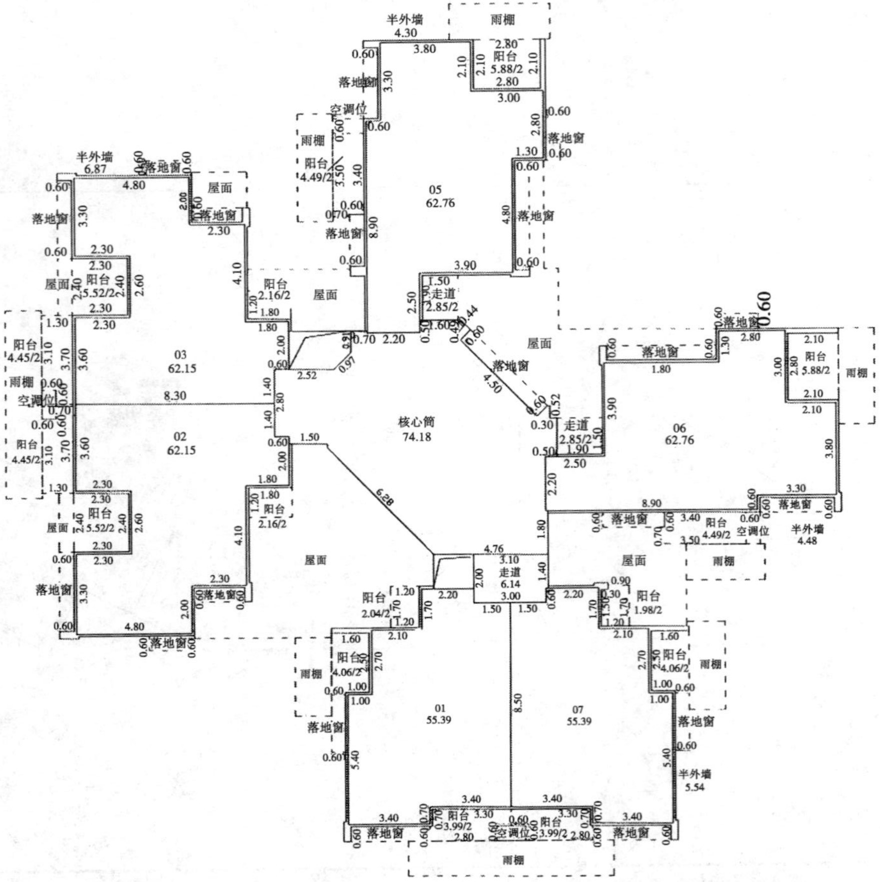

宗地号	A712-0639
栋号或名称	××世纪花园(A712-0639)1栋一单元住宅
层 次	05
本栋总层数	30
本层分户数	6
备注:	
测绘单位	××市地籍测绘大队
测绘时间	××××年××月××日

F-(4)

公用建筑面积分层平面图

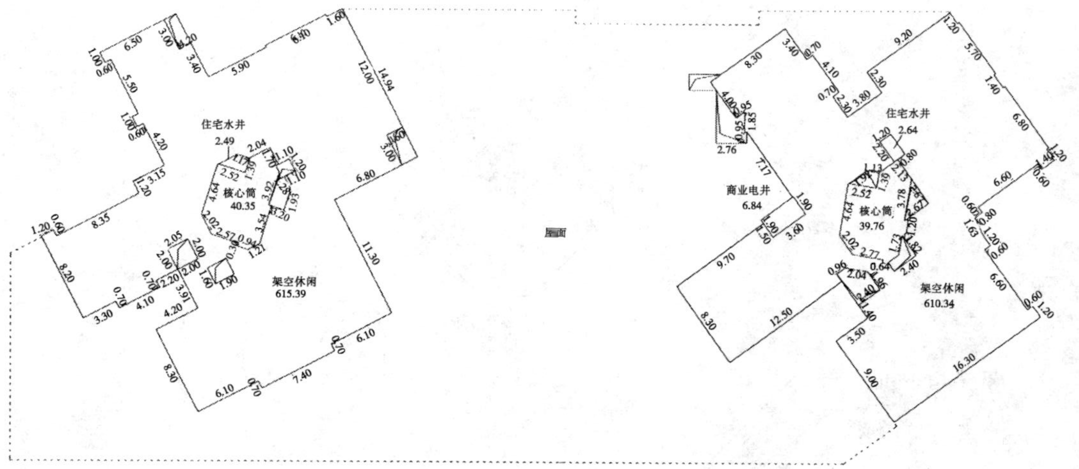

宗地号	A712-0639	
栋号或名称	××世纪花园(A712-0639)栋	
层次及名称	裙楼:商业 04	
本栋总层数	地上	30
	地下(含半地下室)	2
建筑面积类别	预售测绘	
建筑面积		0
备注:		
测绘单位	××市地籍测绘大队	
测绘日期	××××年××月××日	

G-(1)

公用建筑面积分层平面图

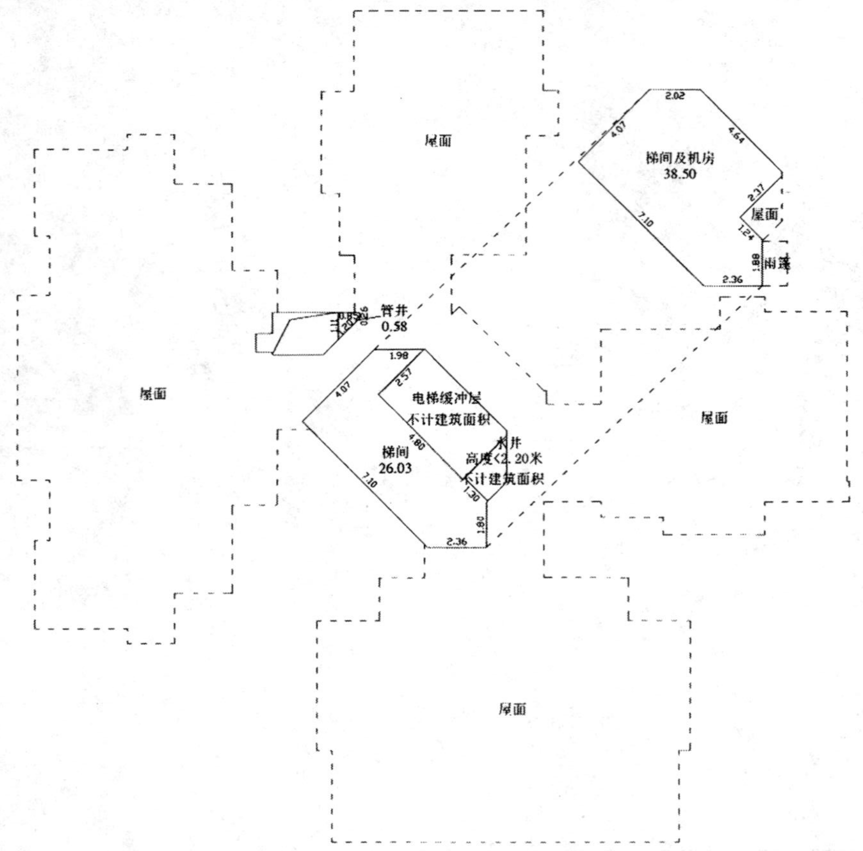

宗地号	A712-0639	
栋号和名称	××世纪花园(A712-0639)1栋	
层次及名称	一单元.住宅屋顶	
本栋总层数	地上	30
	地下(含半地下室)	2
建筑面积类别	预售测绘	
建筑面积		0
备注:		
测绘单位	××市地籍测绘大队	
测绘日期	××××年××月××日	

G–(2)

项目十二 房产竣工测绘

【项目说明】

本项目主要介绍房产竣工图测绘和竣工面积测绘。通过学习提高学生对房产竣工测绘的理解,培养学生认真、实事求是的工作态度。

【项目目标】

1. 知识目标

- 了解房产竣工图测绘流程。
- 了解房产竣工面积测绘要求。

2. 能力目标

- 能进行房产竣工图测绘。
- 能进行房产竣工面积测绘。

3. 素质目标

- 培养学生良好的职业道德和有责任心的工匠精神。
- 培养学生独立工作、解决问题的能力。

【项目任务】

任务一 房产竣工图测绘

任务二 房产竣工面积测绘

任务三 资料归档

【项目成果】

1. 完成一份房产竣工图测绘。

2. 完成一份房产竣工面积测绘。

任务一 房产竣工图测绘

城市建筑竣工测绘工作是对已竣工建筑的整个项目进行的竣工测量(包括地面工程建设和地下工程建设),以检验各项工程施工的现状,做出记录,并根据规划审批的各项要求、施工规范等技术标准,为工程验收和评定工程质量提供依据。它是落实规划意图、合理利用土地、项目建设的真实记录。此外,房产竣工测绘资料还是城市规划、土地管理执法监察的重要工作依据。根据城市规划管理部门批准的规划建筑红线图、总平面图、规划用地红线图,对已竣工建设项目尺寸、高度、层数、间距及平面位置进行实地测量并测算总体指标。房产竣工测绘随着城市建设发展出现的新状况不断完善和提高,在原竣工测量基础上将房屋分层测量、获取现场照片等纳入竣工测绘工作范畴,确保城市规划管理部门获取可靠的规划竣工验收资料,作为城市规划竣工测绘作业与检查验收的依据。

一、房产竣工测绘内容

城市房产竣工测绘可分为外业数据采集与内业资料整理两大内容,前者主要进行相关资料的收集、数据采集与竣工地形图绘制;后者则是在前者的基础上进行资料整理以形成房产竣工测绘资料。随着城市建设的发展,房产竣工测绘技术不断更新完善,测量内容已涵盖了全野外 1∶500 数字地形图测绘、建筑高度量测、建筑面积量测、建筑占地面积量测、绿地面积量测、机动车泊位测算、外业拍照、编写报告等。主要作业内容如下:

(1) 全野外 1∶500 数字地形图测绘主要包括图根控制点布测(含地面及地下室)、地形要素采集、内业编绘成图、外业巡视自检等步骤。

(2) 建筑高度量测:建筑底层高度量测;建筑主体高度量测;屋面女儿墙高度量测;屋面梯间水塔等附属设施高度量测;屋面斜屋面高度量测;技术层高度量测;半地下室负层高度量测;内业编绘成图。

(3) 建筑面积量测:外业测量建筑边长不一样的每层都要实量;屋面、地下室均要实量内业编绘图表并计算容积率。

(4) 建筑占地面积量测经外业检核无误内业提取建筑基底面积并计算建筑密度。

(5) 绿地面积量测经外业检核无误内业提取绿地面积并计算绿地率。

(6) 机动车泊位测算建筑底层地下室机动车泊位。

(7) 房产竣工测绘报告编制。

二、房产竣工测绘实施要求

(一) 资料收集

收集已有的测绘资料及相关图件,如规划建筑红线图、城乡规划用地红线图、土地使用证、规划总平面图、竣工建筑底层平面图(若有地下室,还应附有地下室平面图)、建筑放线资料、建筑区周边地形图、控制资料、建筑立面图等;周边已有管网图、各管线的设计图、施工图、竣工图、技术说明资料、相关地形图、测区控制点资料等。

(二) 竣工地形测量实施要求

1. 竣工控制测量规划

竣工测量起算控制点应为城市 Ⅰ 级导线以上等级的平面控制点,必须进行原有地物点坐标检核测量;角度测量可采用盘左、盘右单测回观测,距离测量采用往返观测或单程双测回观测。

2. 地形图的实测和修测

全野外数字采集的数据包括地物、地貌等要素。地形要素点一般应实测坐标,少量隐蔽建筑物无法实测拐点时,可采用交会法或勘丈法补充,但应注意勘丈数据的几何相关强度,并有多余观测,以加强校核。应充分兼顾地形内容表示,也要考虑到图面载荷量的适度。

地形图修测要先检查原图的质量,精度符合要求后才进行修测。修测工作应利用原有的邻近控制点和测有坐标的固定地物点设站进行。个别局部地区地物变动不大时,可利用经过检核、位置准确的地物点,进行装测或设站修测。当地物变动面积较大且周围地物关系控制不足,或补测新建的住宅楼群或独立的高层建筑物,或修测丘陵地、山地及高山地的地貌时,应先布设图根控制点再进行修测。

民房修测可根据要求利用经过检核、相关位置准确的地物点，进行装测或设站修测，并注意图面合理性处理。

3. 建筑工程地形测量的范围

(1)测量范围除包含规划用地许可证核定的范围外，还需测量与四至位置相关的地形。竣工建筑物与周边建筑无间距要求且周边建有围墙的，可测绘至建筑物周边围墙结束为止。未建有围墙的，无论竣工建筑物与周边建筑有无间距要求，都应测至竣工建筑物主要朝向25 m内第一排永久性建筑物结束为止，次要朝向应测至15 m内永久性建筑结束为止。

(2)竣工建筑与周边建筑有间距要求或退让关系的，应测绘至相关周边建筑结束为止。

(3)竣工建筑周边已建道路，应将本次竣工地形测绘所涉及的图幅范围内道路测绘完整。

4. 房产竣工地形测量

房产竣工地形测量的内容除按1:500地形测量要求外，还应特别注重以下测量内容：

(1)每座竣工建筑至少采集一条长轴线坐标，坐标采集所依据控制点精度不得低于图根控制点精度。

(2)小区内交通道路要标示清楚(地上停车场范围、地下停车场范围及其出入口、完整的内部道路边线)。

(3)地下建筑边界线范围要测出并表示。

5. 建筑物单体尺寸测量

竣工建筑物单体尺寸一般应使用钢尺或全站仪测量，量取的数据包括建筑物的长宽数据。量测不规则建筑长宽数据时可根据实际情况适当取舍，但应给出建筑总长度和总宽度。丈量边长一次读数，读记至cm，房屋总长与分段边长之和的较差的绝对值应小于10 cm。房屋外柱表示：房屋外柱凸出墙面大于或等于20 cm的，应实测表示。房屋外柱凸出墙面小于20 cm的，若柱在屋角上，应以柱外角为房屋边界线实测表示；若柱在中间，实测房屋角表示。

(三)建筑物周边关系测量

竣工建筑物是独立的，其周边关系是指该建筑外围与邻近建筑物的平面位置关系(一般为与竣工建筑物临近距离为25 m的范围内相关地形)；竣工建筑是小区建筑，则是竣工建筑物外围与邻近建筑物的平面位置关系，以及竣工建筑物与用地红线、道路规划红线、绿地规划绿线、文物保护紫线等规划控制线的退让关系。

(1)建筑物周边关系测量应遵循下列原则：按规划部门批准的规划建筑红线图(规划总平面图作为参考辅助件)外控尺寸部位测量，建筑红线图上的标注都要进行重点测量，核实体现。

(2)建筑四至退让及间距按建筑红线图标注处测量。

(3)规划控制线调整时的退距表示：按建筑红线图标注的退距要求标注建筑与调整前后规划控制线的退距。

(4)房屋外柱表示问题：高层建筑柱体凸出墙面≥20 cm时，建筑四至退让柱体与墙体的退距均需标注，不足处均用红色表示。

(5)违章加盖的建筑：明显为统一加盖的建筑，按常规竣工测量各要素并按常规表示；属于非统一加盖的建筑，应给予区分表示，并在“备注”栏给予说明。对于总平面图上没有审批,建设单位自行新增整幢建筑,除按常规竣工测量外,建筑,及退距均用红色标注。

(四)建筑物高度测量

建筑物高度测量可利用钢尺直接丈量或手持测距仪直接丈量或利用电子全站仪以悬高测量方式测定,同一建筑有不同高度的应分别测量,每幢建筑高度由本幢建筑主入口地坪为基准起算。建筑物高度的计算规定是:

(1)“建筑高度计算图示”中的示意图应与实地吻合。

(2)底层高度超出规划审批高度被要求整改的,整改后的测量报告均应体现室内外高差。

(3)每座建筑均要测绘地坪高程,必须体现含负层建筑的不同地坪标高。

(五)建筑层数计算

建筑层数一般是指建筑的自然层数,建筑层数计算规定如下:

(1)(半)地下室的表示:(半)地下室均不计层数,半地下室或地下室在竣工详图及地形图上用地下室边界线表示并加注文字区分。

(2)负层的表示:地形图和竣工详图及报告上注记应为总自然层数 N,N=主入口以上自然层数 m+负层层数 K 标注,格式为“砼 N(含负 K 层)”。

(3)永久性结构的单层建筑物,不论其高度多少均算1层。

(4)建筑物天面上未经规划局审批的属永久性建筑且高度在2.5 m以上(不含2.5 m)的计为自然层数(同一层中有不同层高的取其主要部分)。

(5)依坡地建筑的建筑物,利用吊脚做架空层,有围护结构的,高度在2.5 m以上(不含2.5 m)的应计算自然层数。

(6)夹层高度大于2.2 m应计为1层。

(7)同一建筑有不同层次的应予区分,并分别标注层数。

(8)坡屋面不计层数。

(六)分层面积测量

房屋建筑面积指房屋外墙(含外凸柱)勒脚以上各层的外围水平投影面积,包括阳台、挑廊、地下室、室外楼梯等,且具备有上盖,结构牢固,层高2.20 m以上(含2.20 m)的永久性建筑。

房屋建筑面积采用直接测量法和间接测量法量测,测算时应根据有关规定,区分计算全部建筑面积的范围、计算一半建筑面积的范围以及不计算建筑面积的范围。

计算采用几何公式或计算机解析法计算,面积以 m^2 为单位,取至0.01 m^2;面积测算必须独立测算两次,取中数作为最后结果,两次测算较差应小于 $0.005S$。

(七)占地面积计算

建筑占地面积根据有关规定应区分是否计入建筑占地面积,如无顶盖的花架等建筑、亭、独立烟囱、烟道、油罐、水塔、构筑物、城市公共通道、骑楼等是不计入建筑占地面积的。需计入建筑占地面积的内容如下:

(1)单层、多层及以上建筑物按建筑物外墙勒脚以上外围水平面积计算。

(2)有柱雨篷按柱外围水平面积计算,独立柱的雨篷按顶盖的水平投影面积的一半计算。

(3)有柱的车棚、货棚、站台等按柱外围水平面积计算。

(4)单排柱、独立柱的车棚、货棚、站台等按顶盖的水平投影面积的一半计算。

(5)建筑物墙外有顶盖和柱的走廊、檐廊按柱的外边线水平面积计算;无柱的走廊、檐廊按其投影面积的一半计算;2层以上建筑物出挑形成走廊、檐廊的按上述原则计算,未形成的不计算。

(6)穿过建筑物的通道或两个建筑物间有顶盖的架空通廊,按其水平投影面积计算。

(7)两个建筑物间无顶盖的架空通廊按其水平投影面积的一半计算。

(8)有柱或有围护结构的门廊,按其柱或围护结构外围投影面积计算,突出墙外的门斗按围护结构外围投影面积计算。

(八)绿地面积计算

总绿地面积包括绿地、水系、绿地内硬地及绿地内小路的面积,对其中水系、绿地内硬地面积要单独说明。其中,各类绿地面积计算起止界如下:

(1)宅旁(宅间)绿地面积计算起止界为:绿地边界对宅间路和小区路计算至路边,当小区路设有人行便道时计算至便道边。

(2)道路绿地面积计算:以道路红线内规划的绿地为准进行计算。

(3)院落式组团绿地面积计算起止界为:绿地边界对宅间路小区路计算至距路边1 m,当小区路设有人行便道时计算至便道边;沿居住区路、城市道路则计算至红线。

(4)块状、带状公共绿地面积计算的起止界同院落式组团绿地,沿居住区级路、城市道路的公共绿地计算至红线。

(5)架空层绿化、屋顶绿化及植草格式绿化不计。

(九)照片拍摄

对建成的现状的建筑物及相关设施进行拍照,为竣工测量留下现场真实的证据,拍摄内容主要有建筑立面及城市景观,指立面材质、色彩、夜间泛光照明、广告、沿街阳台封闭、室外工程(包括广场、道路及休闲设施、无障碍设施)等;配套的公共设施如活动室、卫生站、物业室、幼托、公厕、门卫、收发室、垃圾间转运站等;市政公共设施如配电、电信、电视、煤气调压、安防、围墙。

任务二　房产竣工面积测绘

房屋面积竣工面积测绘内容包括:建筑面积、共有建筑面积、套内建筑面积、产权面积等测算。房屋面积测算成果形式为房屋面积测算报告书。

测绘项目按具体情况分别执行一、二、三级精度标准,以两倍中误差作为面积精度限差。具体精度标准见表12-1。

表12-1　房产面积测算精度要求　　单位:m^2

房产面积精度等级	中误差	限差
一	$0.01\sqrt{S}+0.0003S$	$0.02\sqrt{S}+0.0006S$
二	$0.02\sqrt{S}+0.001S$	$0.04\sqrt{S}+0.002S$
三	$0.04\sqrt{S}+0.003S$	$0.08\sqrt{S}+0.006S$

注: S为房产面积,单位m^2。

一、房产竣工面积测绘实施

(一)房产竣工面积测绘要件

(1)建设工程竣工规划核实确认书或验收合格证复印件。

(2)竣工备案的竣工图蓝图或复印件(包括数据光盘、电子数据等)。

(3)原预售测绘报告书复印件。

(4)经辖区公安机关盖章的门牌地址证明。

(5)面积分割协议,共用部位、设备用房的范围等情况说明。

(6)其他材料。

(二)房产竣工面积测绘实施

1. 准备工作

(1)仔细清理委托面积测算人所提供的图件、资料是否完整,不完整的可联系委托人补交所缺资料。

(2)在室内对图件、资料进行仔细阅读(特别是对异型房屋和大型综合楼)了解房屋坐落、房屋编号、房屋户型、房屋结构、楼层、各主要通道、共有部位、不算或半算区域及图件中尺寸标准是否齐全。

(3)准备测算工具(经过质检部门检校的在有效期内的测绘工具)和资料(委托人提供的各种资料,现场查勘表等)。

(4)通知委托房屋面积测算人,约定时间准时到达现场。

2. 外业测绘

在室内对图件、资料进行认真审阅无问题后,按与委托方约定时间共同到达现场,具体操作步骤如下:

(1)实地确认房屋外形及周边界线,核对房屋地址、名称、楼层、层高、房号等信息,并认真填写现场踏勘表。

(2)不同户型、共有建筑面积必须实地测量。同户型必须实测一户,并在不同楼层(部位)进行检校(作检校记录)。

(3)实测每一种户型和共有部位的各条边的具体尺寸,标注于竣工图上(无竣图的必须绘制草图),对异型部门要求绘制出辅助点的距离、位置平面图。每条边的测量按规范的技术要求实测两次(并标注),取中数作为最终结果。另外要求测量每一户型的总边长和分段边长,以便检校。

(4)房屋外业测绘通过"三到"(走到、看到、量到)来检校图形和实地对应的每一个部位,并核实确认房屋的半算、全算或不计算面积的区域并在图纸上进行明确标注。

(5)在现场踏勘表上注明各层共有部位实地了解到的使用范围,如与竣工图不一致,应在竣工图上标明不一对致的范围,并以实地为准进行面积测量,并告之委托方提供相关的共用部位功能说明书(明确提供时间并做记录)。

(6)必须对已经测量的外业数据进行自检。自检范围包括房屋名称、楼层、房号、各户型的总尺寸、各种共有部位使用范围、户型、共有部位形状等是否与图上和说明一致,有无错漏。

(7)外业测量结束时,应要求委托测量单位在现场查勘表上签字,并认定其权属界线是否正确。

(8)实地拍照,要求清晰并尽可能完整(含外立面整体照片,局部等照片)。

3. 房屋外业边长测量

房屋外业边长测量时,应符合以下规定:

(1)已竣工房屋的边长测量应现场实地量取;房屋边长的量取应在房屋权属调查的基础上分清共墙、借墙和自墙,并分层、分户采集。

(2)每一边长测量应重复测量两次,其较差在限差内时取平均数作为最终结果。

(3)边长量取工具应选用经鉴定合格的钢尺或手持测距仪;采用钢尺两次丈量,边长不大于10 m的较差相对误差应小于1/1 000,边长大于10 m的应小于1/2 000;采用手持测距仪一测回两次读数较差不应大于5 mm。

(4)房屋边长可从施工图或竣工图上读取,房屋对应边长、分段边长与总边长应进行校核。

(5)采集的数据应标注在分层平面图上,边长注记以米为单位,注记至厘米;边长数据应平行于该边,或可引出标注。

(6)应依据城市规划主管部门核准备案的建筑施工图或竣工图,划分共有部位的使用功能,其功能和名称应以设计图标注为依据进行确认。

4. 内业绘图计算

利用房测软件根据外业实测数据和申请单位提供的资料、图件或图形数据,在计算机上绘制图形和计算,具体操作中应注意以下事项:

(1)对收集的信息与规划批准的楼层、工程名称等是否一致。

(2)房测软件提示的房屋各种信息应输入齐全、准确,与施工图所标示的完全一致。

(3)逐一绘制房屋平面图并输入属性(半算、不算、扣空、阳台、户型、层数等属性),每输入一层后,必须手动提出本层建筑面积,并逐一核对各属性是否输入正确。

(4)按实测数据和委托方提供的设备用房功能说明,按规范进行分摊测算。

(5)在内业计算过程中,对尺寸不齐、共用部位使用功能不明确等问题,应再次到实地核实并要求委托方(和设计方)提供详细尺寸的图件及共用部位使用功能说明书等加以明确。

(6)因相关规定、规划未能提及而无法确定的,应形成文字报告说明问题,报作业部门和上级部门批准后按批准的方法进行测算。

(7)房产面积预测算报告式样按各地主管部门审批的范本出具测绘出成果报告。但需注意:

①严格按规定范本中的格式、字体、版面出具报告书。

②报告书中各种表格等项目必须统计填写完整。

③报告书计算说明(含特殊说明)应准确、完整、易判读。

④委托方的各种说明文件应复印并装订在报告书后(原件归档)。

⑤报告书中凡签字的位置必须是手工签字。

二、质量检查与评定

房产测绘成果质量检查执行两级检查一级验收制度,即作业部门过程检查(小组自检互检、作业部门检查)、单位级检查,委托方验收。

(一)作业部门质量检查主要内容

1. 作业人员自检内容

(1)检查委托单位提供的资料是否全,是否符合测绘要件要求。

(2)外业查勘记录是否绘制完整。

(3)检查户型分隔、尺寸和房屋楼层数是否准确。

(4)房屋功能性质、属性录入是否正确。

(5)手工提取建筑面积并检查是否正确。

(6)检查报告书内容是否正确、规范。

(7)核查同项目一期、二期或同期前后批次房屋,以及同楼栋房屋竣工与预售阶段,前后计算标准是否统一。

(8)检查成果电子数据是否正确。

2. 作业组互检人员主要检查内容

(1)检查外业查勘记录与成果附图是否一致。

(2)检查房号、阳台归属是否正确。

(3)检查房屋楼层是否正确。

(4)检查分摊计算是否正确。

(5)手工提取建筑面积并核实一致性。

(6)抽查上传的电子数据是否正确。

(二)作业部门质量检查的主要检查内容

(1)检查委托单位提供的资料是否齐全,是否符合测绘要件要求。

(2)检查成果附图与委托方提供的图纸是否一致(含户型分隔、尺寸、共用部位划分及房屋楼层数等内容),成果内容与规划许可或规划验收所列项目是否一致。

(3)房屋功能性质、属性录入是否正确。

(4)检查分摊方式是否准确。

(5)检查外业查勘记录是否清楚、完整。

(6)房屋建筑面积分户汇总表、房屋建筑面积总表、房屋建筑面积分层汇总表、共有建筑面积分层汇总表中填写内容是否准确、完整,各表数据间的关系是否正确。

(7)检查互检环节层建面积的核实情况。

(8)计算说明数据统计是否正确,报告书格式是否规范,内容是否完整,附件是否齐全。

(9)核查同项目一、二期或同期前后批次房屋,以及同楼栋房屋竣工与预售阶段,前后计算标准是否统一。

(10)不动产登记附图的检查(检查不动产登记附图图形、房屋相关信息及数据填写是否正确)。

(11)检查成果电子数据是否正确。

(三)技术部主要检查内容

(1)检查作业部门送检资料是否齐全,是否符合规定要求。

(2)检查作业人员内、外业记录是否清楚、完整。

(3)检查作业部门内、外业检查记录是否清楚、完整。

(4)检查成果附图与委托方提供的图纸是否一致(含户型分隔、尺寸、共用部位划分及房屋楼层数等内容),成果内容与规划许可或规划验收所列项目是否一致。

(5)检查房屋功能定义、分摊方式是否符合技术规范。

(6)检查报告书内容数据填写及内容装订是否正确、规范。

(7)抽查成果电子数据是否正确。

(四)各级质量检查流程

房屋面积测算成果各级检查流程见图12-1。

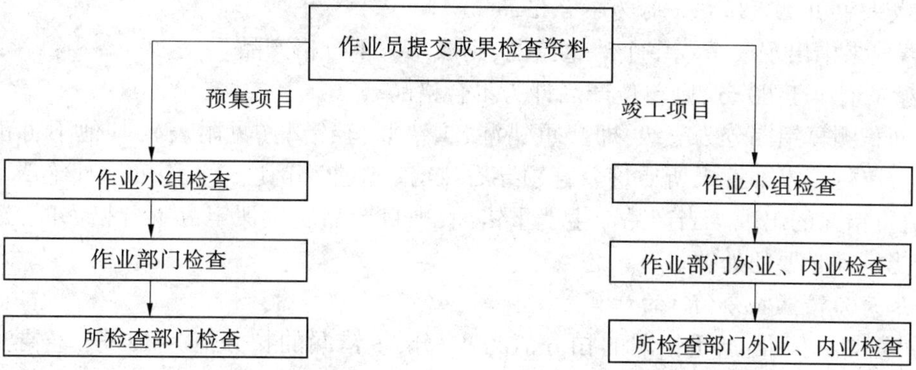

图12-1　房屋面积测算成果各级检查流程

房屋面积测算成果各级检查比例见表12-2。

表12-2　房屋面积测算成果各级检查比例

检查单位	房产面积测算报告	图件检查		
		内业	外业	
			迁建房、别墅、花园洋房、重点项目、经济价值较高的项目及1万 m^2 以上的商品房新建项目	其他项目
作业人员(组)自查互检	100%	100%	—	—
作业部门质量检查	100%	100%	100%	≥50%
技术部质量检查	100%	100%	20%	

(1)作业员在完成新建项目面积测算后,在提交委托方公示前,须及时提交部门进行外业检查。

(2)技术部根据项目的具体情况不定时进行外业抽样检查,技术部进行外业检查原则上应独立进行。

(3)凡按要求需要部门进行外业检查的项目,或是技术部确认需要抽检的项目,检查人员均应对现场楼栋进行100%检查(含所有户型及共用部位)。

(4)各级检查在外业检查过程中发现的各类缺陷,作业人员必须在提交开发企业公示前做出修改,修改结果经确认后方可提交开发企业公示。

(5)作业部门送检的主要内容:

①房产面积测算报告书。

②现场查勘表(竣工)及相应查勘记录。

③部门外业检查记录。

④各级检查记录流程。

⑤委托单位提供的图纸及其他相关说明、附件。

(五)质量评定方法

1. 当成果中出现下列之一时为不合格品

(1)若成果中出现一个或多个严重错漏,则成果为不合格产品。

(2)若 K 值小于 60 分,则单位产品计为不合格品。

房屋面积测算错漏分为三级,即严重错漏、重错漏、轻错漏(见附表),其他不可预见的错漏类型由单位技术部汇报所质量分管领导后认定。作业部门应最大限度地杜绝严重错漏产生、避免重错漏的出现。当产品产生严重错漏,项目产品质量评定为不合格品时,按有关规定给予当事人必要的处罚。

2. 单位产品错漏扣分(K)的计算

(1)错漏扣分标准:严重错漏的扣分值为 42 分,重错漏的扣分值为 12 分,轻错漏的扣分值为 4 分。质量错漏分类见表 12-3。

表 12-3　质量错漏分类

<table>
<tr><th colspan="2">分类</th><th>面积勘测</th><th>面积计算</th><th>成果资料</th></tr>
<tr><td>严重质量事故</td><td>1</td><td colspan="3">伪造、篡改成果数据,给单位和用户造成重大经济损失和危害单位形象的质量事件</td></tr>
<tr><td>质量事故</td><td>2</td><td colspan="3">上级部门或各登记部门以及用户反映有重大质量问题,且核实确认的质量事件</td></tr>
<tr><td rowspan="6">严重错漏</td><td>1</td><td>错漏层、错漏户、分户、图形错误,导致面积超过 2 倍(含 2 倍)限差的</td><td>计算依据未采取规划审批资料(委托测绘除外)</td><td>重要数据、图表差错漏,对房屋登记有重大影响的</td></tr>
<tr><td>2</td><td>房屋勘测数据错误,导致面积精度超过 2 倍(含 2 倍)限差的</td><td>对房屋(套内)建筑面积、共有面积明显的界定错误</td><td></td></tr>
<tr><td>3</td><td>未经鉴定的测量工具</td><td>房屋功能属性定义或输入错误的</td><td></td></tr>
<tr><td>4</td><td>竣工未进行实地测量或无原始记录的</td><td>图形绘制错误导致面积精度超过 2 倍(含 2 倍)限差的</td><td></td></tr>
<tr><td>5</td><td>未绘制测量草图或测量草图与现状严重不符</td><td>分摊计算错误导致面积精度超过 2 倍(含 2 倍)限差的</td><td></td></tr>
<tr><td>6</td><td></td><td>数据属性输入错误(如房号、阳台、单元录入归属错误),导致面积精度超过 2 倍(含 2 倍)限差的</td><td></td></tr>
</table>

续表 12-3

分类		面积勘测	面积计算	成果资料
重错漏	1	房屋基本情况重要信息错、漏	数据属性输入错误(如房号、阳台、单元录入归属错误),导致面积精度超过1倍以上,2倍以下限差的	报告书格式未按市局统一标准出具,报告书出现不同楼栋间混装、错装及同楼栋内容漏装
	2	未绘制勘测图或未在竣工图、草图上记录勘测数据	图形绘制错误,导致面积精度超过1倍以上,2倍以下限差的	测量计算说明填写错误,对房屋登记造成影响的错误
	3	房屋勘测数据错误,导致面积超过1倍限差的	共有共用面积分摊不准确,面积精度超过1倍以上,2倍以下限差的	数据、图表差错漏,对房屋登记造成影响的
	4	实地数据采集不完整,根据所测数据不能计算所需面积的	其他较严重的错漏	
轻错漏	1	勘测数据记录不规范、不完整	数据属性输入错误,导致面积精度未超过限差的	分层平面图图形绘制不规范
	2	房屋勘测数据错误,导致面积精度未超过限差,对成果质量影响不大的	图形绘制错误导致面积精度未超过限差的	图件的套内、共有部位名称标注错漏
	3		分摊计算有轻微错误,导致面积精度未超过限差,对成果质量影响不大的	附件不齐全
	4		无法确定其用途的共用部位且无申请单位的说明	数据、图表差错漏,且对登记影响不大的
	5		报告书中数据未整合,分摊系数取位不正确	上传的电子数据错误

(2)采用错漏扣分法计算单位产品得分:成果得分预置为100分,根据错漏扣分对成果中出现的错漏类别逐类扣分,即得到成果得分。

$$K = 100 - (42 \times A + 12 \times B + 4 \times C)$$

式中 K——成果质量得分;

A——成果质量特性严重错漏的个数;

B——成果质量特性重错漏的个数;

C——成果质量特性轻错漏的个数。

(3)成果质量等级的划分标准如下。

①检查判定为合格的成果,作业部门要对检查中发现的问题进行修改完善,并进行复查。

②检查判定为不合格的成果,作业部门要返工重新测绘,然后再次申请检查。

房屋面积测算成果质量等级标准见表 12-4。

表 12-4 房屋面积测算成果质量等级标准

质量等级	优级品	良级品	合格品	不合格品
K 值	$K\geqslant 90$ 分	90 分$>K\geqslant 75$ 分	75 分$>K\geqslant 60$ 分	$K<60$ 分

(六)分歧的处理方法

作业过程中对存在争议或疑问的作业项目,作业部门应及时向单位技术部报告,并由技术部召集相关部门人员讨论后确定统一的技术标准;技术部对房产测量部提出的争议或疑问通过会商方式进行统一规范,原则上应保持不同项目类似情况处理方法的一致性。

任务三 资料归档

一、收集

由房测项目负责人负责对作业过程中形成的纸质技术成果资料及技术成果资料电子光盘按照归档范围进行及时的收集积累,保证归档成果资料档案的齐全完整性。收集归档的成果资料必须是原件,且使用 A4 规格纸张,其内容必须真实、准确,各级检查验收签字、盖章齐全。

二、整理立卷

(一)纸质技术成果资料档案整理

房产面积测绘纸质档案以项目(一个房测件)为单位进行立卷整理。同一项目(房测件)内形成的任务通知书、现场查勘表、检查记录以及甲方提供的作为房测依据的相关资料(申请、说明、承诺等附件资料)应装订成一册作为一份资料进行整理;图件则按张作为一份资料整理,按 A4 规格折成手风琴式,图签露在右下角档号章盖在图签上方空白处;使用碳素墨水钢笔填写档号。一个成果报告为一份资料。

(1)装订:较薄的资料可用订书钉装订,但必须使用不锈钢订书钉;较厚的资料则须采用打孔穿线的方法进行装订。

(2)页号的编制:单面书写的文件材料在其右下角编写页号;双面书写的文件材料,正面在其右下角,背面在其左下角编写页号。图样页号编写在标题栏外。

(3)排列:同一项目(房测件)内文字成果资料排列在前,图件资料排列在后。文字成果资料按在工作中形成的先后顺序集中排列,图件资料按其形成的楼层顺序集中排列。

(4)成果资料封面编制。文字成果资料封面须按规定的封面式样编制打印,注意封面上内容的填写要做到真实、准确、完整、详细。若封面上名称这一项内容较多,可缩短行距和缩小字体,同时可调整上下空白处的距离,但上下空白处要保持相对一致。若封面上固定内容出现错位,按照规定式样进行调整。

(5)卷内目录编制:卷内目录按盒编制,其中序号用阿拉伯数字从 1 起依次标注卷盒内成果资料排列的顺序号,一份资料一个号;责任者填写成果资料形成单位;但图件资料的责任者统一填写委托单位;文件材料题名填写对应的成果资料的全称,做到完整准确,不得随意简写;日期用阿拉伯数字填写成果资料形成日期;注意年、月、日中间不用“.”或“、”或空格隔开,月份或天日遇单数加“0”;页次用阿拉伯数字填写,与对应成果资料页次一致。文件材料题名首行要求缩进2个字,其余字段位置全部居中。

(6)卷盒内备考表编制:主要用于记录需要说明的问题,如成果资料的缺项、残缺破损及修补等情况。备考表右下角的立卷人填写立卷归档人,检查人则由综合档案室检查接收档案人员签名填写。

(7)卷盒封面编制:成果资料整理完毕装盒后,归档人要填写卷盒封面。使用书法钢笔,碳素墨水填写。案卷题名要求简明,准确揭示卷盒内成果资料内容。注意开头部分的项目地址、项目名称要填写详细、完整、准确,首行要求缩进2个字,整段内容居中于封面空白处,其左右两端留2.5 cm左右的空白。书写要求字体工整、排列整齐规范、清晰可读。

(8)小卷封面编制:小卷是预立卷的简化工作,主要适用于房测小件,形成的成果资料非常少,没有图件资料,只有一本很薄的报告成果和任务通知、现场查勘等原始记录,这样的情况就可以将所有资料综合做简易小卷。其封面编制格式与卷盒封面编制格式要求一致,但小卷封面要求打印件。

(二)技术成果电子资料整理

(1)技术成果电子资料分新建和预售刻录成光盘进行归档,光盘按盘进行整理。一张光盘可存储多个房测项目形成的成果电子资料,成果电子资料归档整理按表12-5方式进行。

表12-5　电子数据归档刻录方法(房测)

业务类别	一级文件夹	二级文件夹	三级文件夹	四级文件夹	备注
预售测量(包含司法委托测量、二次分割、变更测量)	预售测量	目录			DOC文档格式编制该业务类别的全部内容
		分区编制文件夹名称	以项目名称编制文件夹	申请单位提供资料	
				成果成图	
				报告书文件	
				其他相关资料	
新建测量(包含司法委托测量、二次分割、变更测量)	新建测量	目录			DOC文档格式编制该业务类别的全部内容
		分区编制文件夹名称	以项目名称编制文件夹	申请单位提供资料	
				成果成图	
				报告书文件	
				影像资料	
				其他相关资料	

(2)光盘标签编制。

光盘标签编制分为上下两部分。上部分主要反映光盘封面信息,下部分反映光盘背景信息。成果资料密级、保管期限与纸质成果资料档案一样,档号填写“8.2.5-”,位于上部分右上角空白处。由于光盘标签空白处小,故成果资料名称、工作单位、工作时间、归档时间需编制者逐一填写;注意每项内容首行缩进两个字,标签下部分背景信息填写内容有固定提示,请对照提示逐一填写,其中文件类型用英文字母代表电子文件类型。

代码表如表12-6所示。

表12-6 代码表

名称	代码	名称	代码
文本文件	T	声音文件	A
图像文件	I	超媒体链接文件	O
图形文件	G	计算机程序	P
影像文件	V	数据文件	D

(三)归档清单编制

归档清单打印一式两份,经部门负责人签字向综合档案室提交,综合档案室接收签字后,一份返还部门,一份留存资料室。

项目十三 房产现状测绘

【项目说明】

本项目主要介绍房产现状测绘的整个过程。通过学习,加深学生对前面房产测绘知识的理解,培养学生在工作中吃苦耐劳的精神及团结协作的工作态度。

【项目目标】

1. 知识目标

- 了解现状测绘的整个过程。

2. 能力目标

- 能够进行房产现状测绘。

3. 素质目标

- 培养学生吃苦耐劳的精神。
- 培养学生独立工作、解决问题的能力。

【项目成果】

完成一份房产测绘图。

房产现状测绘是专业测绘的一个分支,在现有的测绘技术支撑下,运用测绘仪器和测绘方法,来调查和测定房屋及其用土地的位置、权属、结构、数量、质量及利用状况的专业测绘。为房产产权、产籍管理、房地产开发利用、交易、征收税费,以及国土城镇规划建设提供数据和资料。

一、项目背景

经×××人民政府批准,××市自然资源局拟开展××区“房地一体”不动产登记发证工作,加快推进全县宅基地使用权及其地上房屋所有权和集体建设用地使用权及其地上建筑物、构筑物所有权登记发证工作,有效保障人民合法财产权益。集体土地范围内农村宅基地、集体建设用地及地上永久存续的、结构完整的农村主要房屋,不包括简易房、棚房、农具房、圈舍、厕所等临时性建筑物和构筑物。要求2021年4月30日前完成外业调查、不动产调查数据库建设、质量检查和成果汇交工作。

二、作业区概况

××区位于×××省中部,总面积约1 600 km^2,处于关中平原与渭北高原接壤地带,属乔山山脉南支,鄂尔多斯台地南部边缘。地势北高南低,东、西、北三面环山,中部多丘陵沟壑,南部较为平缓。相对高差1 196 m,最高处为长蛇岭,海拔1 732 m,最低点是赵氏河谷,海拔536 m。区内山岭遍布,按地貌特点,形成了三个不同的农业区。北部山地峡谷区以多种经营和林牧业为主;中部丘陵区农林牧全面发展;南部是市商品粮、蔬菜和外贸农产品的主要基地。常住人口约 24 万人,下辖 8 个镇,3 个街道,有 189 个行政村、8 个板块型社区、4 个单位型社区。

三、法规

《中华人民共和国民法典》。

《中华人民共和国房地产管理法》。

《土地调查条例》。

《不动产登记暂行条例》。

四、技术标准

《房产测量规范 第 1 单元:房产测量规定》(GB/T 17986. 1—2000)。

《全球定位系统(GPS)测量规范》(GB/T 18314—2009)。

《数字测绘成果质量检查与验收》(GB/T 18316—2008)。

《国家基本比例尺地图图式 第 1 部分:1∶500 1∶1 000 1∶2000 地形图图式》(GB/T 20257. 1—2017)。

《土地利用现状分类》(GB/T 21010—2017)。

《测绘成果质量检查与验收》(GB/T 24356—2009)。

《 1∶500 1∶1 000 1∶2 000 地形图质量检验技术规程》(CH/T 1020—2010)。

《地籍调查规程》(TD/T 1001—2012)。

《不动产单元设定与代码编制规则》(GB/T 37346—2019)。

《航空摄影技术设计规范》(GB/T 19294—2003)。

《数字航空摄影测量 控制测量规范》(CH/T 3006—2011)。

《无人机航摄安全作业基本要求》(CH/Z 3001—2010)。

《数字航空摄影测量空中三角测量规范》(GB/T 23236—2009)。

《不动产登记数据库》(DB44/T 2213—2019)。

五、主要技术指标

(一)数学基础

(1)坐标系统与投影方式:2000 国家大地坐标系,高斯-克吕格 3°带投影,中央经线 108°。

(2)高程系统:1985 国家高程基准。

(二)比例尺选择

农村“房地一体”宅基地和集体建设用地权籍采用 1∶500 成图比例尺。

(三)图形分幅编号

1∶500 地籍图采用正方形分幅(50 cm×50 cm)。图幅编号按照图廓西南角坐标公里数编号,*X* 坐标在前,*Y* 坐标在后,中间用短横线连接。

(四)精度要求

界址点精度要求见表 13-1。

表 13-1 界址点精度要求

界址点等级	限差/m	中误差/m
三	± 0.20	± 0.10

注:1. 一般农村房屋执行三级,界址点精度放宽至 2 倍。
2. 利用已有 1:500 地形图成果的,界址点的点位误差可适当放宽至 1.5 倍,间距误差不放宽。

六、资料收集及分析

(一)资料收集

收集整理不动产登记数据整合成果、农村土地承包经营权确权登记成果、历年来入库的房产测绘成果、已有的大比例尺数字化地形图、最新高分辨率影像资料等。主要有以下几种类型:

(1)不动产登记数据库成果。

(2)集体土地所有权登记成果。

(3)农村土地承包经营权颁证成果。

(4)历年来入库的房产测绘成果。

(5)大比例尺地形图测绘成果。

(6)最新高分辨率正射影像资料。

(7)收集、整理土地调查、土地规划等数据和资料,如土地利用现状图、已有地籍图、土地利用总体规划图等。

(二)资料整理分析

对收集到的资料进行整理分析,通过不动产登记数据成果,将农村宅基地和集体建设用地整理出来,并分类梳理这些用地的发证情况以及调查资料(包括调查表图、权属来源资料、权利人资料等)的完整性情况等,为下 步权籍调查做好准备。

七、设备准备

根据项目技术特点和要求,项目组配备了充足的电脑、打印机、绘图仪、笔记本、服务器、GPS 接收机、车辆等硬件设备,提供相对独立的办公和网络环境,尽可能的从硬件环境方面保障项目进度计划的顺利实施。

表册包括:不动产权籍调查表、指界委托书、法定代表人(或负责人)身份证明书、指界通知书、成立指界小组通知书、违约缺席定界通知书等。

工具包括:包括 GPS 接收机、钢尺、无人机、测距仪、计算机、相关数据处理软件等。

八、发布政府通告及指界通知

由政府发布调查工作通告,调查人员根据通告要求与工作计划,根据宗地的发证情况和调查情况,对确需现场指界的送达房地调查指界通知书,可按村小组或权利人开展通知,通知相关权利人按时到现场指界,收回指界通知回执并归档;或成立指界工作小组,并发布成立指界工作小组通告,经权利人委托,由指界工作小组代为指界。

九、房地测量

采用无人机进行倾斜摄影测量,生成三维模型,在模型的基础上绘制 1∶500 房产图。

(一)像控点布设

1. 像控点满足条件

像控点应满足下列条件:

(1)像控点的目标影像应清晰,易于判别,如选在交角良好(30°~150°)的细小线状地物的交点、明显地物拐角点、像片上影像小于 0.3 mm×0.3 mm 的点状地物中心,同时应是高程变化较小的地方,易于准确定位和量测,常年相对固定;弧形地物等不应选作点位目标。

(2)狭沟、尖锐山顶和高程起伏较大的斜坡等,均不应选作点位目标。

(3)目标条件与像片条件矛盾时应着重考虑目标条件。

(4)为提高刺点精度,增强外业控制点可靠性,应在航摄前布设点面标志。

(5)测区内普遍难以找到合适的像控点目标时,航摄前用油漆喷涂绘制"L"形拐角作为像控点参照。像控点标志示意图如图 13-1 所示。

图 13-1　像控点标志示意图

2. 像控测量

像控点测量优先采用基于 CORS 的网络 RTK 测量,以单基站 RTK、静态 GPS 测量方位为辅助测量手段。观测要求如下:

(1)每点均须采用三脚架或三脚对中杆架设仪器且量取仪器高两次,两次读数不大于 3 mm,取中数输入 GPS 接收机中。

(2)观测员在作业期间不得擅自离开测站,防止仪器受震动和被移动,防止人为和其他物体靠近天线,遮挡卫星信号。

(3)接收机在观测过程中不应在接收机近旁使用对讲机或手机,雷雨过境时应关机停测,并取下天线,以防雷电。

(4)当初始化超过 3 min 仍不能获得固定解时,宜断开通信链路,重启卫星定位接收机,再次进行初始化操作。

(5)重试次数超过三次仍不能获得初始化时,应取消本次测量,对现场观测环境和通信链接进行分析,选择观测和通信条件较好的其他位置重新进行测量。

3. 航摄实施

1) 设备准备与检查

在选定的起降点附近，组装无人机设备，组装完成后，检查无人机电机和螺旋桨能否正常旋转，起落架能否正常收放，相机是否固定良好等。

2) 航飞摄影

(1) 飞手解锁电机，往上轻推油门杆，无人机起飞。当无人机快进入航线的时候，收起起落架，相机开始工作，无人机则按航摄任务自动执行飞行任务。

(2) 无人机航飞过程中，飞手密切关注 DJI GS PRO 软件显示的无人机各项状态信息，包括：电池电量、飞行姿态、航高、航速等。若出现任何不正常状态或警告信息，飞行控制员应采取相应措施保障无人机正常工作或返航，若出现电池电量低、相机不曝光、飞机动力故障严重警告问题，飞手应立即控制无人机返航降落。

(3) 无人机完成航摄任务后，自动飞回返航点上空，然后自动降落。为减少降落对无人机机身造成的损失，应尽量选择手动降落，使无人机轻轻落于地面。降落点最好选在平坦的草地、水泥地、硬质泥土地上。

(4) 按航线设计情况，同一起降场地有多架次航摄飞行任务时，逐架次执行航摄任务。

(5) 测区范围内的军事禁区，敏感区域及直升机训练场地等范围尽可能避免在该区域内航摄，并对禁止航摄区域面积进行统计，以书面形式告知业主，由业主在备选作业区内确定同等面积的航摄范围。

4. 三维倾斜模型制作

将照片和 POS 数据从相机中导出，控制点数据一起导入到 ContextCapture 软件中进行处理，软件自动会生成三维倾斜模型成果，如图 13-2 和图 13-3 所示。

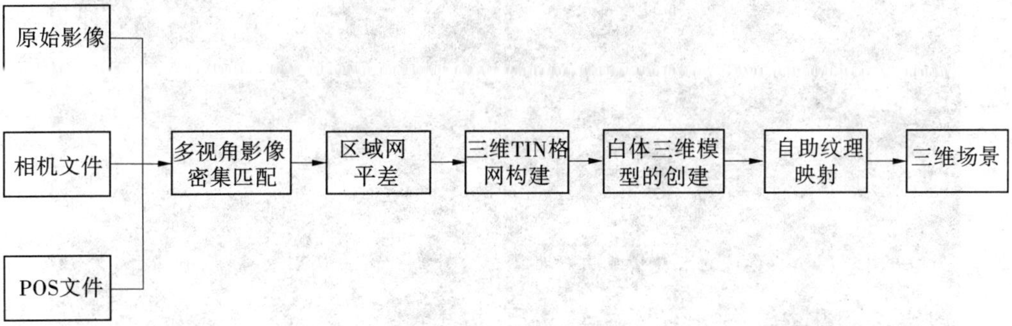

图 13-2　三维倾斜模型制作流程

5. 多视影像密集匹配和空三解算

由于倾斜摄影测量获取的影像范围广而且多视角，各个航带间的影像视场差别较大，倾斜立体影像间往往存在较大的几何畸变，增加了影像匹配的难度。多视影像的密集匹配就是寻找连接点构网的过程，同时消除多视影像数据中的冗余信息。影像匹配的算法分三类：灰度匹配、特征匹配和关系匹配，匹配的共性就是在影像上按照匹配策略寻找同名点。基于 SIFT 算法为代表的特征匹配，匹配的误差较多、耗时较长。在倾斜摄影测量中导入处理影像数据，同时添加 POS 数据可以辅助多视影像的匹配，依据 POS 数据可以粗略得到原始影像的外方位元素，进行相关算法的粗匹配剔除一些误匹配点，进而再重新精确匹配。空三解算的就是影像间精确几个拓扑关系重建的过程。根据地面布设的像控点,并以共线方程为基础,进行光束法区域网平差。

图 13-3　三维模型效果图

6. 内业采集

基于 EPS 三维测图平台在三维实景模型上直接采集房屋角点、围墙、楼梯、门墩等房产要素(见图 13-4)。

图 13-4　三维模型数据采集成果

数据采集精度受人工差异化的影响,应注意以下问题:

(1)选择清晰度最高的特征点采集。

(2)选择最佳视角,数据采集员应正视特征点,避免出现坐标漂移现象。

(3)特征点位置的选择应准确,根据相应规范要求执行。

(4)对于房屋密集或者存在严重遮挡的情况不要强行采点,应经外业补测。

内业人员在模型精度判断不准的位置或者在航飞过程中由于房屋被遮挡,导致内业人员无法采集的要素,统一标注画圈并注记“?”,方便外业补充测量。

7. 修补测、碎部测量

对于遮挡、干扰造成无人机三维倾斜摄影采集不到、倾斜三维模型上不确定的区域、内业采集不满足精度要求的区域,可采用全野外数字化地形测量方法,利用全站仪、RTK 等开展修补测,确保房地测量成果完整、精确。对于零散的房屋、宗地,无人机航测成本较高,可根据高效、灵活、经济、优质的作业原则进行实地丈量。

十、房地权属调查

房地权属调查充分发挥乡镇政府、农村集体经济组织、村民自治组织等基层力量,共同配合完成。为便于工作的顺利开展,可聘请几位村民委员会成员或者村民代表参与权属调查,也可选择专业队伍、聘任农村集体经济组织负责人、村民委员会成员或村民代表参与权属调查。

由于各个行政村基层人员的情况不一,为保证房地权属调查工作的顺利开展,采取以下 3 种调查方式。

(1)以基层人员自行调查的方式。对于有条件的地区,专业技术人员对驻村干部、村组负责人或村民代表等基层人员进行培训,讲解技术要点及注意事项,协助基层人员完成权属调查工作,该方式作为辅助调查方式。

(2)以专业技术人员指导基层人员调查的方式。对于不具备以基层人员自行进行地籍调查的地区,由专业技术人员在驻村干部、村组负责人或村民代表等基层人员的协助下进行权属调查,本项目以该调查方式为主要调查方式。

(3)派发二维码。根据工作底图,每家每户粘贴二维码,并且现场拍照,上传到房地调查云小程序中,便于权利人快速确认是否为权利人本人的房屋,避免填报错误。

十一、房屋平面图的编制

房屋平面图包括房屋分层图与分户图。

分层图是表示一幢多层房屋各层房间详细布局的重要图件。其绘制要求如下:

(1)比例尺和幅面应根据房屋的大小和形状确定,比例尺分母以整百数为宜,各层的分层图比例尺应一致。

(2)如果有几层的房屋结构相互一致,可绘制成一张图,并注明"第 X-Y 层"。

(3)分层图的方位应使房屋的主要边线与轮廓线平行,按房屋的朝向横放或竖放,分层图的方向应尽可能与分幅图一致,如果不一致,需在适当位置加绘指北方向。

(4)可选用设计图纸复印件作为分层图。

房屋分层图的表示方法:

(1)各个分层图应注明第 X 层或地下室等层次名称。

(2)各分户房间布局。

(3)宗地代码、幢号。

(4)指北方向、比例尺、绘图日期、绘图者、不动产登记机构等。

(5)注记共有、共用建筑功能区的名称。注明阳台、挑廊封闭情况。

分户图是以宗地图为基础,以层、或套、或间为单位,表示房屋权属范围的细部图。当一幢房屋有多户权利人的情况时需绘制分户图。其绘制要求如下:

(1)根据房屋的大小设计分户图的比例尺,一般以整数为宜。

(2)分户图的内容。主要表示房屋的权属界线、四面墙体归属等,以及权利人名称、宗地代码、幢号、户号、房屋坐落、所在层次、房屋建筑面积、房屋边长、指北方向、绘图员、绘制日期、比例尺、绘制单位及其空间标识等。

十二、面积测算

面积测算分为宗地面积测算和房屋面积测算。

宗地面积测算,采用调查实际测量的房屋首层范围线,或以政府部门审查批准用地红线作为宗地界址线,进而计算宗地面积。

房屋以幢为单位进行面积测算,面积测算是指水平面积测算,分为房屋面积和用地面积测算。房屋面积测算包括房屋建筑面积、共有建筑面积、产权面积、使用面积等测算,其中房屋建筑面积指房屋外墙(柱)勒脚以上的外围水平投影面积,根据已有成果或实地丈量的边长,采用解析法或量距法求取房屋面积。

十三、质量检查

对本项目成果质量管理实行“两级检查一级验收”制度。作业部门的过程检查、质量管理部门的最终检查和由耀州区自然资源主管部门组织的验收。

“二级检查一级验收”工作应独立、按顺序进行,不得省略、代替或颠倒顺序。

十四、成果提交

(一)纸质成果资料

(1)技术方案(包括工作实施方案、技术设计书等)。

(2)权籍调查资料、宗地图、房屋分户图、测量报告等。

(3)确权登记所需的相关资料。

(4)各级质量控制检查记录、检查报告、技术总结、工作总结、验收报告等。

(5)省、市对该工作要求的其他相关成果。

(二)电子成果数据

(1)农村不动产权籍调查数据库。

(2)权籍调查资料文档(包括宗地图、分层分户图)。

(3)电子文档数据(电子数据及所有确权登记资料的扫描件)。

(4)省、市对该工作要求的其他相关成果。

项目十四　房产工程验线

【项目说明】

本项目主要介绍房产工程验线的工作过程。通过学习房产工程验线项目,加深学生对前面房产工程验线知识的理解,培养学生严谨、认真的工作态度及团结协作的精神;强化学生"大国工匠"意识,力争做工作中的"能工巧匠"。

【项目目标】

1. 知识目标

- 掌握房产工程验线过程。

2. 能力目标

- 能够进行房产工程验线测绘。
- 能够提交房产工程验线测绘报告。

3. 素质目标

- 培养严谨、认真的工作态度及团结协作的精神。
- 强化学生"大国工匠"意识,力争做工作中的"能工巧匠"。

【项目任务】

任务一　房产工程验线基础知识

任务二　房产工程验线测绘

【项目成果】

提交一份房产工程验线测绘报告。

任务一　房产工程验线基础知识

一、房产工程验线的目的和概念

房产工程建设在国民经济中占有重要地位,不但可以改善人民居住条件,提高居住品质,还可以提升城市开发水平,推动新区建设和发展,推进城市化进程。为了给人民提供安全、舒适的环境,让城市有一个良好的发展,检查房产建设工程基础是否按要求进行施工,房产工程建设必须进行验线测绘。

房产工程验线是指经批准的建筑设计方案,在实地放线定位以后的复核工作。验线时主要检查建筑物定位是否与批准的建筑设计图相符,检查建筑物退记用地红线是否符合规划设计要点要求。

二、房产工程验线审批办理

(一)监督管理

《河南省实施〈中华人民共和国城乡规划法〉办法》第六十五条:建设行政主管部门应当监督施工单位严格按照建设项目施工图进行建设。城乡规划主管部门应当采取验核放线结果、核实基础测量报告等措施,加强对建设工程的监督管理。

(二)办理时限

《中华人民共和国行政许可法》第四十二条:除可以当场作出行政许可决定的外,行政机关应当自受理行政许可申请之日起二十日内作出行政许可决定。二十日内不能作出决定的,经本行政机关负责人批准,可以延长十日,并应当将延长期限的理由告知申请人。法律、法规另有规定的,依照其规定。

(三)办理形式

依据办理的方式,分以下 3 种。

(1)窗口办理,必须到现场办理的要说明原因。

(2)网上办理。

(3)快递申请。

(四)申请条件

符合权限划分要求,准备齐全所要求的全部申请材料。

(五)申请材料

(1)委托书及委托代理人身份证件。

(2)放线报告。

(3)原《建设工程规划许可证》及附件、附图。

(4)建设工程批后公告照片。

(5)建设工程验线申请表。

(六)办理流程

(1)收件。申请人向登记(发照)机关窗口提交申请材料,或在河南政务网进行网上申报,并选择结果送达方式。

(2)受理。材料齐全符合法定形式的出具《受理通知书》;材料不齐全的或不符合法定形式的出具《补正告知书》;不属于许可范畴或者不属于本机关受理范围的出具《不予受理通知书》。

(3)审核。提交材料是否齐全、是否符合法定形式、是否符合相关法律法规的要求;需要核实的,应当核实相关材料。

(4)决定。对于审查通过的,出具准予许可决定书,并打印批文证照;对于审查不通过的,作出不予行政许可的决定。

(5)送达。在作出决定后十个工作日内,根据申请人的选择,当场送达、电子文件网上送达或者快递送达许可决定。

任务二 房产工程验线测绘

一、项目概述

为检查××县××置业有限公司下,位于××县××小区住宅楼位置是否符合规划设计要求,受××置业有限公司委托,对我公司计划于20××年××月××日,对其××小区13栋建筑物进行验线测绘。

二、作业依据

《城市测量规范》(CJJ/T 8—2011)。

《1:500、1:1 000、1:2 000数字地形测量规范》(DG/TJ 08-86-2010)。

《国家基本比例尺地图图式 第1部分:1:500 1:1 000 1:2 000地形图图式》(GB/T 20257.1—2017)。

《建筑工程规划检测规范》(DG/TJ 08-2030—2013)。

《建筑工程建筑面积计算规范》(GB/T 50353—2013)。

《卫星定位城市测量技术标准》(CJJ/T 73—2019)。

《测绘成果检查与验收》(GB/T 24356—2009)。

三、坐标系统、人员设备

(1)坐标系统:采用2000国家大地坐标系统。

(2)仪器:GPS和拓普康GTS1002。

(3)设备:笔记本、打印机、CASS9.1软件。

(4)人员车辆:技术人员2名,保障车一辆。

四、作业方法

现场采用GPS施测控制点,使用拓普康全站仪极坐标法进行作业,结合便携式笔记本电脑,配合南方CASS9.1数字化测图软件,检测房屋外墙角,实测建筑物的点位、四至尺寸与委托方提供的总平面图上的点位、四至间距进行对比。

本项目现场施测GPS控制点2点,两点间距168.878 m,作为本次平面控制的起算数据。本次作业共需检测13栋建筑物外墙52个房角点。对照设计和检测的总平面图,建筑物与道路红线、土地界址线以及建筑物之间的四至尺寸,是否与规划核准总平面图标示的尺寸一致。

五、坐标成果比对

52个建筑物房角点设计坐标与检测坐标对比结果如表14-1所示。

表 14-1　设计坐标与检测坐标对比成果表

项目编号：××××××　　　　共×页　第×页

房号	点号	设计坐标		检测坐标		坐标差值		备注
		X/m	Y/m	X/m	Y/m	ΔX/cm	ΔY/cm	
1	1	× ×75 ××1.646	××2 534.788	× ×75 ××1.670	××2 534.794	2.4	0.6	设计坐标、检测坐标均为房屋外墙角坐标
	2	× ×75 ××1.670	××2 581.588	× ×75 ××1.656	××2 581.572	−1.4	−1.6	
	3	× ×75 611.270	××2 581.594	× ×75 611.260	× ×2 581.603	−1.0	0.9	
	4	× ×75 611.246	××2 534.794	× ×75 611.269	××2 534.779	2.3	−1.5	
2	1	× ×75 ××1.615	××2 472.758	× ×75 ××1.672	××2 472.784	5.7	2.6	
	2	× ×75 ××1.639	××2 520.358	× ×75 ××1.663	××2 520.349	2.4	−0.9	
	3	× ×75 611.539	××2 520.363	× ×75 611.467	××2 520.341	−7.2	−2.2	
	4	× ×75 611.515	××2 472.763	× ×75 611.492	××2 472.804	−2.3	4.1	
3	1	× ×75 ××1.554	××2 354.832	× ×75 ××1.558	××2 354.814	0.4	−1.8	
	2	× ×75 ××1.591	××2 426.931	× ×75 ××1.547	××2 426.918	−4.4	−1.3	
	3	× ×75 611.491	××2 426.936	× ×75 611.450	××2 426.983	−4.1	4.7	
	4	× ×75 611.454	××2 354.8××	× ×75 611.432	××2 354.812	−2.2	−2.5	
5	1	× ×75 671.664	××2 550.104	× ×75 671.714	××2 550.117	5.0	1.3	
	2	× ×75 671.664	××2 573.304	× ×75 671.676	××2 573.336	1.2	3.2	
	3	× ×75 661.264	××2 573.304	× ×75 661.299	××2 573.317	3.5	1.3	
	4	× ×75 661.264	××2 550.104	× ×75 661.289	××2 550.136	2.5	3.2	
6	1	× ×75 671.967	××2 481.308	× ×75 671.983	××2 481.300	1.6	−0.8	
	2	× ×75 671.967	××2 529.108	× ×75 671.989	××2 529.129	2.2	2.1	
	3	× ×75 661.367	××2 529.108	× ×75 661.341	××2 529.121	−2.6	1.3	
	4	× ×75 661.367	××2 481.308	× ×75 661.358	××2 481.289	−0.9	−1.9	
7	1	× ×75 667.267	××2 361.798	× ×75 667.276	××2 361.804	0.9	0.6	
	2	× ×75 667.267	××2 418.348	× ×75 667.280	××2 418.385	1.3	3.7	
	3	× ×75 658.267	××2 418.348	× ×75 658.256	××2 418.366	−1.1	1.8	
	4	× ×75 658.267	××2 361.798	× ×75 658.243	××2 361.836	−2.4	3.8	
8	1	× ×75 653.887	××2 321.677	× ×75 653.900	××2 321.681	1.3	0.4	
	2	× ×75 653.887	××2 345.077	× ×75 653.892	××2 345.120	0.5	4.3	
	3	× ×75 643.787	××2 345.077	× ×75 643.779	××2 345.071	−0.8	−0.6	
	4	× ×75 643.787	××2 321.677	× ×75 643.754	××2 321.643	−3.3	−3.4	

续表 14-1

项目编号:××××××　　　　共×页　第×页

房号	点号	设计坐标		检测坐标		坐标差值		备注
		X/m	Y/m	X/m	Y/m	ΔX/cm	ΔY/cm	
9	1	3 775 720. 582	622 544. 676	3 775 720. 599	622 544. 654	1. 7	-2. 2	
	2	3 775 720. 582	622 567. 876	3 775 720. 595	622 567. 885	1. 3	0. 9	
	3	3 775 710. 182	622 567. 876	3 775 710. 158	622 567. 855	-2. 4	-2. 1	
	4	3 775 710. 182	622 544. 676	3 775 710. 161	622 544. 637	-2. 1	-3. 9	
10	1	3 775 723. 832	622 483. 109	3 775 723. 853	622 483. 124	2. 1	1. 5	
	2	3 775 719. 732	622 527. 109	3 775 719. 755	622 527. 132	2. 3	2. 3	
	3	3 775 709. 332	622 527. 109	3 775 709. 320	622 527. 104	-1. 2	-0. 5	
	4	3 775 708. 432	622 481. 309	3 775 708. 406	622 481. 343	-2. 6	3. 4	
11	1	3 775 718. 732	622 372. 205	3 775 718. 782	622 372. 200	5. 0	-0. 5	
	2	3 775 722. 832	622 416. 205	3 775 722. 895	622 416. 252	6. 3	4. 7	
	3	3 775 707. 432	622 418. 005	3 775 707. 401	622 417. 982	-3. 1	-2. 3	
	4	3 775 708. 332	622 372. 205	3 775 708. 275	622 372. 147	-5. 7	-5. 8	
12	1	3 775 717. 732	622 333. 400	3 775 717. 744	622 333. 405	1. 2	0. 5	
	2	3 775 717. 732	622 356. 600	3 775 717. 750	622 356. 615	1. 8	1. 5	
	3	3 775 707. 332	622 356. 600	3 775 707. 309	622 356. 581	-2. 3	-1. 9	
	4	3 775 707. 332	622 333. 400	3 775 707. 297	622 333. 352	-3. 5	-4. 8	
13	1	3 775 692. 316	622 298. 197	3 775 692. 280	622 298. 230	-3. 6	3. 3	
	2	3 775 692. 316	622 321. 597	3 775 692. 328	622 321. 611	1. 2	1. 4	
	3	3 775 682. 216	622 321. 597	3 775 682. 203	622 321. 614	-1. 3	1. 7	
	4	3 775 682. 216	622 298. 197	3 775 682. 149	622 298. 177	-6. 7	-2. 0	

计算者:×××　　日期:20××年××月××日　　检查者:×××　　日期: 20××年××月××日

复查者:×××　　日期:20××年××月××日

六、质量检验结论

本次建筑物验线采用二级检查,一级验收制,控制点布设规范,各检测点施测方法正确,复验检测内容齐全合理,各项数据精度指标均满足测量规范的要求。

检验者:×××　　　　日　期:20××年××月××日

附录　房屋附属结构名称

1. 房屋——具有承重支柱,有顶盖(层面)及围护墙(柱)体的建筑物。

2. 房屋产权——房屋所有权、共有权及由此权利所产生的房产抵押、设典等他项权利。

3. 套内建筑面积——套(单元)与公用建筑空间之间的分隔墙及外墙(包括山墙)投影中线以内所围面积+阳台建筑面积。

4. 架空房屋——一般为底层架空,以柱子作为承重支撑物的房屋。架空部位一般为通道、水域或斜坡,也有在房屋中间层架空的。

5. 假层——一种非正式,位于自然层上的楼层。在建造房屋时,同时建造的同一结构、比较低矮的楼层,其前后檐口高度较低,人不能直立;在一般情况下,层内高度在 1.70 m 以上的部分建筑面积不足底层的 1/2。

6. 夹层——位于两自然层之间的楼层,指房屋内部空间的局部层次,如一幢房屋从外部看是两层楼房,从内部看局部是三层,这三层中间的一层称为夹层。

7. 技术层——用作水、电、暖、卫生等设备安装的局部层次。经规划部门批准,且建在自然层之间的技术层,其层高 2.20 m 以上的计算层数。

8. 结构转换层——建筑物某楼层的上部与下部因平面使用功能不同,该楼层上部与下部采用不同结构类型,并通过该楼层进行结构转换,则该楼层称为结构转换层。

9. 跃层式住宅——一套住宅占两个楼层,由户内楼梯联系上下层,上下两层完全分隔,跃层式住宅为完整的两层。占有若干层自然层层面的跃层建筑,以实际占有层数计算。

10. 阁楼——利用房屋内的上部空间加建的楼层,通常比较低矮、阴暗,又称暗楼。

11. 地下室——房间地面低于室外地平面的高度超过该房间净高的 1/2 的建筑物称为地下室。

12. 半地下室——房间地面低于室外地平面的高度超过该房间净高的 1/3 且不超过 1/2 者,采光窗在地坪以上的建筑物称为半地下室。半地下室计入地上层数。

依坡地建造的房屋,在该幢房屋的室外地坪最高处和最低处之间的楼层计入半地下室。

13. 地上层数——房屋的自然层数,指室内地坪±0.00 以上的按楼板结构分层的层高在 2.20 m 以上的楼层数。地上层数用自然数表示。

14. 地下层数——采光窗在室外地坪以下的,其室内层高在 2.20 m 以上的地下室的层数。地下的层数用负数表示。

15. 房屋总层数——房屋的地上层数与地下层数之和。假层、夹层、阁楼、装饰性塔楼,以及突出屋面的楼梯间、水箱间不计层数。

16. 柱廊——有顶盖和支柱,供人通行的建筑物,称为有柱走廊,简称柱廊。

17. 骑楼——底层为有柱廊房,廊道上方建为楼房的一部分。一般建于道、路、街、巷两侧。

18. 挑廊——指二层以上挑出房屋墙体外,有围护结构,无支柱有顶盖的外走廊。

19. 门廊、门斗——建筑物门前有顶盖,有支柱或围护结构的进出通道。门廊、门斗必须具备与房屋相连通,有永久性的、结构牢固的顶盖,支撑顶盖的是柱称为门廊,支撑顶盖的是实体墙称为门斗。

20. 檐廊——房屋檐下方两端有支撑墙体无柱的通道。

21. 天棚——即天篷,指商场或办公楼内有透明顶棚覆盖的屋面。

22. 层高——通常指下层地板面或楼板面到上层楼板面之间的垂直高度,但上下楼层的层面应一致。

23. 晒台——又称露台,指供人室外活动的上人屋面或底层地面伸出室外的有维护无顶盖的台面。

24. 阳台——有永久性上盖、有围护结构、有台面、与房屋相连、可以供人活动或利用的房屋附属设施,根据其围护情况分为封闭阳台和非封闭阳台。

25. 封闭阳台——在围护栏墙上部用铝合金玻璃窗等围闭的阳台。

26. 楼梯——是指房屋层之间供垂直交通用的通道。

27. 室外楼梯——依靠房屋外墙体搭建的永久性楼梯。

28. 屋顶水箱间——指突出房屋屋面水箱或水池周围有围护结构,有顶盖的房屋。

29. 屋顶楼梯间——指突出房屋屋面有顶盖,四周有围护结构,层高在 2.20 m 以上供上屋顶顶层维修或安全出口用的梯间。

30. 屋顶电梯间——突出房屋顶层供停放、检修、升降电梯用房。

31. 设备间——一幢大楼内放置各种应用设备以及进行综合布线交接的房屋。原则上以设计图纸所标定的用途认定,但设备间都应有具体明确的用途。

32. 功能区——根据各共有建筑部位的用途而划分的服务范围称为功能区。上一级功能区下可再分为几个下一级功能区,各功能区之间可能相互包含、交叉、并列。

33. 连廊——连接两幢房屋的走廊。

34. 连楼——连接两幢房屋的楼房。

35. 过街楼——底层局部为通道的楼房(或两座上层贯通、底层局部为通道的相连楼房)。

36. 架空通廊——以两端房屋为支撑,有围护结构,有顶盖无支柱的架空通道。

37. 柱——结构柱,指为满足建筑物构造要求或结构需要而设置的柱,在具有该柱支撑的建筑构件存在的情况下,去掉该柱,则会危及该建筑物性能的使用或结构的安全。装饰柱、非承重柱以及柱的装饰性部分应除外,其认定以设计及规划批准的图纸为准。

38. 围护结构——将空间竖向分割成相对独立,不易通行的两个或多个部分的实体,如墙、栏杆等。

参 考 文 献

[1] 侯方国. 房产测绘[M]. 郑州:黄河水利出版社,2007.
[2] 全国国土资源标准化技术委员会. 地籍调查规程:TD/T 1001—2012[S]. 北京:中国标准出版社,2012.
[3] 全国地理信息标准化技术委员会. 房产测量规范 第1单元:房产测量规定:GB/T 17986.1—2000[S]. 北京:中国标准出版社,2000.
[4] 全国地理信息标准化技术委员会. 房产测量规范 第2单元:房产图图式:GB/T 17986.2—2000[S]. 北京:中国标准出版社,2014.
[5] 中华人民共和国住房和城乡建设部. 城市测量规范:CJJ/T 8—2011[S]. 北京:中国建筑工业出版社,2012.
[6] 中华人民共和国国务院令第656. 不动产登记暂行条例[S]. 北京:法律出版社,2016.
[7] 中华人民共和国国土资源部. 不动产登记暂行条例实施细则[S]. 北京:法律出版社,2016.
[8] 中华人民共和国国土资源部. 不动产权籍调查技术方案[S].
[9] 中华人民共和国住房和城乡建设部. 卫星定位城市测量技术规范:CJJ/T 73—2019[S]. 北京:中国建筑工业出版社,2019.
[10] 全国地理信息标准化技术委员会. 全球定位系统(GPS)测量规范:GB/T 18314—2009[S]. 北京:中国标准出版社,2009.
[11] 全国地理信息标准化技术委员会. 测绘成果质量检查与验收:GB/T 24356—2023[S]. 北京:中国标准出版社,2023.
[12] 国家测绘局. 数字测绘成果质量检查与验收:GB/T 18316—2008[S]. 北京:中国标准出版社,2008.
[13] 全国地理信息标准化技术委员会. 行政区域界线测绘规范:GB/T 17796—2009[S]. 北京:中国标准出版社,2009.
[14] 国家测绘局人事司,国家测绘局职业技能鉴定指导中心. 地籍测量(测量员版)[M]. 哈尔滨:哈尔滨地图出版社,2007.
[15] 国家测绘局人事司,国家测绘局职业技能鉴定指导中心. 地籍测绘(技师版)[M]. 北京:测绘出版社,2010.
[16] 吕永江. 房产测量规范与房地产测绘技术[M]. 北京:中国标准出版社,2001.
[17] 侯方国. 地籍测绘[M]. 郑州:黄河水利出版社,2015.
[18] 蓝悦明. 不动产测量与管理[M]. 武汉:武汉大学出版社,2008.
[19] 邓军. 地籍测量[M]. 郑州:黄河水利出版社,2012.
[20] 郭玉社. 房地产测绘[M]. 北京:机械工业出版社,2018.
[21] 刘权. 房地产测量[M]. 武汉:武汉大学出版社,2009.
[22] 何霖. 地籍与房产测绘[M]. 成都:西南交通大学出版社,2014.
[23] 杨木壮. 不动产测绘[M]. 武汉:中国地质大学出版社,2019.
[24] 冯红卫. 建筑施工图识读技巧与要诀[M]. 北京:化学工业出版社,2011.
[25] 何玉洁. 数据库原理与应用教程——SQL Server[M]. 北京:机械工业出版社,2016.
[26] 刘耀林. 土地信息系统[M]. 北京:中国农业出版社,2016.
[27] 益鹏举. GNSS 测量技术[M]. 郑州:黄河水利出版社,2010.
[28] 张东明. GNSS 定位测量技术[M]. 武汉:武汉理工大学出版社,2016.
[29] 李宏超. 不动产测绘[M]. 2版. 郑州:黄河水利出版社,2023.